无人系统技术出版工程

INS/GNSS组合导航模式下无人机隐蔽性欺骗方法

Research on Covert Spoofing Algorithm of UAV Based on INS/GNSS Integrated Navigation

郭 妍　唐康华　吴美平　曹聚亮　杨柏楠　著

国防工业出版社

·北京·

内 容 简 介

本书对导航终端欺骗技术进行了系统梳理，分析了INS/GNSS组合导航模式下无人机隐蔽性欺骗的一系列关键技术，设计了面向不同导航终端（纯卫星导航或组合导航）、不同任务背景（定点捕获、定向驱离等）下最优的卫星导航诱骗策略，研制了导航欺骗信号生成的地面控制软件（模块），并通过多次针对小型无人机的导航欺骗实验进行了验证。

本书系统性介绍了INS/GNSS组合导航模式下无人机隐蔽性欺骗的关键技术研究成果，突出工程实践与实验验证，有助于为相关专业人员提供有价值的技术参考。

图书在版编目（CIP）数据

INS/GNSS组合导航模式下无人机隐蔽性欺骗方法 / 郭妍等著. -- 北京 : 国防工业出版社, 2024. 10.

ISBN 978-7-118-13346-2

Ⅰ. V279

中国国家版本馆CIP数据核字第2024504RQ2号

※

国防工业出版社出版发行

（北京市海淀区紫竹院南路23号　邮政编码100048）

天津嘉恒印务有限公司印刷

新华书店经售

*

开本 710×1000　1/16　**插页** 4　**印张** 10　**字数** 170千字

2024年10月第1版第1次印刷　**印数** 1—1600册　**定价** 80.00元

国防书店：（010）88540777　　书店传真：（010）88540776

发行业务：（010）88540717　　发行传真：（010）88540762

《无人系统技术出版工程》
编委会名单

主编 沈林成 吴美平

编委 (按姓氏笔画排序)

卢惠民 肖定邦 吴利荣 郁殿龙 相晓嘉

徐 昕 徐小军 陶 溢 曹聚亮

序

近年来，在智能化技术驱动下，无人系统技术迅猛发展并广泛应用：军事上，从中东战场到俄乌战争，无人作战系统已从原来执行侦察监视等辅助任务走上了战争的前台，拓展到察打一体、跨域协同打击等全域全时任务；民用上，无人系统在安保、物流、救援等诸多领域创造了新的经济增长点，智能无人系统正在从各种舞台的配角逐渐走向舞台的中央。

国防科技大学智能科学学院面向智能无人作战重大战略需求，聚焦人工智能、生物智能、混合智能，不断努力开拓智能时代“无人区”人才培养和科学研究，打造了一支晓于实战、甘于奉献、集智攻关的高水平科技创新团队，研发出“超级”无人车、智能机器人、无人机集群系统、跨域异构集群系统等高水平科研成果，在国家三大奖项中多次获得殊荣，培养了一大批智能无人系统领域的优秀毕业生，正在成长为国防和军队建设事业、国民经济的新生代中坚力量。

《无人系统技术出版工程》系列丛书的遴选基于学院近年来的优秀科学研究成果和优秀博士学位论文。丛书围绕智能无人系统的“我是谁”“我在哪”“我要做什么”“我该怎么做”等一系列根本性、机理性的理论、方法和核心关键技术，创新提出了无人系统智能感知、智能规划决策、智能控制、有人–无人协同的新理论和新方法，能够代表学院在智能无人系统领域攻关多年成果。第一批丛书中多部曾获评国家级学会、军队和湖南省优秀博士论文。希望通过这套丛书的出版，为共同在智能时代“无人区”拼搏奋斗的同仁们提供借鉴和参考。在此，一并感谢各位编委以及国防工业出版社的大力支持！

吴美平

2022 年 12 月

前 言

无人机系统是未来战争中进行信息对抗、信息窃取、火力打击的重要手段，其中惯性导航系统（inertial navigation system，INS）/全球卫星导航系统（global navigation satellite system，GNSS）的组合导航系统应用使无人机具备了精确导航、制导与控制的能力。但是作为无人机必备导航部件之一的卫星导航系统极易受到来自敌对力量的恶意干扰，很多国家将卫星干扰作为一种攻击性策略，以降低敌方包括无人机在内的现代化武器的使用效能。

研究在 INS/GNSS 组合导航模式下各种常见类型无人机的隐蔽性欺骗方法具有较大的学术价值和应用价值。它一方面为欺骗式干扰技术研究提供了新的理论依据和技术途径，另一方面为对抗这种欺骗式干扰技术的策略提供了明确的思路，从而保障我国卫星导航在军事和民事等领域中的安全应用。

（1）针对 INS/GNSS 组合导航模式下隐蔽性欺骗方法在算法研究上需要进行可行性理论验证的问题，本书以稳态增益矩阵为突破口，研究在不同导航精度、不同导航方式下欺骗式干扰信号对组合导航输出结果影响程度的可操纵性和稳定性，进而推断出在 INS/GNSS 组合导航模式下实施欺骗攻击的可行性。

（2）针对目前开展的 GNSS 欺骗式干扰技术研究忽略飞行控制器对无人机欺骗效果影响的问题，本书在综合考虑质点无人机 INS/GNSS 组合导航系统和轨迹跟踪飞行控制系统的基础上，设计了一种欺骗跟踪控制器，使无人机在无意识的状态下偏离原定参考轨迹，而按照欺骗跟踪控制器规划的欺骗轨迹航行。

在实际应用中，针对质点无人机开展的欺骗式干扰技术的相关研究是远远不够的。目前常见的多旋翼类型无人机和固定翼类型无人机都是需要考虑线运动和角运动的六自由度非线性模型。本书根据多旋翼类型无人机和固定翼类型无人机自身独特的动力学模型，分别对欺骗跟踪控制器所涉及的算法适应性进行优化设计，以满足各种类型无人机的实际应用需求。

（3）针对多旋翼无人机类型，本书提出了一种利用轨迹诱导的欺骗控制策略，利用逐点逐步小量的位置拉偏来避免虚假卫星信号引起位置的突然变化以及姿态的巨大差异变化，可使多旋翼无人机在受到欺骗式干扰而发生位置偏移的同时也能保持姿态的差异变化较小，从而增强欺骗攻击的隐蔽性。

（4）针对数学模型及飞行控制率更加复杂的固定翼无人机，本书提出一种基于逐点拉偏的隐蔽性欺骗控制策略，根据每个时刻期望的位置偏移量（参考轨迹和欺骗轨迹之间的位置偏差）和真实的卫星信号来构造最优的虚假卫星信号，并根据无人机飞行时存在的物理极限（确保飞行的稳定性）以及常见INS/GNSS组合导航的信息检测反欺骗方法（保证欺骗的隐蔽性），设置相对应的约束条件来实时调整虚假卫星信号，以便无人机在每个时刻尽可能地靠近目标欺骗位置点的同时也能确保飞行的稳定性和欺骗干扰的隐蔽性。

本书的出版得到了国防工业出版社和国防科技大学智能科学学院自动控制系导航制导教研室“优秀博士学位论文丛书”的支持，在此表示感谢！

本书由国家自然科学基金面上基金项目（项目编号：61973312）和青年科学基金项目（项目编号：62103424）资助，在此表示感谢！

限于作者水平和本书涉及知识的宽广性，书中难免存在不足之处，恳请广大读者批评指正。

作者

2023年9月

目　录

第1章　绪　论

1.1　研究背景与意义

1.1.1　研究背景

2011 年 12 月 4 日，伊朗宣布成功俘获了美国中央情报局（Central Intelligence Agence，CIA）的一架用于搜集伊朗核设施情报的隐身无人侦察机（RQ-170），该无人机错误地认为降落在指定的美军基地，实际上该无人机降落在距离美军基地 140km 的东门伊朗边境内[1-3]。一位参与破解 RQ-170 无人机系统的伊朗工程师声称，他们不仅切断了 RQ-170 与地面控制中心之间的通信链路，而且中断了 RQ-170 与导航卫星之间的安全数据连接，迫使无人机进入自动导航状态；紧接着采用欺骗攻击手段，把错误信息伪装成真实卫星信号发送给目标接收机，最终导致无人机迫降到指定地点[4-5]。图 1.1 给出了伊朗捕获美国无人机的过程模拟图。

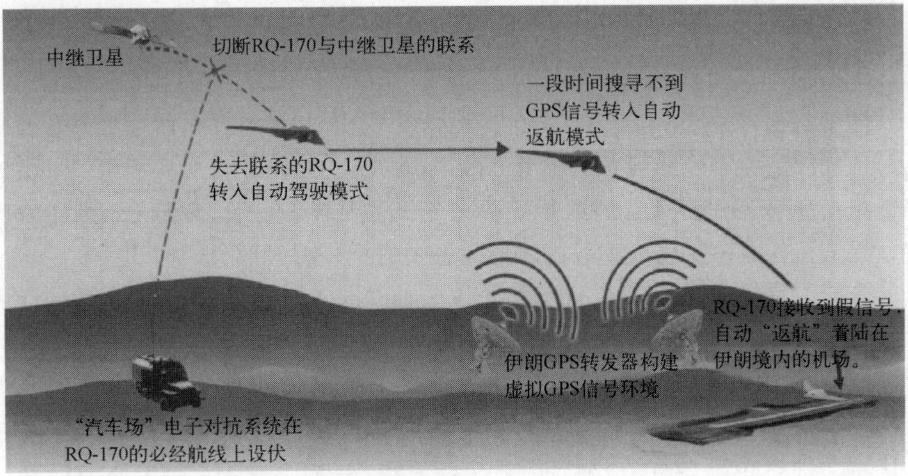

图 1.1　伊朗捕获美国无人机的模拟过程图

2012 年 12 月 4 日，伊朗伊斯兰革命卫队（Islamic Revolutionary Guard Corps，IRGC）在海湾水域捕获一架美军“扫描鹰”（scan eagle）无人机[6-9]。伊朗海军方面公开了捕获该架无人机的画面，并表示要“解密”其内部结构并将进行复制以及大批量生产。

在此后的几年中，也发生过多起疑似通过卫星欺骗对多种不同目标的攻击事件。

2014 年 3 月，从吉隆坡国际机场飞往北京首都国际机场的航班 MH370 丢失。一些专家推测航班 MH370 很可能遭到了欺骗式干扰攻击，导致航线偏离并在燃油耗尽后坠毁。从技术角度来讲，欺骗式干扰技术具有这种潜在的攻击力，在目前事件尚无定论的情况下不排除这种可能性[10-12]。

2016 年 1 月 12 日，伊朗军方扣押驶入伊朗水域的两艘美国巡逻艇[13-14]。该事件被认为也可能类似于捕获美国无人机（RQ-170 和 MH370），伊朗军方对美国船艇实施卫星欺骗攻击，诱使其偏离航向。

印度国防部于 2017 年 12 月 7 日对“印度无人机坠毁”事件发表声明，称“一架印度无人机在印度领土内进行常规训练时，由于技术问题而失去了与地面控制的联系”。许多国外媒体和学者觉得这可能是其他国家卫星欺骗干扰技术的结果[15-17]。

伊朗军方捕获美国无人机事件和国际上多次疑似卫星导航终端攻击事件是欺骗式干扰技术在军事上的成功应用，也是本书的立题依据。它一方面说明携带卫星导航接收设备的用户在面对卫星欺骗攻击时的脆弱性；另一方面说明对卫星欺骗技术的研究的紧迫性，因为只有分析出无人机是如何被虚假卫星信号所欺骗的，才能研制出相应的抑制这种欺骗的对抗性策略和手段。

1.1.2 研究意义

随着科学技术的进步和经济的飞速发展，未来的军事斗争所面临的来自战略环境和国家安全的挑战是多种多样的。由于无人系统在持久性、机动性以及降低生命危险等方面具有的独特优势，无人作战将是未来军事斗争的主要形式，无人机作战系统将成为各国武器装备中的重要组成部分[18~23,118]。

全球卫星导航系统（global navigation satellite system，GNSS）/惯性导航系统（inertial navigation system，INS）的组合导航系统是无人机系统导航、制导与控制的核心部件之一[24-30,126]。但是由于卫星信号功率微弱，无人机上的 GNSS 导航终端极易受到干扰[31-35,115,117,128,130,134]。实际上，很多国家将卫星干扰作为一种攻击性策略，以降低敌方包括无人机在内的现代化武器的使用效能[121]。

卫星干扰的主要任务是干扰敌方无人机接收设备。从战术上考虑可以采用以下三种卫星干扰[116,129]。

1. 压制式干扰

压制式干扰（jamming）是指对作用范围内的敌方目标设备发射大功率的射频（radio frequency，RF）信号，使得有用信号模糊或完全淹没在射频干扰信号中，致使敌方设备丧失部分或全部正常工作能力[36-40,127]。相关试验证明，飞机上的卫星接收机在干扰信号为-125~-130dBW时就会丢失锁定卫星信号的码元和载波，从而失去导航定位的能力。根据频谱宽度的不同，压制式干扰可分为瞄准式干扰（aiming jamming）、阻塞式干扰（barrage jamming）和相关干扰（correlation jamming）。

1）瞄准式干扰

瞄准式干扰是利用频率瞄准技术将用于干扰的信号载频与卫星信号载频的重心频率精确对准，使得两信号频率一致且频率宽度近似相同[41-44]。但是由于需要压制敌方通信信号，因此瞄准式干扰要求其信号功率要强于卫星信号。瞄准式干扰只干扰某一确定信道，而不干扰其他信道。

2）阻塞式干扰

阻塞式干扰是在特定频段范围内释放强干扰信号，并压制接收机接收卫星信号[45-48]。阻塞式干扰虽然强度小于瞄准式干扰，但是增大了其干扰作用的范围。按照带宽一般分为三种：①单频干扰，即直接扩频系统中常见的人工连续波干扰，当单频干扰信号被接收时，其将与伪随机码调制的宽带本振信号混频后产生宽带干扰信号；②窄带调制噪声干扰，这是典型的射频干扰信号，其特征在于窄带宽，且干扰功率集中，考虑到多普勒频移的影响，频率扫描可使窄带干扰信号围绕中心频率偏移进而形成扫频干扰；③宽带均匀频谱干扰，用伪随机码调制的宽带信号进行均匀频谱干扰。

3）相关干扰

相关干扰是利用干扰伪码序列与信号伪码序列的较强互关性，通过减低输出信息的平均相位跳变频率来实现的[49-50]。相关干扰期望经相关接收后输出信号的平均相位跳变频率减慢，通过接收机窄带滤波器的干扰能量增强，干扰能量均集中在中心频率，以实现最佳的干扰效果，对比于不相关的干扰，它具有以较小频率实现有效干扰的特性。

根据干扰信号带宽不同，压制式干扰又可分为窄带压制干扰和宽带压制干扰。压制式干扰的优点是技术难度较小，但是一般以大功率阻塞或压制接收机来达到干扰目的，因而很容易被反辐射设备侦察到，所以在军事作战时不适合作为主要的干扰方式。

2. 模拟式干扰

模拟式干扰可以理解为对用户导航信号的拦截和重播。具体地，模拟式干扰首先对真实的卫星导航信号进行接收和拦截，然后在接收频率上经过一段时间的延迟重新广播信号[50-55]。通常情况下广播信号功率高于原始信号，以便混淆敌方导航。成功的模拟式干扰可以导致飞行器被引诱到埋伏就绪的着陆区或敌方领空，船舶偏离预定航线，轰炸机摧毁假目标，或地面站接收到错误的定位信息。

模拟式干扰只要求广播的虚假信号与真实的卫星信号在同一接收频率上，因此许多学者将模拟式干扰看作为欺骗式干扰的一种简单形式。

3. 欺骗式干扰

与压制式干扰和模拟式干扰不同，欺骗式干扰（spoofing）的功率水平、信号格式及频谱结构均与真实卫星信号相似，目的在于破坏卫星接收机的码同步电路，使卫星接收机捕获虚假卫星信号，进而产生错误的导航定位信息[56-65,125,135,145-146]。就卫星的工作原理而言，对卫星进行定位欺骗式干扰可以从两个方面入手：增加信号传播时延、给出虚假导航信息，即分别对应转发式欺骗干扰和生成式欺骗干扰。

1）转发式欺骗干扰

转发式欺骗干扰利用信号的自然延时，将干扰机接收到的卫星信号经过一定的延时放大后形成虚假的卫星信号，即欺骗伪随机噪声码（pseudo random noise，PRN）信号，直接发送广播以此来欺骗目标卫星接收机[66-72,137,143-144]。与真实卫星信号相比，欺骗 PRN 信号只存在延时、功率的不同，但没有改变导航电文。为了让转发式欺骗干扰能够成功进入卫星接收机的捕获环节，欺骗 PRN 信号的功率往往比真实卫星信号的功率约高 2dB。因此，没有采取任何抗欺骗干扰措施的 GNSS 接收机很容易受到转发式欺骗干扰的欺骗。

转发式欺骗干扰的实现方法有：第一种，采用单根接收天线接收所有真实卫星信号，并延迟、放大和转发；第二种，采用阵列天线对每颗真实卫星分别形成高增益窄波束，实现对每颗真实卫星信号的分别接收，并对不同的卫星信号加入不同延迟，再进行转发。第二种转发式欺骗干扰方式可以将接收机欺骗至设定位置，但是每个卫星信号的延迟时间在实际操作中很难精确地估算。

2）生成式欺骗干扰

生成式欺骗干扰是根据侦察得到的真实卫星信号码结构，产生与其相关性最大的伪随机码，调制与导航电文格式完全相同的虚假导航电文，再由发射器广播发送携带该虚假导航电文的干扰信号[73-76]。

按照实现的复杂程度不同，生成式欺骗干扰的实现方法有：第一种，使用信号模拟器直接产生并发射欺骗信号，这种实现方法不考虑与真实卫星信号的同步问题，当受到压制式干扰影响或处于冷启动状态需要重新捕获时，卫星接收机将极易受到欺骗；第二种，接收真实卫星信号并对解调出的导航电文进行目的性修改，参考真实卫星信号的参数（包括码延迟、载波相位等），利用模拟器对虚假电文重新扩频后发射；第三种，类似于第二种实现方法，在解析真实卫星信号的前提下依据目标接收机位置，构造与真实卫星信号间完全相同但反相的欺骗信号。这种生成式欺骗干扰使得欺骗信号与真实卫星信号相消，导致卫星接收机无法实现定位。

欺骗式干扰是针对卫星导航系统的工作原理、卫星接收机工作特性以及存在的薄弱环节采用更为隐蔽的方式进行的干扰，因此欺骗式干扰的效果要明显优于其他类型干扰[123,133,140-142]。同时，以大多数采用卫星/惯性组合导航技术的各类无人飞行器为攻击目标，可利用生成式欺骗干扰对其实施精确位置偏移（以便捕获或打击）或精准定向驱离（以便设置禁飞区域等），这在实际军事/民事应用中是十分有必要的。目前，GNSS 民用信号的结构大多已公开，针对民用 GNSS 信号的生成式欺骗干扰是完全可以实现的。

1.2 欺骗式干扰技术的国内外研究现状及发展动态分析

1.2.1 国外研究现状

实际上，早在 20 世纪国内外很多学者就对卫星信号的安全性表示担忧[138-139,147]。1995 年 2 月，MITRE 公司[77-79]的内部备忘录提到了针对民用卫星导航系统的 6 种对抗欺骗技术手段，在当时并没有引起 GNSS 导航研究学者和 GNSS 信号接收机制造商的关注。2001 年，美国交通部（U. S. Department of Transportation）[80-82]评估了美国交通基础设施在民用全球定位系统（GPS）干扰下的脆弱性，并提交了 Volpe 报告。该报告警告说：“GPS 进一步渗透到民用基础设施中，使得它成为一个诱人的目标，可能被个人、团体或对美国怀有敌意的国家利用。” Volpe 报告重点阐述了民用 GPS 欺骗干扰，它比其他类型的故意干扰更加恶劣，因此目标接收机不能检测到欺骗攻击，继而不能警告用户其导航解决方案不可信。Volpe 报告还指出，对于欺骗攻击目前不存在任何“现成的” 防御措施，建议研究欺骗式干扰的性能以便有助于目标接收机提出识别和检测策略。

2003 年，加州大学洛斯阿拉莫斯国家实验室[83,124]（Los Alamos National Laboratory，LANL）脆弱性评估小组（The Vulnerability Assessment Team，VAT）的 Warner 教授展示了如何利用一个如台式计算机大小的 GPS 信号模拟器、GPS 信号放大器和一个信号发射器来构造和发射虚假信号以成功欺骗民用 GPS 接收机的实验。在本实验中有两台运动卡车，一台作为目标被欺骗攻击的卡车，另一台作为实施攻击的卡车，并将 GPS 信号模拟器固定在攻击卡车上，实验原理如图 1.2 所示。当运动到桥下、森林覆盖区等类似 GPS 接收障碍区时，目标卡车会断开现有的 GPS 接收机信号锁，此时攻击卡车通过施加较强功率的虚假 GPS 信号（利用 GPS 信号模拟器和 GPS 信号放大器获得），使目标卡车中的 GPS 跟踪装置锁定到该虚假 GPS 信号，进而接收机基于该虚假 GPS 信号计算错误的位置或时间信息。由于该实验需要持续从攻击卡车上广播虚假 GPS 信号，因此目标卡车与攻击卡车之间的距离不能太远，这个物理限制条件会影响欺骗攻击的隐蔽性。

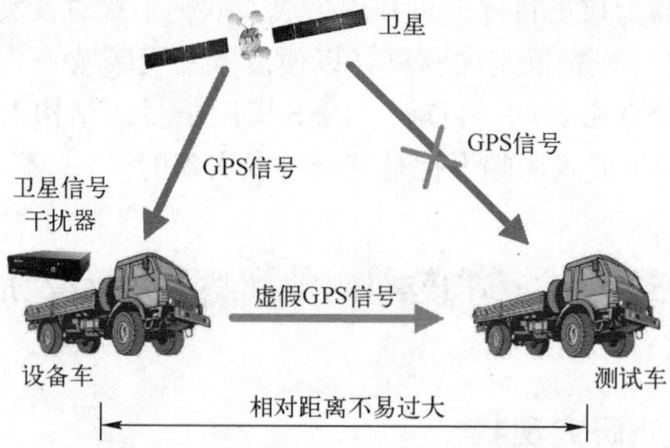

图 1.2 Warner 教授的欺骗实验原理图

自 2004 年起，美国以每年一次的频率执行一项具有创新型的针对 GPS 干扰计划 JAMFEST[84]。JAMFEST 在新墨西哥州白沙导弹基地建设了 GPS 干扰以及抗干扰测试环境，采用不少于 7 台干扰源集中对特定局部范围进行较强功率的干扰，并通过组合布局设置多达 25 种干扰场景，以满足不同层次的干扰测试需求。图 1.3 给出了其中一种干扰源布置示例。

同年，美国政府报告中提出了 7 项针对欺骗干扰攻击的应对措施，康奈尔大学机械与航天工程系的 Mark Psiaki 教授领导[85-86]的研究团队基于此开展了针对卫星干扰技术的相关研究。在 2008 年 9 月美国佐治亚州萨凡纳市举行的导航协会会议上，Mark Psiaki 教授的研究团队详细地描述了“欺骗”目标接收机的过程，即安置“假冒”接收设备在目标接收机附近，用于接收卫星发出的信号，跟踪该信号并对其篡改后转发，最终被目标接收机捕获。

2010 年，意大利都灵理工大学[88-89]通过搭建一个简易的欺骗实验平台 Limpet Spoofer，证实了采用欺骗干扰技术虽然可以将接收机从跟踪的真实信号牵引到欺骗信号，但是会引起接收机码环和载波环的异常。Limpet Spoofer 实验平台和欺骗信号引起的异常情况如图 1.3 所示。

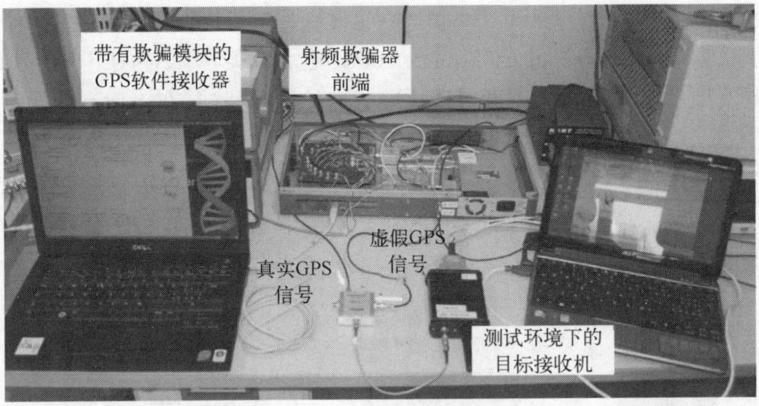

图 1.3 Limpet Spoofer 实验平台

2011 年，瑞士苏黎世联邦理工学院[90]研究对民用、军用 GPS 的欺骗攻击，分析了攻击成功的条件及其在实践中的局限性，即识别攻击者需要从哪个位置和以何种精度生成欺骗信号以便成功地被接收机捕获。本实验采用 Spirent GSS7700 GPS 模拟器模拟真实 GPS 信号和虚假 GPS 信号，并通过电缆发送给 GPS 接收机，以消除传输信号信道的影响。

2012 年，加拿大卡尔加里大学舒立克工程学院[91-92]的定位导航团队分析了欺骗干扰的类型，并建立欺骗信号的模型。图 1.4 给出了卡尔加里大学搭建的欺骗实验环境以及目标接收机接收信号的情况（其中红色为虚假 GPS 信号，绿色为真实 GPS 信号）。

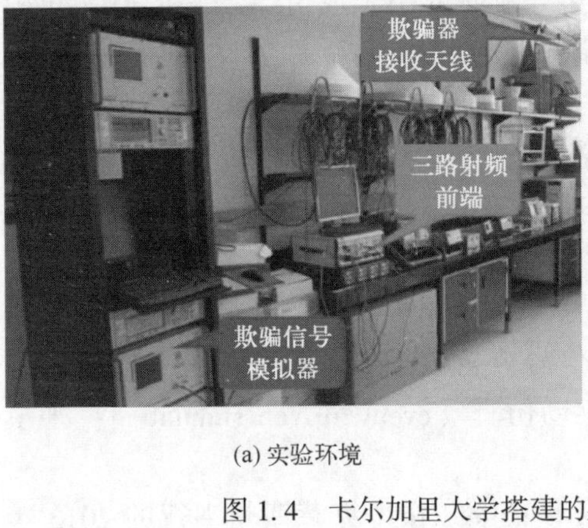

(a) 实验环境

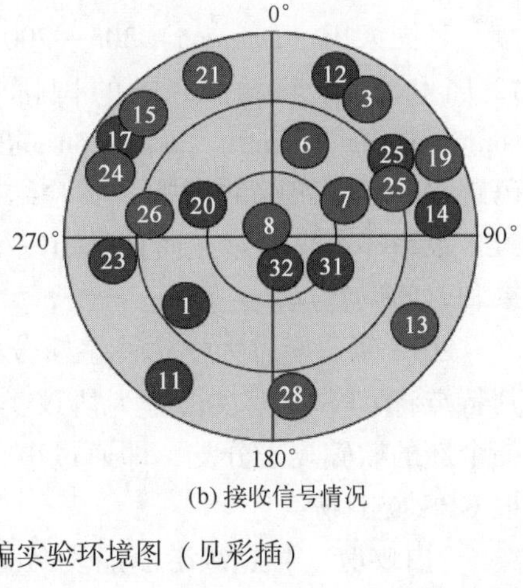

(b) 接收信号情况

图 1.4 卡尔加里大学搭建的欺骗实验环境图（见彩插）

2008 年，美国得克萨斯州立大学的 Todd Humpherys 教授就介绍了一种便携式民用 GPS 欺骗器的研制方案，并发表多次报告评估 GPS 欺骗的威胁性[93-96]。2012年6月，Todd Humpherys教授在大学田径场内展示了一台GPS民用信号欺骗设备，其硬件成本低于1000美元。美国媒体对Todd Humpherys教授利用该欺骗设备改变一架小型无人机的飞行路径的实验进行了公开报道[97,122,132,136]。随后，Todd Humpherys团队[98-99]受到对此持怀疑态度的美国国家安全局官员邀请，在美国白沙导弹靶场再次进行成功演示，欺骗干扰实验平台如图1.5所示。该实验主要通过影响无人机卫星接收机的位置、速度和时间使其相信且依赖包含错误地理信息的信号，并进行错误导航。

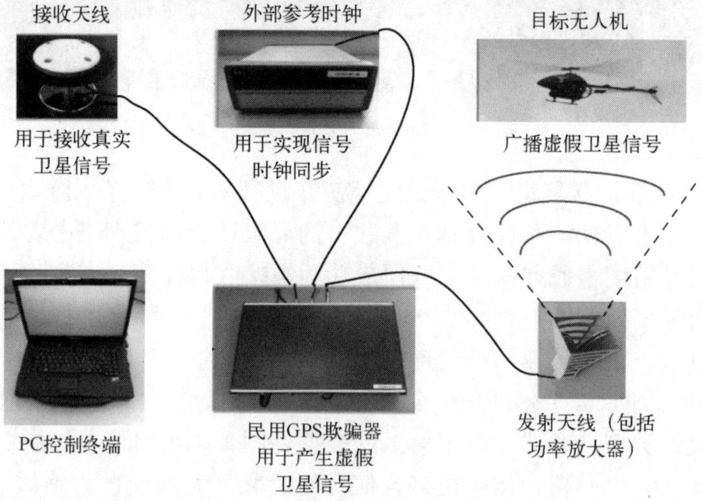

图1.5 欺骗干扰实验平台

韩国大田（Daejeon）305—700卫星导航研究小组成员[100,131]在2012年第12届和2014年第14届的国际控制、自动化和系统会议（international conference on control, automation and systems）上分析了GPS接收机欺骗信号对码跟踪和频率跟踪的影响。实验结果表明，当输入欺骗信号时，不但DLL和PLL跟踪环产生误差，而且伪矩发生非线性变化，进而导致错误的导航解算结果和时间偏差量。

2013年，麻省大学达特茅斯分校[101]系统性研究了GPS的安全性，并根据其特点将GPS欺骗攻击分为协议类和信号分析数据处理类。另外，还引入了一个新的欺骗攻击分支，即通过事件驱动仿真（event-driven simulation）来模拟GPS攻击场景。

“白玫瑰”号超级游艇船长Andrew Schofield在得克萨斯州举行的2013年SXSW（south by southwest）互动会议上听取了Todd Humpherys教授[6,102]关于白沙无人机攻击测试的详细信息后，主动邀请Todd Humpherys团队对“白玫瑰”号游艇的GPS进行测试。研究团队在从摩纳哥到希腊罗德岛旅程的第二天，就成功利用虚假信号取代 GPS 接收机的接收信号，实现了游艇的左向 3°偏移，即偏离预定航线 1km。这个实验过程如图 1.6 所示。

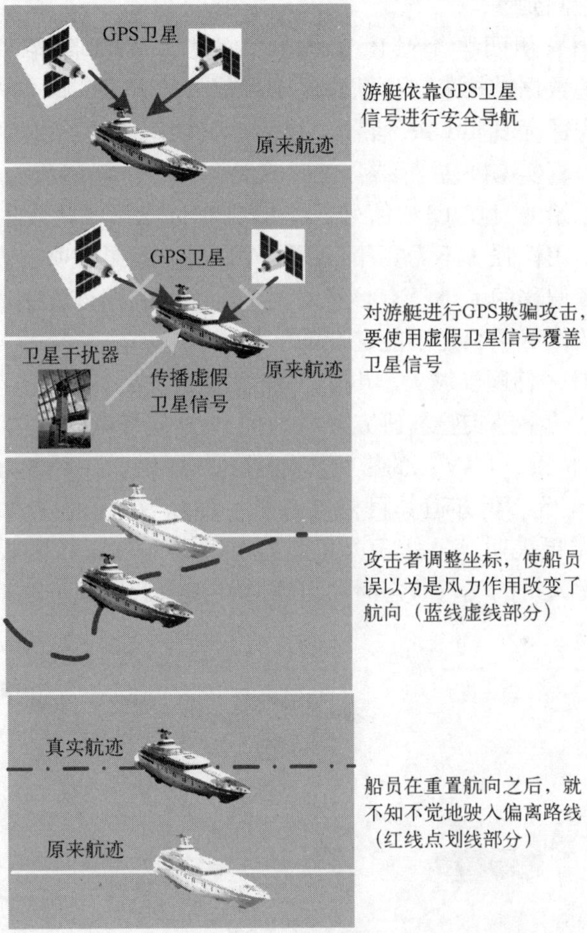

图 1.6 Todd Humpherys 团队欺骗“白玫瑰”号游艇实验过程（见彩插）

德国网络安全公司工程师 Hugo Teso[103-104]在荷兰阿姆斯特丹 2013 年 4 月举行的黑客安全大会（hack in the box，HITB）上宣称，他经过 4 年的努力，开发出名为 PlaneSploit 的应用软件。该软件可以避开安全监测系统并接管飞机，使其“随它的步调起舞”。Hugo Teso 展示了如何通过 PlaneSploit 完成更改飞机航线、改变空调设置，甚至让飞机坠毁等任务。Hugo Teso 还表示，PlaneSploit 软件能够破坏目前大多数飞机所使用的飞行管理系统（flight management system，FMS）。

美国芝加哥伊利诺伊理工学院[105]在 2014 年（IEEE/ION）位置定位和导航技术研讨会（Position，Location and Navigation Symposium，PLANS）会议上

提出了一种针对 INS/GPS 紧组合的无人机欺骗攻击方法。仿真结果表明，如果攻击者对用户的轨迹有绝对的了解，那么在产生较大位置误差的同时，也能够不被监视器检测到。

2015 年 3 月，伊朗学者 A. R. Baziar[106] 研究了一种利用软件接收机并依据真实卫星信号的数据结构来产生欺骗式干扰信号的方法。该方法的实施分为四个步骤：①首先保存真实 GPS 信号，并估计其功率大小；②对真实 GPS 信号进行延迟，并与真实 GPS 进行结合，形成混合信号；③调节混合信号的功率，使其功率高于原始的真实 GPS 信号；④最后对目标接收机发射修改后的混合信号。该方法实用性强，不需要昂贵的硬件设备。结果表明，真实信号的延迟时间长短与位置偏移的大小没有必然的关系，因此利用该方法通过调节延迟时间来达到精确的位置欺骗是不能实现的。

2015 年 4 月，韩国汉城大学电子工程系的 Seong-Hun Seo 等[107] 进行了基于两种欺骗场景的室外实验，研究分析虚假 GPS 信号欺骗攻击与无人机（unmanned aerial vehicle，UAV）的影响，如图 1.7 所示。一种场景是假设欺骗者不知道 UAV 的位置，但知道其目标点；另一种场景是假设欺骗者能实时知道 UAV 的位置。结果表明，虽然无人机装备有简易的欺骗检测设备，但当攻击方能实时获取无人机的飞行状态时便可将其在没有意识到被欺骗的情况下偏移至指定的目标点。

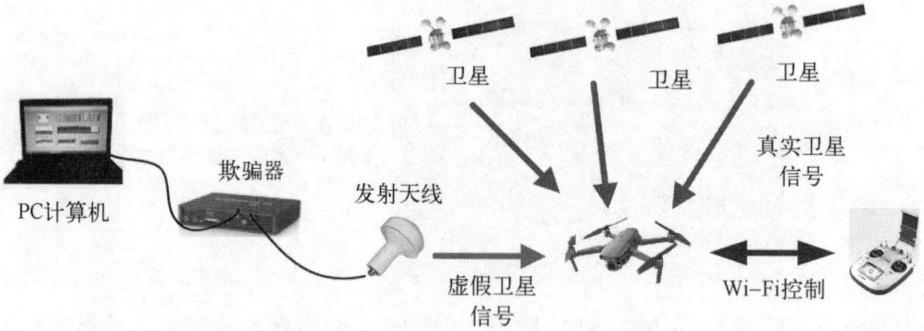

图 1.7　Seong-Hun Seo 实验步骤

从 2015 年开始，伊朗科技大学 M. R. Mosavi 教授就开始了 GPS 欺骗和抗欺骗的研究，且更加注重抗欺骗措施的提出。2017 年 10 月，M. R. Mosavi[111,119] 继续 A. R. Baziar 教授的研究，设计一种单频 GPS 接收机的欺骗实验平台方法，如图 1.8 所示。该实验平台使用软件定义接收机（software-defined-receiver，SDR），所有的数据处理在 Intel i7 2.2GHz CPU 的笔记本电脑上实现。

在布拉格召开的 2015 年病毒公告牌（Virtus Bulletin，世界三大著名杀毒软件测试机构）上，惠普安全研究的 Oleg Oetrovsky 展示了允许攻击者欺骗无人飞行器的一些视频资料和场景。该实验只针对飞往预先设定路线的无人机，

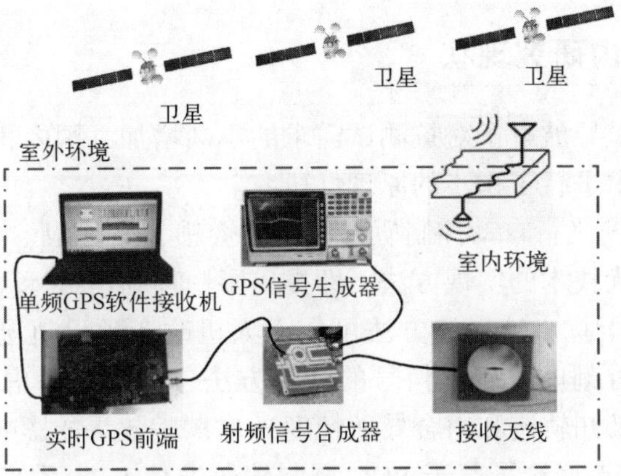

图 1.8 M. R. Mosavi 实现欺骗实验的顶层模型

但是地面站可以与无人机进行实时通信，改变原订的飞行计划。

2017 年，美国弗吉尼亚理工大学[112]联合 Microoft 研究所和中国电子科学技术大学，提出了一种基于道路导航的单次 GPS 欺骗攻击方法。该方法首先从 OpenStreetMap 中提取和解析公共离地数据的道路网络拓扑结构，并基于导航路径输入和相应约束条件搜索可行的欺骗路径；然后利用 USRP、HackRF One 和 bladeRF 等可编程无线电平台构建低成本便携式 GPS 欺骗器；最后依据道路网络拓扑结构的物理约束性，选取可欺骗位置点发动一次位置欺骗攻击，使受害者的实际当前位置欺骗到错误位置点，进而使依据原始路径行驶的指引受害者到达另外一个目标点。

鉴于环境和各种系统部件被正确建模，软件仿真实验台对于 GPS 欺骗攻击的测试是一种不错的选择。美国托莱多大学[113]（University of Toledo，UT）在 2017 年提出利用基于 OMNeT++的卫星模拟器和 UAVSim 的无人机模型，为无人机设置一个欺骗攻击的环境，并分析 GPS 欺骗攻击对无人机导航的影响。

美国伦道夫梅肯学院[114]在 2017 年提出的民用 GPS 欺骗攻击无人机方案十分“简单粗暴”，即利用互联网协议（internet protocol，IP）地址和媒体访问控制（media access control，MAC）地址攻击无人机控制器，迫使其被攻击者直接人为操纵。对于如何寻找无人机控制设备，该方案首先扫描 802.11 网络以获取无人机命令和控制广播，然后将 iPad Air 连接到无人机的网络，进而通过 IP 扫描网络以寻找控制设备。

2018 年，美国北达科他大学（Univerisity of North Dakota，UND）的 Eric Hroton 和 Prakash Ranganathan[120]开发了一种 GPS 欺骗设备，并详细介绍了利用该设备攻击安卓手机以及大疆公司经纬 Matrice 100 四旋翼无人机所采取的步骤，还分析了在欺骗干扰下安卓手机和四旋翼无人机导航定位的偏移效果。

1.2.2 国内研究现状

随着我国卫星导航电子对抗测试需求的不断增加，国内相关单位对涉及卫星导航的干扰技术进行了初步的原理性研究。

2013 年，西安飞行自动控制研究所的张会锁、高关根、寇磊、谷超等[140]探讨了欺骗式干扰技术的实现方法，即提出了一种利用目标飞行器的已知轨迹诱导欺骗 GPS 的干扰方法。该方法可使无人机改变预设轨迹，但并没有给出具体的求解各个时刻虚假卫星信号的计算方法，也没有考虑环境因素（无人机的控制参数、已知轨迹和组合导航精度）对欺骗效果的影响。

魏永峰[142]重点讨论了基于 BOC 调制编码通信 GPS 系统的有效欺骗式干扰，分析了转发式干扰、播放式干扰、间断式干扰以及分布式转发干扰等欺骗式干扰技术的产生机理，为未来欺骗式干扰的战术应用奠定基础。

海军工程大学的闫占杰、吴德伟、刘海波、毛虎等[143]分析了 GPS 欺骗式干扰的时延问题，得出当被转发卫星到转发器的距离与转发器到真实点距离之和不大于被转发卫星到虚拟点的距离时，干扰不会对接收机钟差产生影响，即可对配有卫星导航终端的无人系统实施欺骗式干扰。

中国浙江大学工业控制科技国家重点实验室的学者[110]在 2016 年国际自动控制联合会议（international federation of automatic control，IFAC）上描述了一种利用 GPS 欺骗攻击将装备有故障检测器的无人机驱动到任意目标地的场景。在该欺骗场景中，攻击者可以通过操作窃听攻击（eavesdropping attack）来获得无人机每个时刻的位置、速度和加速度，进而将欺骗攻击问题转化为约束优化问题，即在故障检测器的约束下求解最优的虚假卫星信号，使无人机最终达到点与预计期望的欺骗目标点之间的误差最小。但是该场景的模拟仍处于仿真验证阶段。

火箭军工程大学的王海洋、姚志成、范志良等[141]利用卫星信号模拟器产生包含错误导航信息的 GPS 民用 C/A 码欺骗信号，通过直接侵入和压制式辅助两种方法进入接收机的捕获跟踪环路，对已定位的 GPS 接收实施欺骗干扰。实验结果表明，采用压制干扰辅助方式通过合理控制欺骗信号频率，接收机成功误定位于预设位置，验证了对 GPS 接收机实施欺骗式干扰的可行性；但是大功率压制信号易被检测到，无法达到隐蔽性效果。

国防科技大学[108-109]结合欺骗式干扰技术，成功研制出 ADS 2000 系统欺骗式民用无人机防控系统。该系统采用非接触式欺骗式干扰技术，能够在隐蔽信号且不产生辐射污染的情况下，为特定区域构建全天候电子防护区，对“黑飞”无人机进行电子驱离和迫降捕获，有效防止“黑飞”无人机入侵。但是 ADS 2000 系统对于实现无人机的精确定点捕获和定向驱离等任务仍存在算法上的空白急需填补。图 1.9 描述了系统中最关键的设备，即便携式无人机管控电子枪。

图 1.9 便携式无人机管控电子枪

1.2.3 本研究领域存在的问题

根据 1.2.1 节、1.2.2 节关于卫星欺骗式干扰技术的国内外发展情况可知，国内外对卫星欺骗式干扰技术的研究进度存在很明显的差距。国外针对卫星欺骗式干扰技术的研究已经从理论研究阶段逐步转入试验研究阶段，并成功进行了改变无人机飞行轨迹的各种演示试验。相比国外，目前国内卫星欺骗式干扰技术的理论研究和试验验证尚存在以下问题亟待解决。

问题 1：目前的卫星欺骗式干扰技术主要是针对纯卫星导航终端开展的，对应用卫星导航系统作为辅助系统的组合导航模式下（如 INS/GNSS、DVL/GNSS 等）的欺骗方法考虑不足。针对惯性/卫星组合导航系统的欺骗，切入点仍是对卫星导航信号实施接入欺骗，但在算法、模式上存在尚未明确的问题，并需要进行深入研究以支撑工程可行性论证。因此，本书需要首先回答利用虚假卫星信号对组合导航系统欺骗的可行性问题，即在对组合模式、组合层次、具体组合算法等全面考虑的基础上，结合理论分析和仿真验证，全面回答可行性问题。

问题 2：欺骗攻击方的目的是将设计构造的虚假卫星信号接入无人机中，使无人机缓慢靠近其设定的位置偏移目标终止点。但是，无人机自身装备有飞行控制系统，它也会产生控制输入来迫使无人机始终跟踪原定的期望目标终止点，这是与期望攻击方的目的是相悖的，显然目前的欺骗式干扰技术并没有将这一点考虑进去。因此，本书研究的欺骗式干扰不仅需要考虑无人机的 INS/GNSS 组合导航系统，还需要综合考虑无人机的飞行跟踪控制系统，以及飞控与导航系统之间形成的闭环反馈回路。

问题 3：无人机欺骗攻击的隐蔽性问题考虑不足。随着导航欺骗与反欺骗对抗的日益激烈，暴露性欺骗方式很容易被识破和反制。无人机在意识到处于被干扰或被欺骗时会切换至应急导航模式，在该模式下无人机可以通过无线电静默等手段关闭卫星信号接收，依靠惯性导航信息返航，此时依靠无线电接入的欺骗式干扰方法将失效。因此，本书研究的欺骗式干扰是一种在不触发应急模式下的隐蔽新欺骗方法。

综上所述，本书不仅对纯卫星导航的欺骗技术进行研究，更对军事、民事领域更为广泛的 INS/GNSS 组合导航模式下隐蔽性欺骗式干扰技术进行深入剖析，结合各类无人机的飞行控制模型，研究其隐蔽性欺骗控制策略以适用于无人机在无意识状态下进行精确的定点偏移捕获或定向驱离等主要场景。

1.3 研究目标、主要内容、组织结构、主要贡献和创新点

1.3.1 研究目标

对导航终端欺骗技术进行全面梳理，突破 INS/GNSS 组合导航模式下无人机隐蔽性欺骗的一系列关键技术，研制导航欺骗信号生成的地面控制软件(模块)，并针对小型无人机开展导航欺骗实验，在此基础上形成针对导航终端的信息作战能力。

具体地，在分析无人机等终端的导航与控制机理的基础上，针对组合导航系统，研究并突破 INS/GNSS 组合导航模式下欺骗式干扰的可行性分析研究、无人机轨迹诱导欺骗控制策略设计及其欺骗攻击的隐蔽性分析研究等关键技术，进一步设计无人机欺骗方案生成软件，并经过仿真及外场典型无人机欺骗实验进行有效性验证。

1.3.2 主要内容与组织结构

本书的组织结构如图 1.10 所示。各章内容安排如下。

第 1 章为绪论。阐述了本书选题的依据和研究的意义，介绍 GNSS 欺骗式干扰技术在国内外目前的研究现状、发展动态以及其存在的问题；阐明本书的研究目标、主要内容、组织结构、主要贡献和创新点。

第 2 章理论性分析欺骗式干扰对组合导航系统的影响机理。针对三种典型精度的卫星/惯性组合导航系统（惯性陀螺零值漂移误差分别为 0.01 (°)/h、1 (°)/h、20 (°)/h），本章从组合导航滤波器中的稳态增益着手，根据 INS/GNSS 组合导航滤波估计状态结果，仿真设计参数计算得到与位置、速度和姿态相关的增益矩阵元素，并通过对比增益矩阵元素的大小，找出各种不同导航

精度、组合导航方式下影响组合导航输出结果的主要观测量，继而确定无人机组合导航各个状态参数之间的耦合关系，理论分析出决定欺骗干扰信号对组合导航输出结果影响的主要因素，并研究分析欺骗式干扰对组合导航位置输出影响程度的可操纵性和稳定性，进而推断出在 INS/GNSS 组合导航模式下实施欺骗的可行性。

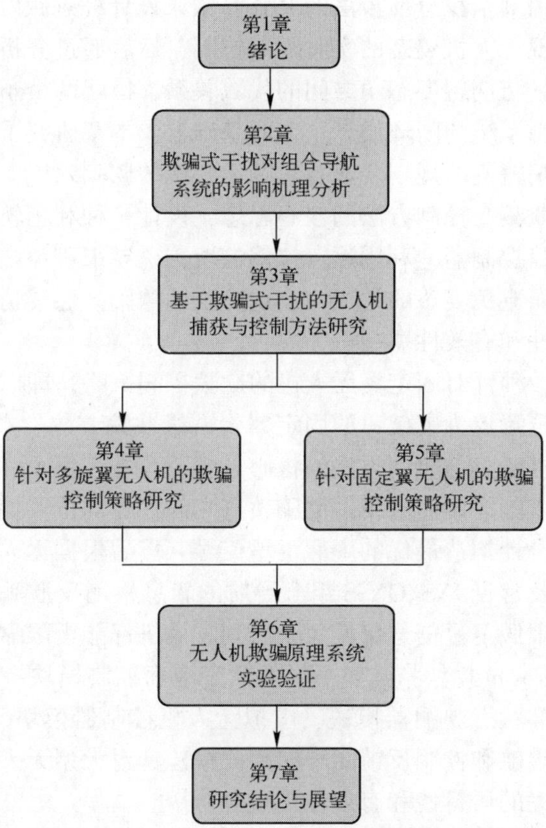

图 1.10　本书的组织结构

第 3 章研究基于欺骗式干扰的无人机捕获与控制方法。本章在综合考虑质点无人机模型的 INS/GNSS 组合导航系统和轨迹跟踪飞行控制系统的基础上，研究欺骗跟踪控制器。该欺骗跟踪控制器依据欺骗控制器实时观测估算无人机的飞行状态、规划的欺骗轨迹信息以及迫使无人机靠近欺骗轨迹的控制输入量，设计构造虚假卫星信号使无人机能发生精确的位置欺骗偏移。通过仿真实验验证了该欺骗方法的正确性和有效性。同时，本章对无人机欺骗方法进行误差特性分析，依据系统矩阵特征值的重置情况和其特征值的分布，分析系统矩阵的指数函数的收敛结果，进而分析无人机欺骗方法的误差特性，以及相关参数的设置与欺骗方法适应性之间的对应关系。通过仿真实验验证了设计的欺骗跟踪控制器在实际应用中具有一定的可调性，可允许有小量初始状态估计误差存在。

第 4 章提出一种针对多旋翼无人机的欺骗控制策略，即考虑欺骗式干扰对姿态影响的多旋翼无人机欺骗方法。本章首先依据无人机的非线性欠驱动动力学特性，提出利用基于积分反步法的 PID 算法来设计姿态跟踪控制器，保证系统的稳定性，实现无人机姿态的实时跟踪控制；然后通过分析位置控制器水平方向上间接控制量与期望姿态角之间的代数关系，搭建两个子控制器之间的桥梁，实现整个控制系统的闭环设计。在此基础上，本章研究了位置欺骗对姿态的影响，发现欺骗轨迹的规划会显著影响无人机的欺骗效果，进而依据第 3 章质点模型无人机欺骗与控制方法的核心思想，设计一种利用轨迹诱导的位置速度无人机欺骗跟踪控制器，利用逐点拉偏的轨迹诱导来避免虚假卫星信号引起的位置突变，进而避免姿态的跳变，实现隐蔽性欺骗。通过仿真实验验证了该欺骗方法的正确性和有效性。

第 5 章提出一种针对固定翼无人机的欺骗控制策略，即以参考轨迹和欺骗轨迹之间的偏差位置点为突破口的固定翼无人机欺骗方法。本章仍然依据第 3 章质点模型无人机欺骗与控制方法的核心思想，首先在每个时刻对比无人机规划的参考轨迹与欺骗控制器规划的欺骗轨迹之间存在的位置偏移量，依据获取的真实卫星信号设计构造最优的虚假卫星信号；然后根据无人机各个状态存在的物理极限，以及常见 INS/GNSS 组合导航的新息检测反欺骗方法，设置约束条件来实时调整虚假卫星信号以使每个时刻无人机都能无限靠近目标欺骗位置点；最后利用 Aerosim 模块搭建整个导航欺骗地面控制模块，其主要包括轨迹发生器模块、外部状态观测器模块、虚拟无人机控制器模块、信号模拟器等，进而结合无人机导航和控制反馈闭环回路，搭建针对大型无人机的欺骗仿真系统，并对欺骗方案的可行性和有效性进行分析。

第 6 章为无人机欺骗原理系统实验验证。本章分别开展针对纯卫星导航终端和组合导航终端的静态试验以及某型号大疆无人机的飞行欺骗测试试验（定点捕获测试试验）和应用型定向驱离测试试验，并对每次试验结果进行分析，验证欺骗实验原理的可行性和有效性。

第 7 章为研究结论和展望。本章对全文的工作进行了总结，并对下一步的工作提出了建议。

1.3.3 主要贡献和创新点

本书的主要贡献和创新点有以下几个方面。

创新点一：以滤波稳态增益为突破口，找到了不同导航精度下欺骗干扰信

号对组合导航输出结果影响的共性特征。

本书拟通过对比代入不同导航精度参数之后稳态增益矩阵各个元素的大小关系，找出影响组合导航输出位置、速度以及姿态估计结果的主要观测量，继而明确欺骗干扰信号对组合导航输出结果的共性特征，推导出欺骗式干扰信号与组合导航输出结果之间的解析表达式；最后依据该解析表达式分析欺骗式干扰对组合导航位置输出影响程度的可操纵性和稳定性，进而推断出在 INS/GNSS 组合导航模式下实施欺骗的可行性。仿真实验验证了欺骗式干扰能使组合导航输出结果发生稳定的、无误差的偏移，即证明了在组合导航模式下利用虚假卫星信号可实现无人机精确位置拉偏的可行性。

创新点二：结合 INS/GNSS 组合导航系统和无人机飞行跟踪控制系统，提出了一种基于欺骗式干扰的无人机捕获与控制方法。

本书拟在每个欺骗攻击时刻，实时规划出一条连接当前无人机位置与攻击方期望偏离目标点之间的欺骗航迹，然后根据飞行轨迹跟踪控制原理，研究分析以下三个参数，包括当前时刻欺骗航迹信息、参考航迹信息以及欺骗器实时观测估算的无人机飞行状态，与能实现无人机精确定点捕获任务的虚假卫星信号之间的函数关系。仿真实验验证了质点类型无人机、多旋翼无人机和固定翼无人机等在欺骗攻击的作用下能够在任何方向跟踪三维曲线类型或折线类型的欺骗轨迹运动，且无人机 INS/GNSS 组合导航滤波器估计轨迹仍输出无人机原定的参考轨迹，达到了隐蔽性欺骗的目的。

创新点三：考虑位置欺骗偏移对姿态的影响，提出了针对攻击隐蔽性能优化设计的无人机欺骗控制策略。

无人机欺骗与捕获过程中的隐蔽性不仅指的是无人机在欺骗跟踪控制器的作用下缓慢跟踪欺骗轨迹运动，但是其 INS/GNSS 组合导航滤波器估计轨迹仍输出无人机原定的参考轨迹。同时需要考虑位置欺骗偏移对无人机姿态控制器及其控制对象姿态的影响。本书拟通过限定欺骗轨迹与无人机参考轨迹之间的差异范围来避免无人机定位结果发生突变而引起飞行器内环控制器中姿态控制的不稳定，确保姿态的小范围差异以避免反欺骗装置的检测，以及确保欺骗攻击过程中无人机飞行的稳定性。仿真实验验证了考虑欺骗轨迹规划的利用轨迹诱导方法的欺骗方法取得了更好的隐蔽性。

第 2 章　欺骗式干扰对组合导航系统的影响机理分析

为保证军用/民用无人机导航精度的准确性和连续连，在实际应用中一般采用多种导航体制系统配合使用，其中 INS/GNSS 组合导航模式是最常用的组合方式。针对 INS/GNSS 组合导航终端的欺骗，本章的切入点仍是对卫星导航信号实施介入欺骗，但是在算法、模式上存在尚未明确的问题，仍需要进行深入研究，以支撑工程可行性论证。

2.1　卫星/惯性组合导航原理

惯性导航系统（inertial navigation system，INS）不受外界干扰，动态噪声小，但存在误差随时间积累的缺点，卫星导航虽能输出稳定的导航定位结果，但由于接收无线电信号，容易受到外界干扰且动态噪声较大。惯性导航系统与卫星导航系统的优缺点是互补的，二者可利用滤波手段将两者组合在一起，为无人机提供连续、高宽带、长航时、高精度、完整的导航参数。

INS/GNSS 松组合模式结构比较简单，系统易于实现。大多数民用的无人机（包括多旋翼无人机和固定翼无人机）以及“低”“慢”“小”军用无人机等都采用 INS/GNSS 松组合导航模式[148-152]。

2.1.1　INS/GNSS 组合导航模型

由于惯性导航系统的垂向速度和高度是不稳定的、发散的，因此在组合导航系统中一般不使用惯性导航系统计算的垂向速度和高度测量数据，而是直接使用气压高度计提供的数据。

忽略载体的垂向通道，采用松组合方式，定义其状态矢量 $\boldsymbol{X}$ 为

$$\boldsymbol{X}=[\delta L \quad \delta\lambda \quad \delta V_{\mathrm{N}} \quad \delta V_{\mathrm{E}} \quad \phi \quad \theta \quad \psi]^{\mathrm{T}}$$

式中：L 和 λ 分别为载体所在的纬度和经度，δL 和 $\delta\lambda$ 代表其误差；V_{N} 和 V_{E} 分别为载体的北向速度和东向速度，δV_{N} 和 δV_{E} 代表其误差；ϕ、θ 和 ψ 分别为载体的横滚角、俯仰角和航向角误差。

位置误差方程的矢量表示形式为

$$\begin{bmatrix}\delta\dot{L}\\ \delta\dot{\lambda}\end{bmatrix}=\begin{bmatrix}\dfrac{\delta V_{\mathrm{N}}}{R_{\mathrm{M}}+h}\\ \dfrac{\delta V_{\mathrm{E}}}{R_{\mathrm{N}}+h}\sec L+\delta L\dfrac{V_{\mathrm{E}}}{R_{\mathrm{N}}+h}\tan L\sec L\end{bmatrix}\tag{2.1}$$

式中：R_{N} 为载体所在位置的子午圈半径；R_{M} 为载体所在位置的卯酉圈半径；h 为载体高度。

选取 INS 的导航系为当地地理坐标系(t)即北东地坐标系，则速度误差方程的矢量表示形式为

$$\delta\dot{\boldsymbol{v}}^{t}=\boldsymbol{f}^{t}\times\boldsymbol{\varphi}^{t}-(2\boldsymbol{\omega}_{ie}^{t}+\boldsymbol{\omega}_{et}^{t})\times\delta\boldsymbol{v}^{t}-(2\delta\boldsymbol{\omega}_{ie}^{t}+\delta\boldsymbol{\omega}_{et}^{t})\times\boldsymbol{v}^{t}+\boldsymbol{C}_{b}^{t}\nabla^{b}\tag{2.2}$$

式中：$\delta\boldsymbol{v}^{t}$ 为速度误差矢量；$\boldsymbol{f}^{t}$ 为加速度计测得的比力在 t 系的取值；$\boldsymbol{\varphi}^{t}$ 为姿态误差角；$\boldsymbol{\omega}_{ie}^{t}$ 为地球自转角速率在 t 系的取值；$\boldsymbol{\omega}_{et}^{t}$ 为 t 系相对于 e 系的转动角速率在 t 系的取值，$\delta\boldsymbol{\omega}_{ie}^{t}$ 和 $\delta\boldsymbol{\omega}_{et}^{t}$ 分别为 $\boldsymbol{\omega}_{ie}^{t}$ 和 $\boldsymbol{\omega}_{et}^{t}$ 的计算误差；∇^{b} 为加速度计零偏在 b 系的取值；$\boldsymbol{C}_{b}^{t}$ 为 b 系到 t 系的方向余弦矩阵。具体地，有

$$\boldsymbol{\omega}_{ie}^{t}=\begin{bmatrix}0\\ \boldsymbol{\omega}_{ie}\cos L\\ \boldsymbol{\omega}_{ie}\sin L\end{bmatrix},\quad \delta\boldsymbol{\omega}_{ie}^{t}=\begin{bmatrix}0\\ -\delta L\boldsymbol{\omega}_{ie}\sin L\\ \delta L\boldsymbol{\omega}_{ie}\cos L\end{bmatrix},$$

$$\boldsymbol{\omega}_{et}^{t}=\begin{bmatrix}-\dfrac{V_{\mathrm{N}}}{R_{\mathrm{M}}+h}\\ \dfrac{V_{\mathrm{E}}}{R_{\mathrm{N}}+h}\\ \dfrac{V_{\mathrm{E}}}{R_{\mathrm{N}}+h}\tan L\end{bmatrix},\quad \delta\boldsymbol{\omega}_{et}^{t}=\begin{bmatrix}-\dfrac{\delta V_{\mathrm{N}}}{R_{\mathrm{M}}+h}\\ \dfrac{\delta V_{\mathrm{E}}}{R_{\mathrm{N}}+h}\\ \dfrac{\delta V_{\mathrm{E}}}{R_{\mathrm{N}}+h}\tan L+\delta L\dfrac{V_{\mathrm{E}}}{R_{\mathrm{N}}+h}\sec^{2}L\end{bmatrix}$$

同时，姿态误差方程的矢量表示形式为

$$\dot{\boldsymbol{\varphi}}^{t}=\delta\boldsymbol{\omega}_{ie}^{t}+\delta\boldsymbol{\omega}_{et}^{t}-(\boldsymbol{\omega}_{ie}^{t}+\boldsymbol{\omega}_{et}^{t})\times\boldsymbol{\varphi}^{t}+\boldsymbol{C}_{b}^{t}\boldsymbol{\varepsilon}^{b}\tag{2.3}$$

式中：$\boldsymbol{\varphi}=[\phi\quad\theta\quad\psi]^{\mathrm{T}}$ 为载体的姿态误差；$\boldsymbol{\varepsilon}^{b}$ 为陀螺仪漂移在 b 系的取值。

当 GNSS 系统提供位置和速度信息时，观测矢量 $\boldsymbol{Z}$ 的定义为

$$\begin{aligned}\boldsymbol{Z}&=[L_{\mathrm{I}}-L_{\mathrm{G}}\quad \lambda_{\mathrm{I}}-\lambda_{\mathrm{G}}\quad V_{\mathrm{N,I}}-V_{\mathrm{N,G}}\quad V_{\mathrm{E,I}}-V_{\mathrm{E,G}}]^{\mathrm{T}}\\ &=[\delta L\quad \delta\lambda\quad \delta V_{\mathrm{N}}\quad \delta V_{\mathrm{E}}]^{\mathrm{T}}\end{aligned}$$

式中：L_{I}、λ_{I} 分别为惯性导航系统解算出的载体纬度信息和经度信息；L_{G}、λ_{G} 分别为 GNSS 系统提供的载体纬度信息和经度信息；$V_{\mathrm{N,I}}$、$V_{\mathrm{E,I}}$ 为惯性导航系统解算出的载体北向速度信息和东向速度信息；$V_{\mathrm{N,G}}$、$V_{\mathrm{E,G}}$ 分别为 GNSS 提供的载体北向和东向速度信息。

根据定义的系统状态矢量 $\boldsymbol{X}$ 和观测矢量 $\boldsymbol{Z}$，可得松组合系统模型的表达式为

$$\begin{cases}\dot{\boldsymbol{X}}=\boldsymbol{AX}+\boldsymbol{BW}\\ \boldsymbol{Z}=\boldsymbol{HX}+\boldsymbol{V}\end{cases} \tag{2.4}$$

式中：$\boldsymbol{A}$ 为系统状态矩阵，其矩阵中各个参数的值可参考式（2.1）~式（2.3）；$\boldsymbol{B}$ 为系统输入矩阵，且

$$\boldsymbol{B}=\begin{bmatrix}-C_{11} & -C_{12} & -C_{13} & 0 & 0\\ -C_{21} & -C_{22} & -C_{23} & 0 & 0\\ -C_{31} & -C_{32} & -C_{33} & 0 & 0\\ 0 & 0 & 0 & C_{11} & C_{13}\\ 0 & 0 & 0 & C_{31} & C_{33}\\ 0 & 0 & 0 & 0 & 0\\ 0 & 0 & 0 & 0 & 0\end{bmatrix}$$

$\boldsymbol{C}_{ij}$ 为方向余弦矩阵 $\boldsymbol{C}_b^t$ 第 i 行、第 j 列的元素；$\boldsymbol{W}=[\delta\omega_{gx}\quad \delta\omega_{gy}\quad \delta\omega_{gz}\quad \delta f_x\quad \delta f_y]^{\mathrm{T}}$ 为系统噪声矩阵，其中 $\delta\omega_{gx}$、$\delta\omega_{gy}$ 和 $\delta\omega_{gz}$ 为惯性导航系统三轴陀螺的噪声，δf_x、δf_y 分别为前向和右向加速度计噪声；$\boldsymbol{V}=[n_L\quad n_\lambda\quad n_{V_{\mathrm{N}}}\quad n_{V_{\mathrm{E}}}]^{\mathrm{T}}$ 为观测噪声，其中 n_L、n_λ、$n_{V_{\mathrm{N}}}$ 和 $n_{V_{\mathrm{E}}}$ 为 GNSS 系统的位置和速度误差噪声；$\boldsymbol{H}$ 为量测矩阵，且

$$\boldsymbol{H}=\begin{bmatrix}1 & 0 & 0 & 0 & 0 & 0 & 0\\ 0 & 1 & 0 & 0 & 0 & 0 & 0\\ 0 & 0 & 1 & 0 & 0 & 0 & 0\\ 0 & 0 & 0 & 1 & 0 & 0 & 0\end{bmatrix}$$

2.1.2 INS/GNSS 组合导航滤波器

递推迭代是离散型卡尔曼滤波的最大优点，算法求解过程不必存储大量的测量数据，因此在实际的应用环境中都是采用离散型卡尔曼滤波器将 INS 和 GNSS 数据进行融合的。为此，将式（2.4）描述的组合导航模型离散化，可得

$$\begin{cases}\boldsymbol{X}_k=\boldsymbol{\Phi}_{k,k-1}\boldsymbol{X}_{k-1}+\boldsymbol{\Gamma}_{k,k-1}\boldsymbol{W}_{k-1}\\ \boldsymbol{Z}_k=\boldsymbol{H}_k\boldsymbol{X}_k+\boldsymbol{V}_k\end{cases} \tag{2.5}$$

式中：$\boldsymbol{\Phi}_{k,k-1}$ 为离散后的系统状态矩阵；$\boldsymbol{\Gamma}_{k,k-1}$ 为离散后的系统输入矩阵；系统噪声 $\boldsymbol{W}_k$ 和观测噪声 $\boldsymbol{V}_k$ 均为白噪声且互不相关，系统噪声方差为 $E[\boldsymbol{WW}^{\mathrm{T}}]=\boldsymbol{Q}$，观测噪声方差为 $E[\boldsymbol{VV}^{\mathrm{T}}]=\boldsymbol{R}$。

若 k 时刻的观测量为 $\boldsymbol{Z}_k$，则 $\boldsymbol{X}_k$ 的估计 $\hat{\boldsymbol{X}}_k$ 可按式（2.6）~式（2.11）求解[143-156]：

状态一步预测：

$$\hat{\boldsymbol{X}}_{k,k-1}=\boldsymbol{\Phi}_{k,k-1}\hat{\boldsymbol{X}}_{k-1} \tag{2.6}$$

状态估计：

$$\hat{\boldsymbol{X}}_{k}=\hat{\boldsymbol{X}}_{k,k-1}+\boldsymbol{K}_{k}[\boldsymbol{Z}_{k}-\boldsymbol{H}_{k}\hat{\boldsymbol{X}}_{k,k-1}] \tag{2.7}$$

滤波增益矩阵：

$$\boldsymbol{K}_{k}=\boldsymbol{P}_{k,k-1}\boldsymbol{H}_{k}^{\mathrm{T}}[\boldsymbol{H}_{k}\boldsymbol{P}_{k,k-1}\boldsymbol{H}_{k}^{\mathrm{T}}+\boldsymbol{R}_{k}]^{-1} \tag{2.8}$$

一步预测均方差阵：

$$\boldsymbol{P}_{k,k-1}=\boldsymbol{\Phi}_{k,k-1}\boldsymbol{P}_{k-1}\boldsymbol{\Phi}_{k,k-1}^{\mathrm{T}}+\boldsymbol{\Gamma}_{k,k-1}\boldsymbol{Q}_{k-1}\boldsymbol{\Gamma}_{k,k-1}^{\mathrm{T}} \tag{2.9}$$

估计均方差阵：

$$\boldsymbol{P}_{k}=[\boldsymbol{I}-\boldsymbol{K}_{k}\boldsymbol{H}_{k}]\boldsymbol{P}_{k,k-1}[\boldsymbol{I}-\boldsymbol{K}_{k}\boldsymbol{H}_{k}]^{\mathrm{T}}+\boldsymbol{K}_{k}\boldsymbol{R}_{k}\boldsymbol{K}_{k}^{\mathrm{T}} \tag{2.10}$$

或

$$\boldsymbol{P}_{k}^{-1}=\boldsymbol{P}_{k,k-1}^{-1}+\boldsymbol{H}_{k}^{\mathrm{T}}\boldsymbol{R}_{k}\boldsymbol{H}_{k} \tag{2.11}$$

或

$$\boldsymbol{P}_{k}=(\boldsymbol{I}-\boldsymbol{K}_{k}\boldsymbol{H}_{k})\boldsymbol{P}_{k,k-1} \tag{2.12}$$

2.2　组合导航滤波器稳态增益矩阵

增益矩阵 $\boldsymbol{K}_k$ 存在稳定状态 $\boldsymbol{K}_\infty$，且其稳定收敛的时间一般是 10min，因此施加欺骗式干扰的载体对象是处于稳态的组合导航滤波器。因此，本章可通过比较稳态增益矩阵 $\boldsymbol{K}_\infty$ 中各个元素的大小，找到影响 INS/GNSS 组合导航滤波器输出位置、速度和姿态的主要观测量，以便在理论分析时能够抓住决定欺骗式干扰对 INS/GNSS 组合导航滤波器输出结果影响的主要因素。

2.2.1　稳态增益矩阵的求解

$\boldsymbol{K}_\infty$ 由系统噪声 $\boldsymbol{Q}$ 及观测噪声 $\boldsymbol{R}$ 决定，并根据状态估计方差阵的稳态值 $\boldsymbol{P}_\infty$ 计算求取。同时对于 INS/GNSS 组合导航所使用的离散卡尔曼滤波器，其状态估计方差阵的稳态值 $\boldsymbol{P}_\infty$ 满足离散代数黎卡提方程（algebratic Riccati equation，ARE），即

$$\boldsymbol{P}_\infty=\boldsymbol{A}\boldsymbol{P}_\infty\boldsymbol{A}^{\mathrm{T}}+\boldsymbol{Q}-\boldsymbol{P}_\infty\boldsymbol{H}^{\mathrm{T}}(\boldsymbol{H}\boldsymbol{P}_\infty\boldsymbol{H}^{\mathrm{T}}+\boldsymbol{R})^{-1}\boldsymbol{H}\boldsymbol{A}\boldsymbol{P}_\infty\boldsymbol{A}^{\mathrm{T}}-\boldsymbol{P}_\infty\boldsymbol{H}^{\mathrm{T}}(\boldsymbol{H}\boldsymbol{P}_\infty\boldsymbol{H}^{\mathrm{T}}+\boldsymbol{R})^{-1}\boldsymbol{H}\boldsymbol{Q} \tag{2.13}$$

式中：系统噪声 $\boldsymbol{Q}$ 和观测噪声 $\boldsymbol{R}$ 具体表达式为

$$\boldsymbol{Q}=\boldsymbol{B}(\boldsymbol{W}\boldsymbol{W}^{\mathrm{T}})\boldsymbol{B}^{\mathrm{T}}$$

以及

$$
\boldsymbol{R}=\begin{bmatrix}\delta L_{\text{GNSS}}(\delta L_{\text{GNSS}})^{\text{T}} & 0 & 0 & 0\\ 0 & \delta\lambda_{\text{GNSS}}(\delta\lambda_{\text{GNSS}})^{\text{T}} & 0 & 0\\ 0 & 0 & \delta v_{\text{N,GNSS}}(\delta v_{\text{N,GNSS}})^{\text{T}} & 0\\ 0 & 0 & 0 & \delta v_{\text{E,GNSS}}(\delta v_{\text{E,GNSS}})^{\text{T}}\end{bmatrix}
$$

$\boldsymbol{WW}^{\text{T}}$ 为陀螺仪和加速度计噪声的方差；δL_{GNSS}、$\delta\lambda_{\text{GNSS}}$ 为 GNSS 系统的定位精度；$\delta v_{\text{N,GNSS}}$、$\delta v_{\text{E,GNSS}}$ 为 GNSS 系统的测速精度。

在求解状态估计值方差阵的稳态值 $\boldsymbol{P}_{\infty}$ 后，滤波器的稳态增益 $\boldsymbol{K}_{\infty}$ 表达式为

$$
\boldsymbol{K}_{\infty}=\boldsymbol{P}_{\infty}\boldsymbol{H}^{\text{T}}(\boldsymbol{HP}_{\infty}\boldsymbol{H}^{\text{T}}+\boldsymbol{R})^{-1} \tag{2.14}
$$

2.2.2 稳态增益矩阵中各个元素的含义

对于组合导航系统卡尔曼滤波器，其稳态增益矩阵 $\boldsymbol{K}_{\infty}$ 为 7×4 矩阵。根据式（2.7），可得其与状态矢量与观测矢量之间的空间对应关系，即

$$
\hat{\boldsymbol{X}}_k=\hat{\boldsymbol{X}}_{k,k-1}+\boldsymbol{K}_k[\boldsymbol{Z}_k-\boldsymbol{H}_k\hat{\boldsymbol{X}}_{k,k-1}]
$$

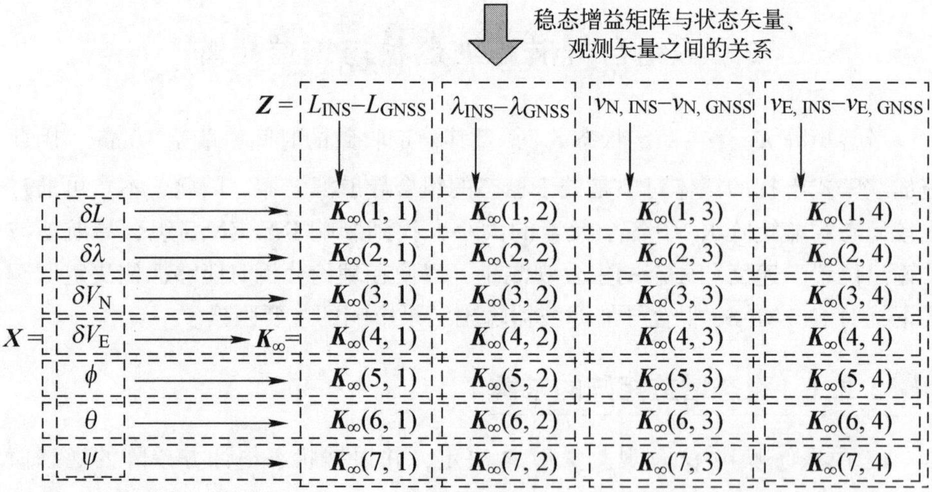

根据稳态增益矩阵 $\boldsymbol{K}_{\infty}$ 中各个元素所在的行数和列数，可对其定义。

1. 与行数相关的元素

$\boldsymbol{K}_{\infty}(1,i)$、$\boldsymbol{K}_{\infty}(2,i)$、$\boldsymbol{K}_{\infty}(3,i)$、$\boldsymbol{K}_{\infty}(4,i)$、$\boldsymbol{K}_{\infty}(5,i)$、$\boldsymbol{K}_{\infty}(6,i)$ 和 $\boldsymbol{K}_{\infty}(7,i)$ 分别为计算纬度误差估计值、经度误差估计值、北向速度误差估计值、东向速度误差估计值、横滚角误差估计值、俯仰角误差估计以及航向角误差估计值的各项增益。

2. 与列数相关的元素

$\boldsymbol{K}_{\infty}(i,1)$、$\boldsymbol{K}_{\infty}(i,2)$、$\boldsymbol{K}_{\infty}(i,3)$ 和 $\boldsymbol{K}_{\infty}(i,4)$ 分别为利用 GNSS 纬度观测值、

GNSS 经度观测值、GNSS 北向速度观测值以及 GNSS 东向速度观测值的各项增益。

结合上述分析，可得到组合导航滤波器稳态增益矩阵各个元素的含义，见表 2.1。

表 2.1　组合导航滤波器稳态增益矩阵各个元素的含义

元素	含　义	元素	含　义
$\boldsymbol{K}_{\infty}(1,1)$	利用 GNSS 纬度观测值计算纬度误差估计值的增益	$\boldsymbol{K}_{\infty}(4,3)$	利用 GNSS 北向速度观测值计算北向速度误差估计值的增益
$\boldsymbol{K}_{\infty}(1,2)$	利用 GNSS 经度观测值计算纬度误差估计值的增益	$\boldsymbol{K}_{\infty}(4,4)$	利用 GNSS 东向速度观测值计算北向速度误差估计值的增益
$\boldsymbol{K}_{\infty}(1,3)$	利用 GNSS 北向速度观测值计算纬度误差估计值的增益	$\boldsymbol{K}_{\infty}(5,1)$	利用 GNSS 纬度观测值计算横滚角误差估计值的增益
$\boldsymbol{K}_{\infty}(1,4)$	利用 GNSS 东向速度观测值计算纬度误差估计值的增益	$\boldsymbol{K}_{\infty}(5,2)$	利用 GNSS 经度观测值计算横滚角误差估计值的增益
$\boldsymbol{K}_{\infty}(2,1)$	利用 GNSS 纬度观测值计算经度误差估计值的增益	$\boldsymbol{K}_{\infty}(5,3)$	利用 GNSS 北向速度观测值计算横滚角误差估计值的增益
$\boldsymbol{K}_{\infty}(2,2)$	利用 GNSS 经度观测值计算经度误差估计值的增益	$\boldsymbol{K}_{\infty}(5,4)$	利用 GNSS 东向速度观测值计算横滚角误差估计值的增益
$\boldsymbol{K}_{\infty}(2,3)$	利用 GNSS 北向速度观测值计算经度误差估计值的增益	$\boldsymbol{K}_{\infty}(6,1)$	利用 GNSS 纬度观测值计算俯仰角误差估计值的增益
$\boldsymbol{K}_{\infty}(2,4)$	利用 GNSS 东向速度观测值计算经度误差估计值的增益	$\boldsymbol{K}_{\infty}(6,2)$	利用 GNSS 经度观测值计算俯仰角误差估计值的增益
$\boldsymbol{K}_{\infty}(3,1)$	利用 GNSS 纬度观测值计算东向速度误差估计值的增益	$\boldsymbol{K}_{\infty}(6,3)$	利用 GNSS 北向速度观测值计算俯仰角误差估计值的增益
$\boldsymbol{K}_{\infty}(3,2)$	利用 GNSS 经度观测值计算东向速度误差估计值的增益	$\boldsymbol{K}_{\infty}(6,4)$	利用 GNSS 东向速度观测值计算俯仰角误差估计值的增益
$\boldsymbol{K}_{\infty}(3,3)$	利用 GNSS 北向速度观测值计算东向速度误差估计值的增益	$\boldsymbol{K}_{\infty}(7,1)$	利用 GNSS 纬度观测值计算航向角误差估计值的增益
$\boldsymbol{K}_{\infty}(3,4)$	利用 GNSS 东向速度观测值计算东向速度误差估计值的增益	$\boldsymbol{K}_{\infty}(7,2)$	利用 GNSS 经度观测值计算航向角误差估计值的增益
$\boldsymbol{K}_{\infty}(4,1)$	利用 GNSS 纬度观测值计算北向速度误差估计值的增益	$\boldsymbol{K}_{\infty}(7,3)$	利用 GNSS 北向速度观测值计算航向角误差估计值的增益
$\boldsymbol{K}_{\infty}(4,2)$	利用 GNSS 经度观测值计算北向速度误差估计值的增益	$\boldsymbol{K}_{\infty}(7,4)$	利用 GNSS 东向速度观测值计算航向角误差估计值的增益

2.2.3　影响组合导航滤波器输出估计值的主要因素

利用设定的仿真环境，针对不同精度组合导航系统，分别计算与位置误差估计值、速度误差估计值和姿态误差估计值有关的稳态增益矩阵元素 $\boldsymbol{K}_{\infty}(i,j)$，其中 $i=1,2,\cdots,7$，$j=1,2,\cdots,4$。

设置目标载体以 60m/s 的速度，匀速向东北方向运动，参数如表 2.2 所列。

表 2.2 载体运动参数设置

参数名称	参数取值
位置	$L=45°$, $h=300\text{m}$
速度	$v_N=42.5\text{m/s}$, $v_E=42.5\text{m/s}$
姿态	$\phi=\theta=0$, $\psi=-45°$
加速度	$f_N=f_E=0$, $f_D=9.8\text{m/s}^2$

假设不同精度的惯性器件参数如表 2.3 所列。

表 2.3 惯性器件精度参数

惯性器件精度	参数名称	参数取值
导航级	陀螺零偏稳定性	0.01(°)/h
	加表零偏稳定性	$5\times10^{-5}g$
战术级	陀螺零偏稳定性	1(°)/h
	加表零偏稳定性	$5\times10^{-4}g$
消费级	陀螺零偏稳定性	20(°)/h
	加表零偏稳定性	$5\times10^{-3}g$

在卫星增强系统的辅助下，GNSS 标准定为服务（GNSS standard positioning service）的定位精度优于 3m，测速精度优于 10cm/s。观测噪声 $\boldsymbol{R}$ 为 GNSS 系统提供位置和速度量测信息的方差，因此观测噪声 $\boldsymbol{R}$ 可写为

$$\boldsymbol{R}=\begin{bmatrix} [3/R_N]^2 & 0 & 0 & 0 \\ 0 & [3/(R_E\cos L)]^2 & 0 & 0 \\ 0 & 0 & 0.1^2 & 0 \\ 0 & 0 & 0 & 0.1^2 \end{bmatrix}$$

组合导航滤波器状态估计值方差的初始值 $\boldsymbol{P}_0$ 与惯性器件（包括陀螺仪和加速度计）的测量精度相关，针对不同精度的惯性器件设置 $\boldsymbol{P}_0$ 如表 2.4 所示。

表 2.4 滤波器估计值初始方差参数设置

惯性器件精度	参数名称	参数取值
导航级	水平姿态误差估计值初始方差	$(0.01°)^2$
	航向姿态误差估计值初始方差	$(0.06°)^2$
	速度误差估计值初始方差	$(0.1\text{m/s})^2$
	位置误差估计值初始方差	$(3\text{m})^2$

（续）

惯性器件精度	参 数 名 称	参 数 取 值
战术级	水平姿态误差估计值初始方差	$(0.1°)^2$
	航向姿态误差估计值初始方差	$(0.6°)^2$
	速度误差估计值初始方差	$(0.1\text{m/s})^2$
	位置误差估计值初始方差	$(3\text{m})^2$
消费级	水平姿态误差估计值初始方差	$(0.5°)^2$
	航向姿态误差估计值初始方差	$(1°)^2$
	速度误差估计值初始方差	$(0.1\text{m/s})^2$
	位置误差估计值初始方差	$(3\text{m})^2$

利用设定的仿真情况，计算得到稳态增益 $\boldsymbol{K}_\infty$ 的各个元素值分别为：

1. 导航级（表 2.5 中加深部分为影响组合导航位置的主要因素）

表 2.5　导航级惯性器件精度下稳态增益各个元素值

增益元素	稳 态 值	增益元素	稳 态 值
$\boldsymbol{K}_\infty(1,1)$	0.0169	$\boldsymbol{K}_\infty(4,3)$	-1.85×10^{-6}
$\boldsymbol{K}_\infty(1,2)$	-1.1810×10^{-6}	$\boldsymbol{K}_\infty(4,4)$	0.0026
$\boldsymbol{K}_\infty(1,3)$	2.1744×10^{-8}	$\boldsymbol{K}_\infty(5,1)$	4.0622×10^{-4}
$\boldsymbol{K}_\infty(1,4)$	1.0694×10^{-10}	$\boldsymbol{K}_\infty(5,2)$	−0.0502
$\boldsymbol{K}_\infty(2,1)$	-1.1810×10^{-6}	$\boldsymbol{K}_\infty(5,3)$	1.6247×10^{-9}
$\boldsymbol{K}_\infty(2,2)$	0.0168	$\boldsymbol{K}_\infty(5,4)$	-2.2410×10^{-7}
$\boldsymbol{K}_\infty(2,3)$	-1.9000×10^{-10}	$\boldsymbol{K}_\infty(6,1)$	0.0777
$\boldsymbol{K}_\infty(2,4)$	3.0570×10^{-8}	$\boldsymbol{K}_\infty(6,2)$	-1.9627×10^{-4}
$\boldsymbol{K}_\infty(3,1)$	984.2	$\boldsymbol{K}_\infty(6,3)$	2.4208×10^{-7}
$\boldsymbol{K}_\infty(3,2)$	−4.333	$\boldsymbol{K}_\infty(6,4)$	-3.9505×10^{-10}
$\boldsymbol{K}_\infty(3,3)$	0.0026	$\boldsymbol{K}_\infty(7,1)$	−0.1020
$\boldsymbol{K}_\infty(3,4)$	-1.8283×10^{-6}	$\boldsymbol{K}_\infty(7,2)$	0.0154
$\boldsymbol{K}_\infty(4,1)$	4.797	$\boldsymbol{K}_\infty(7,3)$	-2.8642×10^{-7}
$\boldsymbol{K}_\infty(4,2)$	690.9	$\boldsymbol{K}_\infty(7,4)$	3.6190×10^{-8}

2. 战术级（表 2.6 中加深部分为影响组合导航位置的主要因素）

表 2.6 战术级惯性器件精度下稳态增益各个元素值

增益元素	稳 态 值	增益元素	稳 态 值
$K_\infty(1,1)$	0.0309	$K_\infty(4,3)$	-9.311×10^{-6}
$K_\infty(1,2)$	1.5839×10^{-6}	$K_\infty(4,4)$	0.05118
$K_\infty(1,3)$	1.0233×10^{-7}	$K_\infty(5,1)$	0.0072
$K_\infty(1,4)$	1.0730×10^{-10}	$K_\infty(5,2)$	−2.1996
$K_\infty(2,1)$	3.1679×10^{-6}	$K_\infty(5,3)$	6.8611×10^{-8}
$K_\infty(2,2)$	0.0308	$K_\infty(5,4)$	-4.4465×10^{-5}
$K_\infty(2,3)$	-1.9111×10^{-10}	$K_\infty(6,1)$	3.1451
$K_\infty(2,4)$	1.4431×10^{-7}	$K_\infty(6,2)$	0.0017
$K_\infty(3,1)$	4626	$K_\infty(6,3)$	4.4807×10^{-5}
$K_\infty(3,2)$	−4.33	$K_\infty(6,4)$	-1.0273×10^{-8}
$K_\infty(3,3)$	0.0512	$K_\infty(7,1)$	−3.6536
$K_\infty(3,4)$	-9.722×10^{-6}	$K_\infty(7,2)$	0.2902
$K_\infty(4,1)$	4.839	$K_\infty(7,3)$	-5.1830×10^{-5}
$K_\infty(4,2)$	3262	$K_\infty(7,4)$	5.6559×10^{-6}

3. 消费级（表 2.7 中加深部分为影响组合导航位置的主要因素）

表 2.7 消费级惯性器件精度下稳态增益各个元素值

增益元素	稳 态 值	增益元素	稳 态 值
$K_\infty(1,1)$	0.0327	$K_\infty(4,3)$	-5.883×10^{-6}
$K_\infty(1,2)$	2.2739×10^{-6}	$K_\infty(4,4)$	0.395
$K_\infty(1,3)$	1.1849×10^{-7}	$K_\infty(5,1)$	0.0170
$K_\infty(1,4)$	1.8281×10^{-11}	$K_\infty(5,2)$	−3.8962
$K_\infty(2,1)$	4.5479×10^{-6}	$K_\infty(5,3)$	3.3459×10^{-7}
$K_\infty(2,2)$	0.0326	$K_\infty(5,4)$	-7.5274×10^{-4}
$K_\infty(2,3)$	-2.8909×10^{-11}	$K_\infty(6,1)$	5.5549
$K_\infty(2,4)$	1.6705×10^{-7}	$K_\infty(6,2)$	0.0107
$K_\infty(3,1)$	5356	$K_\infty(6,3)$	7.5501×10^{-4}
$K_\infty(3,2)$	−0.6534	$K_\infty(6,4)$	-1.7706×10^{-7}
$K_\infty(3,3)$	0.395	$K_\infty(7,1)$	−5.1780
$K_\infty(3,4)$	-5.883×10^{-6}	$K_\infty(7,2)$	0.4062
$K_\infty(4,1)$	0.8263	$K_\infty(7,3)$	-7.4592×10^{-4}
$K_\infty(4,2)$	3775	$K_\infty(7,4)$	8.3210×10^{-5}

从上述计算得到的稳态增益矩阵元素中，寻找影响组合导航滤波器输出估计值的主要观测量，原则如下。

（1）稳态增益矩阵元素值越大，其所对应的观测量对 INS/GNSS 组合导航滤波器输出估计值影响越大；

（2）同类观测量的稳态增益矩阵元素才可以相互比较，即速度和位置的增益矩阵元素大小不具有可比性（因为速度和位置观测量的单位不同，量级相差很大）；

（3）当同类观测量中的某个稳态增益矩阵元素远大于同类中的另一个稳态增益矩阵元素时（相差两个数量级以上），可认为稳态增益矩阵元素小的观测量可以忽略。

根据上述选取原则和表 2.5~表 2.7 中稳态增益矩阵各个元素的大小，可知当植入的干扰信号存在位置偏移（纬度偏移和经度偏移）和速度偏移（北向速度偏移和东向速度偏移）时，影响组合导航滤波器位置估计值的主要因素如下。

（1）影响纬度估计值的主要因素是纬度偏移（$\boldsymbol{K}_\infty(1,1) \gg \boldsymbol{K}_\infty(1,2)$）和北向速度偏移（$\boldsymbol{K}_\infty(1,3) \gg \boldsymbol{K}_\infty(1,4)$），且 INS 系统精度越低时影响强度越大；

（2）影响经度估计值的主要因素是经度偏移（$\boldsymbol{K}_\infty(2,2) \gg \boldsymbol{K}_\infty(2,1)$）和东向速度偏移（$\boldsymbol{K}_\infty(2,4) \gg \boldsymbol{K}_\infty(2,3)$），且 INS 系统精度越低时影响强度越大。

影响组合导航滤波器速度估计值的主要因素如下。

（1）影响北向速度估计值的主要因素是北向速度偏移（$\boldsymbol{K}_\infty(3,1) \gg \boldsymbol{K}_\infty(3,2)$）和纬度偏移（$\boldsymbol{K}_\infty(3,3) \gg \boldsymbol{K}_\infty(3,4)$）；

（2）影响东向速度估计值的主要因素是东向速度偏移（$\boldsymbol{K}_\infty(4,2) \gg \boldsymbol{K}_\infty(4,1)$）和经度偏移（$\boldsymbol{K}_\infty(4,4) \gg \boldsymbol{K}_\infty(4,3)$）。

影响组合导航滤波器姿态估计值的主要因素如下。

（1）影响横滚角估计值的主要因素是经度偏移（$\boldsymbol{K}_\infty(5,4) \gg \boldsymbol{K}_\infty(5,3)$）和东向速度偏移（$\boldsymbol{K}_\infty(5,2) \gg \boldsymbol{K}_\infty(5,1)$），且 INS 系统精度越低时影响强度越大；

（2）影响俯仰角估计值的主要因素是纬度偏移（$\boldsymbol{K}_\infty(6,1) \gg \boldsymbol{K}_\infty(6,2)$）和北向速度偏移（$\boldsymbol{K}_\infty(6,3) \gg \boldsymbol{K}_\infty(6,4)$），且 INS 系统精度越低时影响强度越大；

（3）航向角估计值同时受到纬度偏移 $\boldsymbol{K}_\infty(7,1)$、经度偏移 $\boldsymbol{K}_\infty(7,2)$、北向速度偏移 $\boldsymbol{K}_\infty(7,3)$ 和东向速度偏移 $\boldsymbol{K}_\infty(7,4)$ 的影响，但主要受纬度偏移和北向速度偏移的影响。

2.3 欺骗式干扰对组合导航位置输出影响程度的可操纵性分析

下面将根据2.2节得到的结论，分析欺骗式干扰对INS/GNSS组合导航滤波器输出位置估计值影响程度的可操纵性。假设在k时刻对目标接收机施加欺骗式干扰信号时，GNSS接收机输出的位置和速度分别为

$$\begin{cases}(\tilde{L}_{\mathrm{G}})_k=(L_{\mathrm{G}})_k+(\delta L_{\mathrm{G}})_k\\(\tilde{\lambda}_{\mathrm{G}})_k=(\lambda_{\mathrm{G}})_k+(\delta\lambda_{\mathrm{G}})_k\\(\tilde{v}_{\mathrm{N,G}})_k=(v_{\mathrm{N,G}})_k+(\delta v_{\mathrm{N,G}})_k\\(\tilde{v}_{\mathrm{E,G}})_k=(v_{\mathrm{E,G}})_k+(\delta v_{\mathrm{E,G}})_k\end{cases}\tag{2.15}$$

式中：$\tilde{L}_{\mathrm{G}}$、$\tilde{\lambda}_{\mathrm{G}}$、$\tilde{v}_{\mathrm{N,G}}$和$\tilde{v}_{\mathrm{E,G}}$分别为受到欺骗式干扰后GNSS接收机输出的位置和速度信息；L_{G}、λ_{G}、$v_{\mathrm{N,G}}$和$v_{\mathrm{E,G}}$分别为正常情况下GNSS输出的位置和速度信息；δL_{G}、$\delta\lambda_{\mathrm{G}}$、$\delta v_{\mathrm{N,G}}$和$\delta v_{\mathrm{E,G}}$分别为施加的偏移位置和速度分量。

对于长航时、高精度的INS/GNSS组合导航滤波器来说，一般采用的是反馈校正方式，即在利用INS误差估计值修正惯性导航系统后，将INS误差估计值清零，则下一次滤波器计算时的一步预测估计值为零。因此此时在欺骗式干扰的情况下组合导航输出的纬度误差估计值$\delta\hat{L}_k^s$为

$$\delta\hat{L}_k^s=[\boldsymbol{K}_\infty(1,1)\quad\boldsymbol{K}_\infty(1,2)\quad\boldsymbol{K}_\infty(1,3)\quad\boldsymbol{K}_\infty(1,4)]\begin{bmatrix}(L_{\mathrm{I}})_k-(\tilde{L}_{\mathrm{G}})_k\\(\lambda_{\mathrm{I}})_k-(\tilde{\lambda}_{\mathrm{G}})_k\\(v_{\mathrm{N,I}})_k-(\tilde{v}_{\mathrm{N,G}})_k\\(v_{\mathrm{E,I}})_k-(\tilde{v}_{\mathrm{E,G}})_k\end{bmatrix}\tag{2.16}$$

式中：L_{I}、λ_{I}、$v_{\mathrm{N,I}}$和$v_{\mathrm{E,I}}$分别为惯性导航系统解算出的位置和速度信息。

将式（2.15）代入式（2.16），进一步计算可得

$$\begin{aligned}\delta\hat{L}_k^s=&\boldsymbol{K}_\infty(1,1)[(L_{\mathrm{I}})_k-(L_{\mathrm{G}})_k-(\delta L_{\mathrm{G}})_k]+\boldsymbol{K}_\infty(1,2)[(\lambda_{\mathrm{I}})_k-(\lambda_{\mathrm{G}})_k-(\delta\lambda_{\mathrm{G}})_k]\\&+\boldsymbol{K}_\infty(1,3)[(v_{\mathrm{N,I}})_k-(v_{\mathrm{N,G}})_k-(\delta v_{\mathrm{N,G}})_k]+\boldsymbol{K}_\infty(1,4)[(v_{\mathrm{E,I}})_k-(v_{\mathrm{E,G}})_k-(\delta v_{\mathrm{E,G}})_k]\\=&\boldsymbol{K}_\infty(1,1)\delta L_k+\boldsymbol{K}_\infty(1,2)\delta\lambda_k+\boldsymbol{K}_\infty(1,3)(\delta v_{\mathrm{N}})_k+\boldsymbol{K}_\infty(1,4)(\delta v_{\mathrm{E}})_k\\&-[\boldsymbol{K}_\infty(1,1)(\delta L_{\mathrm{G}})_k+\boldsymbol{K}_\infty(1,2)(\delta\lambda_{\mathrm{G}})_k+\boldsymbol{K}_\infty(1,3)(\delta v_{\mathrm{N,G}})_k+\boldsymbol{K}_\infty(1,4)(\delta v_{\mathrm{E,G}})_k]\\=&\delta\hat{L}_k-\Delta L_k\end{aligned}\tag{2.17}$$

式中：$\delta\hat{L}_k$为无欺骗式干扰情况下正确的纬度滤波估计值；ΔL_k为由欺骗式干扰引起的纬度偏移量，且

$$\Delta L_k=\boldsymbol{K}_\infty(1,1)(\delta L_G)_k+\boldsymbol{K}_\infty(1,2)(\delta\lambda_G)_k+\boldsymbol{K}_\infty(1,3)(\delta v_{N,G})_k+\boldsymbol{K}_\infty(1,4)(\delta v_{E,G})_k$$

同理，可得在欺骗式干扰的情况下组合导航输出的经度误差估计值 $\delta\hat{\lambda}_k^s$ 为

$$\delta\hat{\lambda}_k^s=\delta\hat{\lambda}_k-\Delta\lambda_k \tag{2.18}$$

式中：$\delta\hat{\lambda}_k$ 为无欺骗式干扰情况下正确的纬度滤波估计值；$\Delta\lambda_k$ 为由欺骗式干扰引起的纬度偏移量，且

$$\Delta\lambda_k=\boldsymbol{K}_\infty(2,1)(\delta L_G)_k+\boldsymbol{K}_\infty(2,2)(\delta\lambda_G)_k+\boldsymbol{K}_\infty(2,3)(\delta v_{N,G})_k+\boldsymbol{K}_\infty(2,4)(\delta v_{E,G})_k$$

将组合导航滤波估计出的纬度误差和经度误差反馈到惯性导航解算结果中，可得到 k 时刻校正后的位置结果为

$$(L_c^s)_k=(L_I)_k-\delta\hat{L}_k^s=(L_I)_k-\delta\hat{L}_k+\Delta L_k=(L_I)_k^*+\Delta L_k \tag{2.19}$$

$$(\lambda_c^s)_k=(\lambda_I)_k-\delta\hat{\lambda}_k^s=(\lambda_I)_k-\delta\hat{\lambda}_k+\Delta\lambda_k=(\lambda_I)_k^*+\Delta\lambda_k \tag{2.20}$$

式中：$(L_I)_k^*$、$(\lambda_I)_k^*$ 为经过正确修正后的位置结果。

从式（2.19）、式（2.20）可知欺骗式干扰对 INS/GNSS 组合导航滤波器的位置输出估计值是有影响的，而且这种影响的程度与干扰产生的偏移强度是有关的。根据 2.2 节分析的结果可知，不同导航精度下的增益矩阵各个元素都趋于稳态，因此由稳态增益矩阵元素为系数、干扰产生的偏移强度为变量参数构造的组合导航输出位置偏移具有可操纵性。

2.4　欺骗式干扰对组合导航位置输出影响程度的稳定性分析

下面分析欺骗式干扰对组合导航位置输出影响程度的稳定性，即验证在欺骗式干扰产生位置偏移后，组合导航输出的偏移量是稳定的。

欺骗式干扰对组合导航速度的输出（$\delta\hat{v}_N^s,\delta\hat{v}_E^s$）会产生如式（2.17）和式（2.18）相类似的影响效果，有

$$(\delta\hat{v}_N^s)_k=(\delta\hat{v}_N)_k-(\Delta v_N)_k \tag{2.21}$$

$$(\delta\hat{v}_E^s)_k=(\delta\hat{v}_E)_k-(\Delta v_E)_k \tag{2.22}$$

式中：$\delta\hat{v}_N$、$\delta\hat{v}_E$ 为无欺骗式干扰情况下正确的速度滤波估计值；Δv_N、Δv_E 为由欺骗式干扰引起的速度偏移量，且

$$(\Delta v_N)_k=\boldsymbol{K}_\infty(3,1)(\delta L_G)_k+\boldsymbol{K}_\infty(3,2)(\delta\lambda_G)_k+\boldsymbol{K}_\infty(3,3)(\delta v_{N,G})_k+\boldsymbol{K}_\infty(3,4)(\delta v_{E,G})_k$$

$$(\Delta v_E)_k=\boldsymbol{K}_\infty(4,1)(\delta L_G)_k+\boldsymbol{K}_\infty(4,2)(\delta\lambda_G)_k+\boldsymbol{K}_\infty(4,3)(\delta v_{N,G})_k+\boldsymbol{K}_\infty(4,4)(\delta v_{E,G})_k$$

将组合导航滤波估计出的速度误差反馈到惯性导航结算结果中，可得到 k 时刻校正后的速度结果为

$$(v_{N,c}^s)_k=(v_{N,I})_k-(\delta\hat{v}_N^s)_k=(v_{N,I})_k-(\delta\hat{v}_N)_k+(\Delta v_N)_k=(v_{N,I})_k^*+(\Delta v_N)_k \tag{2.23}$$

$$(v_{\mathrm{E,c}}^{s})_k=(v_{\mathrm{E,I}})_k-(\delta\hat{v}_{\mathrm{E}}^{s})_k=(v_{\mathrm{E,I}})_k-(\delta\hat{v}_{\mathrm{E}})_k+(\Delta v_{\mathrm{E}})_k=(v_{\mathrm{E,I}})_k^*+(\Delta v_{\mathrm{E}})_k \tag{2.24}$$

式中：$(v_{\mathrm{N,I}})_k^*$、$(v_{\mathrm{E,I}})_k^*$ 为经过正确修正后的速度结果。

由于惯性导航系统不会受到干扰，因此欺骗式干扰产生的位置和速度偏移量会如同惯性器件的常值漂移，都会直接累计到下一时刻，即

$$\begin{gathered}(L_{\mathrm{I}})_k^*+\Delta L_k\rightarrow(L_{\mathrm{I}})_{k+1}+\Delta L_k\\(\lambda_{\mathrm{I}})_k^*+\Delta\lambda_k\rightarrow(\lambda_{\mathrm{I}})_{k+1}+\Delta\lambda_k\\(v_{\mathrm{N,I}})_k^*+(\Delta v_{\mathrm{N}})_k\rightarrow(v_{\mathrm{N,I}})_{k+1}+(\Delta v_{\mathrm{N}})_k\\(v_{\mathrm{E,I}})_k^*+(\Delta v_{\mathrm{E}})_k\rightarrow(v_{\mathrm{E,I}})_{k+1}+(\Delta v_{\mathrm{E}})_k\end{gathered}$$

假设在 $k+1$ 时刻目标卫星接收机仍然受到欺骗式干扰，此时 GNSS 观测量为

$$\begin{cases}(\widetilde{L}_{\mathrm{G}})_{k+1}=(L_{\mathrm{G}})_{k+1}+(\delta L_{\mathrm{G}})_{k+1}\\(\widetilde{\lambda}_{\mathrm{G}})_{k+1}=(\lambda_{\mathrm{G}})_{k+1}+(\delta\lambda_{\mathrm{G}})_{k+1}\\(\widetilde{v}_{\mathrm{N,G}})_{k+1}=(v_{\mathrm{N,G}})_{k+1}+(\delta v_{\mathrm{N,G}})_{k+1}\\(\widetilde{v}_{\mathrm{E,G}})_{k+1}=(v_{\mathrm{E,G}})_{k+1}+(\delta v_{\mathrm{E,G}})_{k+1}\end{cases} \tag{2.25}$$

采用反馈校正方式，滤波器估计的纬度误差 $\delta\hat{L}_{k+1}^{s}$ 和经度误差 $\delta\hat{\lambda}_{k+1}^{s}$ 分别为

$$\begin{aligned}\delta\hat{L}_{k+1}^{s}=&\boldsymbol{K}_\infty(1,1)[(L_{\mathrm{I}})_{k+1}+\Delta L_k-(L_{\mathrm{G}})_{k+1}-(\delta L_{\mathrm{G}})_{k+1}]\\&+\boldsymbol{K}_\infty(1,2)[(\lambda_{\mathrm{I}})_{k+1}+\Delta\lambda_k-(\lambda_{\mathrm{G}})_{k+1}-(\delta\lambda_{\mathrm{G}})_{k+1}]\\&+\boldsymbol{K}_\infty(1,3)[(v_{\mathrm{N,I}})_{k+1}+(\Delta v_{\mathrm{N}})_k-(v_{\mathrm{N,G}})_{k+1}-(\delta v_{\mathrm{N,G}})_{k+1}]\\&+\boldsymbol{K}_\infty(1,4)[(v_{\mathrm{E,I}})_{k+1}+(\Delta v_{\mathrm{E}})_k-(v_{\mathrm{E,G}})_{k+1}-(\delta v_{\mathrm{E,G}})_{k+1}]\\=&\delta\hat{L}_{k+1}+\boldsymbol{K}_\infty(1,1)\cdot\Delta L_k-\boldsymbol{K}_\infty(1,1)(\delta L_{\mathrm{G}})_{k+1}+\boldsymbol{K}_\infty(1,2)\Delta\lambda_k-\boldsymbol{K}_\infty(1,2)(\delta\lambda_{\mathrm{G}})_{k+1}\\&+\boldsymbol{K}_\infty(1,3)(\Delta v_{\mathrm{N}})_k-\boldsymbol{K}_\infty(1,3)(\delta v_{\mathrm{N,G}})_{k+1}+\boldsymbol{K}_\infty(1,4)(\Delta v_{\mathrm{E}})_k-\boldsymbol{K}_\infty(1,4)(\delta v_{\mathrm{E,G}})_{k+1}\\=&\delta\hat{L}_{k+1}-\Delta L_{k+1}+\boldsymbol{K}_\infty(1,1)\Delta L_k+\boldsymbol{K}_\infty(1,2)\Delta\lambda_k+\boldsymbol{K}_\infty(1,3)(\Delta v_{\mathrm{N}})_{k+1}+\boldsymbol{K}_\infty(1,4)(\Delta v_{\mathrm{E}})_{k+1}\end{aligned}$$

$$\begin{aligned}\delta\hat{\lambda}_{k+1}^{s}=&\boldsymbol{K}_\infty(2,1)[(L_{\mathrm{I}})_{k+1}+\Delta L_k-(L_{\mathrm{G}})_{k+1}-(\delta L_{\mathrm{G}})_{k+1}]\\&+\boldsymbol{K}_\infty(2,2)[(\lambda_{\mathrm{I}})_{k+1}+\Delta\lambda_k-(\lambda_{\mathrm{G}})_{k+1}-(\delta\lambda_{\mathrm{G}})_{k+1}]\\&+\boldsymbol{K}_\infty(2,3)[(v_{\mathrm{N,I}})_{k+1}+(\Delta v_{\mathrm{N}})_k-(v_{\mathrm{N,G}})_{k+1}-(\delta v_{\mathrm{N,G}})_{k+1}]\\&+\boldsymbol{K}_\infty(2,4)[(v_{\mathrm{E,I}})_{k+1}+(\Delta v_{\mathrm{E}})_k-(v_{\mathrm{E,G}})_{k+1}-(\delta v_{\mathrm{E,G}})_{k+1}]\\=&\delta\hat{\lambda}_{k+1}+\boldsymbol{K}_\infty(2,1)\Delta L_k-\boldsymbol{K}_\infty(2,1)(\delta L_{\mathrm{G}})_{k+1}+\boldsymbol{K}_\infty(2,2)\Delta\lambda_k-\boldsymbol{K}_\infty(2,2)(\delta\lambda_{\mathrm{G}})_{k+1}\\&+\boldsymbol{K}_\infty(2,3)(\Delta v_{\mathrm{N}})_k-\boldsymbol{K}_\infty(2,3)(\delta v_{\mathrm{N,G}})_{k+1}+\boldsymbol{K}_\infty(2,4)(\Delta v_{\mathrm{E}})_k-\boldsymbol{K}_\infty(2,4)(\delta v_{\mathrm{E,G}})_{k+1}\\=&\delta\hat{\lambda}_{k+1}-\Delta\lambda_{k+1}+\boldsymbol{K}_\infty(2,1)\cdot\Delta L_k+\boldsymbol{K}_\infty(2,2)\Delta\lambda+\boldsymbol{K}_\infty(2,3)(\Delta v_{\mathrm{N}})_k+\boldsymbol{K}_\infty(2,4)(\Delta v_{\mathrm{E}})_k\end{aligned}$$

其中

$$\Delta L_{k+1}=\boldsymbol{K}_\infty(1,1)(\delta L_{\mathrm{G}})_{k+1}+\boldsymbol{K}_\infty(1,2)(\delta\lambda_{\mathrm{G}})_{k+1}+\boldsymbol{K}_\infty(1,3)(\delta v_{\mathrm{N,G}})_{k+1}+\boldsymbol{K}_\infty(1,4)(\delta v_{\mathrm{E,G}})_{k+1}$$

$$\Delta\lambda_{k+1}=\boldsymbol{K}_\infty(2,1)(\delta L_{\mathrm{G}})_{k+1}+\boldsymbol{K}_\infty(2,2)(\delta\lambda_{\mathrm{G}})_{k+1}+\boldsymbol{K}_\infty(2,3)(\delta v_{\mathrm{N,G}})_{k+1}+\boldsymbol{K}_\infty(2,4)(\delta v_{\mathrm{E,G}})_{k+1}$$

进一步可得到反馈校正的结果：

$$\begin{aligned}(L_c^s)_{k+1}&=(L_{\mathrm{INS}})_{k+1}+\Delta L_k-\delta\hat{L}_{k+1}^s\\&=(L_{\mathrm{INS}})_{k+1}+\Delta L_k-\delta\hat{L}_{k+1}+\Delta L_{k+1}\\&\quad-[\boldsymbol{K}_\infty(1,1)\Delta L_k+\boldsymbol{K}_\infty(1,2)\Delta\lambda_k+\boldsymbol{K}_\infty(1,3)(\Delta v_{\mathrm{N}})_k+\boldsymbol{K}_\infty(1,4)(\Delta v_{\mathrm{E}})_k]\\&=[(L_{\mathrm{INS}})_{k+1}-\delta\hat{L}_{k+1}]+\Delta L_{k+1}+[1-\boldsymbol{K}_\infty(1,1)]\Delta L_k\\&\quad-[\boldsymbol{K}_\infty(1,2)\Delta\lambda_k+\boldsymbol{K}_\infty(1,3)(\Delta v_{\mathrm{N}})_{k+1}+\boldsymbol{K}_\infty(1,4)(\Delta v_{\mathrm{E}})_{k+1}]\\&=(L_{\mathrm{INS}})_{k+1}^*+\Delta L_{k+1}+[1-\boldsymbol{K}_\infty(1,1)]\Delta L_k\\&\quad-[\boldsymbol{K}_\infty(1,2)\Delta\lambda_k+\boldsymbol{K}_\infty(1,3)(\Delta v_{\mathrm{N}})_{k+1}+\boldsymbol{K}_\infty(1,4)(\Delta v_{\mathrm{E}})_{k+1}]\end{aligned}\tag{2.26}$$

$$\begin{aligned}(\lambda_c^s)_{k+1}&=(\lambda_{\mathrm{INS}})_{k+1}+\Delta\lambda_k-\delta\hat{\lambda}_{k+1}^s\\&=(\lambda_{\mathrm{INS}})_{k+1}+\Delta\lambda_k-\delta\hat{\lambda}_{k+1}+\Delta\lambda_{k+1}\\&\quad-[\boldsymbol{K}_\infty(2,1)\Delta L_k+\boldsymbol{K}_\infty(2,2)\Delta\lambda_k+\boldsymbol{K}_\infty(2,3)(\Delta v_{\mathrm{N}})_{k+1}+\boldsymbol{K}_\infty(2,4)(\Delta v_{\mathrm{E}})_{k+1}]\\&=[(\lambda_{\mathrm{INS}})_{k+1}-\delta\hat{\lambda}_{k+1}]+\Delta\lambda_{k+1}+[1-\boldsymbol{K}_\infty(2,2)]\Delta\lambda_k\\&\quad-[\boldsymbol{K}_\infty(2,1)\Delta L_k+\boldsymbol{K}_\infty(2,3)(\Delta v_{\mathrm{N}})_{k+1}+\boldsymbol{K}_\infty(2,4)(\Delta v_{\mathrm{E}})_{k+1}]\\&=(\lambda_{\mathrm{INS}})_{k+1}^*+\Delta\lambda_{k+1}+[1-\boldsymbol{K}_\infty(2,2)]\Delta\lambda_k\\&\quad-[\boldsymbol{K}_\infty(2,1)\Delta L_k+\boldsymbol{K}_\infty(2,3)(\Delta v_{\mathrm{N}})_{k+1}+\boldsymbol{K}_\infty(2,4)(\Delta v_{\mathrm{E}})_{k+1}]\end{aligned}\tag{2.27}$$

同时，由 2.2 节计算的卡尔曼滤波稳态增益矩阵可知：

$$\boldsymbol{K}_\infty(1,1)\gg\boldsymbol{K}_\infty(1,i),\quad i=2,3,4$$

$$\boldsymbol{K}_\infty(2,2)\gg\boldsymbol{K}_\infty(2,i),\quad i=1,3,4$$

将上述条件代入式（2.26）和式（2.27），可得

$$(L_c^s)_{k+1}=(L_{\mathrm{INS}})_{k+1}^*+\boldsymbol{K}_\infty(1,1)(\delta L_{\mathrm{G}})_{k+1}+[1-\boldsymbol{K}_\infty(1,1)](\delta L_{\mathrm{G}})_k\tag{2.28}$$

$$(\lambda_c^s)_{k+1}=(\lambda_{\mathrm{INS}})_{k+1}^*+\boldsymbol{K}_\infty(2,2)(\delta\lambda_{\mathrm{G}})_{k+1}+[1-\boldsymbol{K}_\infty(2,2)](\delta\lambda_{\mathrm{G}})_k\tag{2.29}$$

同理，可计算 $k+2$ 时刻反馈校正后的位置输出结果：

$$\begin{aligned}(L_c^s)_{k+2}=(L_{\mathrm{INS}})_{k+2}^*+\boldsymbol{K}_\infty(1,1)\{&(\delta L_{\mathrm{G}})_{k+2}+[1-\boldsymbol{K}_\infty(1,1)](\delta L_{\mathrm{G}})_{k+1}\\&+[1-\boldsymbol{K}_\infty(1,1)]^2(\delta L_{\mathrm{G}})_k\}\end{aligned}\tag{2.30}$$

$$\begin{aligned}(\lambda_c^s)_{k+2}=(\lambda_{\mathrm{INS}})_{k+2}^*+\boldsymbol{K}_\infty(2,2)\{&(\delta\lambda_{\mathrm{G}})_{k+2}+[1-\boldsymbol{K}_\infty(2,2)](\delta\lambda_{\mathrm{G}})_{k+1}\\&+[1-\boldsymbol{K}_\infty(2,2)]^2(\delta\lambda_{\mathrm{G}})_k\}\end{aligned}\tag{2.31}$$

根据式（2.19）~式（2.31），递推得到 $k+n$ 时刻反馈校正后的位置输出结果：

$$(L_c^s)_{k+n} = (L_1)_{k+n}^* + \Delta L_{k\to k+n} \tag{2.32}$$

$$(\lambda_c^s)_{k+n} = (\lambda_1)_{k+n}^* + \Delta\lambda_{k\to k+n} \tag{2.33}$$

式中：$\Delta L_{k\to k+n}$、$\Delta\lambda_{k\to k+n}$ 为从 k 时刻到 $k+n$ 时刻施加欺骗式干扰之后所引起的总的位置偏移量，且

$$\Delta L_{k\to k+n} = \sum_{i=0}^{n} \boldsymbol{K}_\infty(1,1)\,[1 - \boldsymbol{K}_\infty(1,1)]^i\,(\delta L_{\mathrm{G}})_{k+n-i}$$

$$\Delta\lambda_{k\to k+n} = \sum_{i=0}^{n} \boldsymbol{K}_\infty(2,2)\,[1 - \boldsymbol{K}_\infty(2,2)]^i\,(\delta\lambda_{\mathrm{G}})_{k+n-i}$$

即总的位置偏移量为过去各个时刻施加的位置偏移量的线性组合。

为进一步分析 $\Delta L_{k\to k+n}$ 和 $\Delta\lambda_{k\to k+n}$ 的稳定性，将式（2.32）和式（2.33）的组合导航输出表达式变换为离散传递函数，有

$$\frac{\Delta L}{\delta L_{\mathrm{G}}} = \sum_{i=0}^{n} \boldsymbol{K}_\infty(1,1)\,[1 - \boldsymbol{K}_\infty(1,1)]^i z^{-i} \tag{2.34}$$

$$\frac{\Delta\lambda}{\delta\lambda_{\mathrm{G}}} = \sum_{i=0}^{n} \boldsymbol{K}_\infty(2,2)\,[1 - \boldsymbol{K}_\infty(2,2)]^i z^{-i} \tag{2.35}$$

设 ΔL 和 $\Delta\lambda$ 为单位阶跃函数，则不同导航精度组合导航系统输出位置偏移结果，如表 2.8 所列。

表 2.8　单位阶跃响应下位置偏移结果

惯性器件精度	通　道	收敛时间/s	稳　态　值
导航级	纬度	243	0.9999
	经度	244	0.9999
战术级	纬度	70	0.9999
	经度	70	1.0000
消费级	纬度	24	1.0000
	经度	24	1.0000

根据上述精度条件下的组合导航滤波器对 GNSS 位置偏移的单位阶跃响应结果，可以得到以下结论。

（1）欺骗式干扰引起的 GNSS 位置偏移信号融合到组合导航滤波器之后，产生的位置偏移是稳定的；

（2）从理论上看，位置偏移基本没有稳态误差；

（3）组合导航系统的惯性器件精度越低，位置偏移的响应速度就越快。加入 GNSS 位置偏移信号后，滤波器的动态收敛特性与惯性导航系统精度呈反比

例关系。

2.5　欺骗式干扰对组合导航姿态估计值的影响

根据表 2.1 可知在有欺骗式干扰的情况下组合导航输出的横滚角估计值 $\hat{\phi}_k^s$ 为

$$\hat{\phi}_k^s=[\boldsymbol{K}_\infty(5,1)\quad \boldsymbol{K}_\infty(5,2)\quad \boldsymbol{K}_\infty(5,3)\quad \boldsymbol{K}_\infty(5,4)]\begin{bmatrix}(L_\mathrm{I})_k-(\tilde{L}_\mathrm{G})_k\\(\lambda_\mathrm{I})_k-(\tilde{\lambda}_\mathrm{G})_k\\(v_{\mathrm{N,I}})_k-(\tilde{v}_{\mathrm{N,G}})_k\\(v_{\mathrm{E,I}})_k-(\tilde{v}_{\mathrm{E,G}})_k\end{bmatrix}\tag{2.36}$$

将式（2.15）代入式（2.36），进一步计算可得

$$\begin{aligned}\hat{\phi}_k^s=&\boldsymbol{K}_\infty(5,1)[(L_\mathrm{I})_k-(L_\mathrm{G})_k-(\delta L_\mathrm{G})_k]+\boldsymbol{K}_\infty(5,2)[(\lambda_\mathrm{I})_k-(\lambda_\mathrm{G})_k-(\delta\lambda_\mathrm{G})_k]\\&+\boldsymbol{K}_\infty(5,3)[(v_{\mathrm{N,I}})_k-(v_{\mathrm{N,G}})_k-(\delta v_{\mathrm{N,G}})_k]+\boldsymbol{K}_\infty(5,4)[(v_{\mathrm{E,I}})_k-(v_{\mathrm{E,G}})_k-(\delta v_{\mathrm{E,G}})_k]\\=&\boldsymbol{K}_\infty(5,1)\delta L_k+\boldsymbol{K}_\infty(5,2)\delta\lambda_k+\boldsymbol{K}_\infty(5,3)(\delta v_\mathrm{N})_k+\boldsymbol{K}_\infty(5,4)(\delta v_\mathrm{E})_k\\&-[\boldsymbol{K}_\infty(5,1)(\delta L_\mathrm{G})_k+\boldsymbol{K}_\infty(5,2)(\delta\lambda_\mathrm{G})_k+\boldsymbol{K}_\infty(5,3)(\delta v_{\mathrm{N,G}})_k+\boldsymbol{K}_\infty(5,4)(\delta v_{\mathrm{E,G}})_k]\\=&\hat{\phi}_k-\Delta\phi_k\end{aligned}\tag{2.37}$$

式中：$\hat{\phi}_k$ 为无欺骗式干扰情况下正确的横滚角滤波估计值；$\Delta\phi_k$ 为由欺骗式干扰引起的横滚角偏移量，且

$$\Delta\phi_k=\boldsymbol{K}_\infty(5,1)(\delta L_\mathrm{G})_k+\boldsymbol{K}_\infty(5,2)(\delta\lambda_\mathrm{G})_k+\boldsymbol{K}_\infty(5,3)(\delta v_{\mathrm{N,G}})_k+\boldsymbol{K}_\infty(5,4)(\delta v_{\mathrm{E,G}})_k$$

同理，可以得到在欺骗式干扰的情况下组合导航输出的俯仰角估计值 $\hat{\theta}_k^s$ 和航向角估计值 $\hat{\psi}_k^s$ 为

$$\hat{\theta}_k^s=\hat{\theta}_k-\Delta\theta_k\tag{2.38}$$

$$\hat{\psi}_k^s=\hat{\psi}_k-\Delta\psi_k\tag{2.39}$$

式中：$\hat{\theta}_k$、$\hat{\psi}_k$ 分别为无欺骗式干扰情况下正确的俯仰角和航向角滤波估计值；$\Delta\theta_k$ 和 $\Delta\psi_k$ 分别为由欺骗式干扰引起的俯仰角和航向角偏移量，且

$$\Delta\theta_k=\boldsymbol{K}_\infty(6,1)(\delta L_\mathrm{G})_k+\boldsymbol{K}_\infty(6,2)(\delta\lambda_\mathrm{G})_k+\boldsymbol{K}_\infty(6,3)(\delta v_{\mathrm{N,G}})_k+\boldsymbol{K}_\infty(6,4)(\delta v_{\mathrm{E,G}})_k$$

$$\Delta\psi_k=\boldsymbol{K}_\infty(7,1)(\delta L_\mathrm{G})_k+\boldsymbol{K}_\infty(7,2)(\delta\lambda_\mathrm{G})_k+\boldsymbol{K}_\infty(7,3)(\delta v_{\mathrm{N,G}})_k+\boldsymbol{K}_\infty(7,4)(\delta v_{\mathrm{E,G}})_k$$

将组合导航滤波估计出的姿态角反馈到惯性导航结算结果中，可得到 k 时刻校正后的姿态结果为

$$(\phi_c^s)_k=(\phi_\mathrm{I})_k-\hat{\phi}_k^s=(\phi_\mathrm{I})_k-\hat{\phi}_k+\Delta\phi_k=(\phi_\mathrm{I})_k^*+\Delta\phi_k\tag{2.40}$$

$$(\theta_c^s)_k=(\theta_\mathrm{I})_k-\hat{\theta}_k^s=(\theta_\mathrm{I})_k-\hat{\theta}_k+\Delta\theta_k=(\theta_\mathrm{I})_k^*+\Delta\theta_k\tag{2.41}$$

$$(\psi_c^s)_k=(\psi_\mathrm{I})_k-\hat{\psi}_k^s=(\psi_\mathrm{I})_k-\hat{\psi}_k+\Delta\psi_k=(\psi_\mathrm{I})_k^*+\Delta\psi_k\tag{2.42}$$

式中：$(\phi_{\mathrm{I}})_k^*$、$(\theta_{\mathrm{I}})_k^*$ 和 $(\psi_{\mathrm{I}})_k^*$ 为经过正确修正后的姿态结果。

欺骗式干扰产生的姿态偏移量会直接累计到下一时刻，即

$$(\phi_{\mathrm{I}})_k^* + \Delta\phi_k \rightarrow (\phi_{\mathrm{I}})_{k+1} + \Delta\phi_k$$
$$(\theta_{\mathrm{I}})_k^* + \Delta\theta_k \rightarrow (\theta_{\mathrm{I}})_{k+1} + \Delta\theta_k$$
$$(\psi_{\mathrm{I}})_k^* + \Delta\psi_k \rightarrow (\psi_{\mathrm{I}})_{k+1} + \Delta\psi_k$$

紧接着，根据式（2.25）计算 $k+1$ 时刻滤波器估计的姿态角为

$$\begin{aligned}
\hat{\phi}^s_{k+1} &= \boldsymbol{K}_\infty(5,1)[(L_{\mathrm{I}})_{k+1} + \Delta L_k - (L_{\mathrm{G}})_{k+1} - (\delta L_{\mathrm{G}})_{k+1}] \\
&\quad + \boldsymbol{K}_\infty(5,2)[(\lambda_{\mathrm{I}})_{k+1} + \Delta\lambda_k - (\lambda_{\mathrm{G}})_{k+1} - (\delta\lambda_{\mathrm{G}})_{k+1}] \\
&\quad + \boldsymbol{K}_\infty(5,3)[(v_{\mathrm{N,I}})_{k+1} + (\Delta v_{\mathrm{N}})_k - (v_{\mathrm{N,G}})_{k+1} - (\delta v_{\mathrm{N,G}})_{k+1}] \\
&\quad + \boldsymbol{K}_\infty(5,4)[(v_{\mathrm{E,I}})_{k+1} + (\Delta v_{\mathrm{E}})_k - (v_{\mathrm{E,G}})_{k+1} - (\delta v_{\mathrm{E,G}})_{k+1}] \\
&= \hat{\phi}_{k+1} + \boldsymbol{K}_\infty(5,1)\Delta L_k - \boldsymbol{K}_\infty(5,1)(\delta L_{\mathrm{G}})_{k+1} + \boldsymbol{K}_\infty(5,2)\Delta\lambda_k - \boldsymbol{K}_\infty(5,2)(\delta\lambda_{\mathrm{G}})_{k+1} \\
&\quad + \boldsymbol{K}_\infty(5,3)(\Delta v_{\mathrm{N}})_k - \boldsymbol{K}_\infty(5,3)(\delta v_{\mathrm{N,G}})_{k+1} + \boldsymbol{K}_\infty(5,4)(\Delta v_{\mathrm{E}})_k - \boldsymbol{K}_\infty(5,4)(\delta v_{\mathrm{E,G}})_{k+1} \\
&= \hat{\phi}_{k+1} - \Delta\phi_{k+1} + \boldsymbol{K}_\infty(5,1)\Delta L_k + \boldsymbol{K}_\infty(5,2)\Delta\lambda_k + \boldsymbol{K}_\infty(5,3)(\Delta v_{\mathrm{N}})_k + \boldsymbol{K}_\infty(5,4)(\Delta v_{\mathrm{E}})_k
\end{aligned} \tag{2.43}$$

$$\begin{aligned}
\hat{\theta}^s_{k+1} &= \boldsymbol{K}_\infty(6,1)[(L_{\mathrm{I}})_{k+1} + \Delta L_k - (L_{\mathrm{G}})_{k+1} - (\delta L_{\mathrm{G}})_{k+1}] \\
&\quad + \boldsymbol{K}_\infty(6,2)[(\lambda_{\mathrm{I}})_{k+1} + \Delta\lambda_k - (\lambda_{\mathrm{G}})_{k+1} - (\delta\lambda_{\mathrm{G}})_{k+1}] \\
&\quad + \boldsymbol{K}_\infty(6,3)[(v_{\mathrm{N,I}})_{k+1} + (\Delta v_{\mathrm{N}})_k - (v_{\mathrm{N,G}})_{k+1} - (\delta v_{\mathrm{N,G}})_{k+1}] \\
&\quad + \boldsymbol{K}_\infty(6,4)[(v_{\mathrm{E,I}})_{k+1} + (\Delta v_{\mathrm{E}})_k - (v_{\mathrm{E,G}})_{k+1} - (\delta v_{\mathrm{E,G}})_{k+1}] \\
&= \hat{\theta}_{k+1} + \boldsymbol{K}_\infty(6,1)\Delta L_k - \boldsymbol{K}_\infty(6,1)(\delta L_{\mathrm{G}})_{k+1} + \boldsymbol{K}_\infty(6,2)\Delta\lambda_k - \boldsymbol{K}_\infty(6,2)(\delta\lambda_{\mathrm{G}})_{k+1} \\
&\quad + \boldsymbol{K}_\infty(6,3)(\Delta v_{\mathrm{N}})_k - \boldsymbol{K}_\infty(6,3)(\delta v_{\mathrm{N,G}})_{k+1} + \boldsymbol{K}_\infty(6,4)(\Delta v_{\mathrm{E}})_k - \boldsymbol{K}_\infty(6,4)(\delta v_{\mathrm{E,G}})_{k+1} \\
&= \hat{\theta}_{k+1} - \Delta\theta_{k+1} + \boldsymbol{K}_\infty(6,1)\Delta L_k + \boldsymbol{K}_\infty(6,2)\Delta\lambda_k + \boldsymbol{K}_\infty(6,3)(\Delta v_{\mathrm{N}})_{k+1} + \boldsymbol{K}_\infty(6,4)(\Delta v_{\mathrm{E}})_{k+1}
\end{aligned} \tag{2.44}$$

$$\begin{aligned}
\hat{\psi}^s_{k+1} &= \boldsymbol{K}_\infty(7,1)[(L_{\mathrm{I}})_{k+1} + \Delta L_k - (L_{\mathrm{G}})_{k+1} - (\delta L_{\mathrm{G}})_{k+1}] \\
&\quad + \boldsymbol{K}_\infty(7,2)[(\lambda_{\mathrm{I}})_{k+1} + \Delta\lambda_k - (\lambda_{\mathrm{G}})_{k+1} - (\delta\lambda_{\mathrm{G}})_{k+1}] \\
&\quad + \boldsymbol{K}_\infty(7,3)[(v_{\mathrm{N,I}})_{k+1} + (\Delta v_{\mathrm{N}})_k - (v_{\mathrm{N,G}})_{k+1} - (\delta v_{\mathrm{N,G}})_{k+1}] \\
&\quad + \boldsymbol{K}_\infty(7,4)[(v_{\mathrm{E,I}})_{k+1} + (\Delta v_{\mathrm{E}})_k - (v_{\mathrm{E,G}})_{k+1} - (\delta v_{\mathrm{E,G}})_{k+1}] \\
&= \hat{\psi}_{k+1} + \boldsymbol{K}_\infty(7,1)\Delta L_k - \boldsymbol{K}_\infty(7,1)(\delta L_{\mathrm{G}})_{k+1} + \boldsymbol{K}_\infty(7,2)\Delta\lambda_k - \boldsymbol{K}_\infty(7,2)(\delta\lambda_{\mathrm{G}})_{k+1} \\
&\quad + \boldsymbol{K}_\infty(7,3)(\Delta v_{\mathrm{N}})_k - \boldsymbol{K}_\infty(7,3)(\delta v_{\mathrm{N,G}})_{k+1} + \boldsymbol{K}_\infty(7,4)(\Delta v_{\mathrm{E}})_k - \boldsymbol{K}_\infty(7,4)(\delta v_{\mathrm{E,G}})_{k+1} \\
&= \hat{\psi}_{k+1} - \Delta\psi_{k+1} + \boldsymbol{K}_\infty(7,1)\Delta L_k + \boldsymbol{K}_\infty(7,2)\Delta\lambda_k + \boldsymbol{K}_\infty(7,3)(\Delta v_{\mathrm{N}})_{k+1} + \boldsymbol{K}_\infty(7,4)(\Delta v_{\mathrm{E}})_{k+1}
\end{aligned} \tag{2.45}$$

其中

$$\Delta\phi_{k+1}=\boldsymbol{K}_{\infty}(5,1)(\delta L_{\mathrm{G}})_{k+1}+\boldsymbol{K}_{\infty}(5,2)(\delta\lambda_{\mathrm{G}})_{k+1}+\boldsymbol{K}_{\infty}(5,3)(\delta v_{\mathrm{N,G}})_{k+1}+\boldsymbol{K}_{\infty}(5,4)(\delta v_{\mathrm{E,G}})_{k+1}$$

$$\Delta\theta_{k+1}=\boldsymbol{K}_{\infty}(6,1)(\delta L_{\mathrm{G}})_{k+1}+\boldsymbol{K}_{\infty}(6,2)(\delta\lambda_{\mathrm{G}})_{k+1}+\boldsymbol{K}_{\infty}(6,3)(\delta v_{\mathrm{N,G}})_{k+1}+\boldsymbol{K}_{\infty}(6,4)(\delta v_{\mathrm{E,G}})_{k+1}$$

$$\Delta\psi_{k+1}=\boldsymbol{K}_{\infty}(7,1)(\delta L_{\mathrm{G}})_{k+1}+\boldsymbol{K}_{\infty}(7,2)(\delta\lambda_{\mathrm{G}})_{k+1}+\boldsymbol{K}_{\infty}(7,3)(\delta v_{\mathrm{N,G}})_{k+1}+\boldsymbol{K}_{\infty}(7,4)(\delta v_{\mathrm{E,G}})_{k+1}$$

同时，根据 2.2 节计算的卡尔曼滤波稳态增益矩阵可知：

$$\boldsymbol{K}_{\infty}(5,2)\gg\boldsymbol{K}_{\infty}(5,1),$$

$$\boldsymbol{K}_{\infty}(5,4)\gg\boldsymbol{K}_{\infty}(5,3),$$

$$\boldsymbol{K}_{\infty}(6,1)\gg\boldsymbol{K}_{\infty}(6,2),$$

$$\boldsymbol{K}_{\infty}(6,3)\gg\boldsymbol{K}_{\infty}(6,4),$$

$\boldsymbol{K}_{\infty}(7,j)\ (j=1,2)$ 和 $\boldsymbol{K}_{\infty}(7,j)\ (j=3,4)$ 数值等同。

将上述条件代入式（2.43）~式（2.45），可得

$$(\phi_c^s)_{k+1}=(\phi_{\mathrm{I}})_{k+1}^{*}+\boldsymbol{K}_{\infty}(5,2)(\delta\lambda_{\mathrm{G}})_{k+1}+\boldsymbol{K}_{\infty}(5,2)[1-\boldsymbol{K}_{\infty}(2,2)](\delta\lambda_{\mathrm{G}})_{k}+\boldsymbol{K}_{\infty}(5,4)(\delta v_{\mathrm{E,G}})_{k+1}+\boldsymbol{K}_{\infty}(5,4)[1-\boldsymbol{K}_{\infty}(4,4)](\delta v_{\mathrm{E,G}})_{k} \tag{2.46}$$

$$(\theta_c^s)_{k+1}=(\theta_{\mathrm{I}})_{k+1}^{*}+\boldsymbol{K}_{\infty}(6,1)(\delta L_{\mathrm{G}})_{k+1}+\boldsymbol{K}_{\infty}(6,1)[1-\boldsymbol{K}_{\infty}(1,1)](\delta L_{\mathrm{G}})_{k}+\boldsymbol{K}_{\infty}(6,3)(\delta v_{\mathrm{N,G}})_{k+1}+\boldsymbol{K}_{\infty}(6,3)[1-\boldsymbol{K}_{\infty}(3,3)](\delta v_{\mathrm{N,G}})_{k} \tag{2.47}$$

$$\begin{aligned}(\psi_c^s)_{k+1}=&(\psi_{\mathrm{I}})_{k+1}^{*}+\boldsymbol{K}_{\infty}(7,1)(\delta L_{\mathrm{G}})_{k+1}+\boldsymbol{K}_{\infty}(7,1)[1-\boldsymbol{K}_{\infty}(1,1)](\delta L_{\mathrm{G}})_{k}\\&+\boldsymbol{K}_{\infty}(7,2)(\delta\lambda_{\mathrm{G}})_{k+1}+\boldsymbol{K}_{\infty}(7,2)[1-\boldsymbol{K}_{\infty}(2,2)](\delta\lambda_{\mathrm{G}})_{k}\\&+\boldsymbol{K}_{\infty}(7,3)(\delta v_{\mathrm{N,G}})_{k+1}+\boldsymbol{K}_{\infty}(7,3)[1-\boldsymbol{K}_{\infty}(3,3)](\delta v_{\mathrm{N,G}})_{k}\\&+\boldsymbol{K}_{\infty}(7,4)(\delta v_{\mathrm{E,G}})_{k+1}+\boldsymbol{K}_{\infty}(7,4)[1-\boldsymbol{K}_{\infty}(4,4)](\delta v_{\mathrm{E,G}})_{k}\end{aligned} \tag{2.48}$$

同理，可计算 $k+2$ 时刻反馈校正后的姿态输出结果：

$$\begin{aligned}(\phi_c^s)_{k+2}=&(\phi_{\mathrm{I}})_{k+2}^{*}+\boldsymbol{K}_{\infty}(5,2)\{(\delta\lambda_{\mathrm{G}})_{k+2}+[1-\boldsymbol{K}_{\infty}(2,2)](\delta\lambda_{\mathrm{G}})_{k+1}+[1-\boldsymbol{K}_{\infty}(2,2)]^2(\delta\lambda_{\mathrm{G}})_{k}\}\\&+\boldsymbol{K}_{\infty}(5,4)\{(\delta v_{\mathrm{E,G}})_{k+2}+[1-\boldsymbol{K}_{\infty}(4,4)](\delta v_{\mathrm{E,G}})_{k+1}+[1-\boldsymbol{K}_{\infty}(4,4)]^2(\delta v_{\mathrm{E,G}})_{k}\}\end{aligned} \tag{2.49}$$

$$\begin{aligned}(\theta_c^s)_{k+2}=&(\theta_{\mathrm{I}})_{k+2}^{*}+\boldsymbol{K}_{\infty}(6,1)\{(\delta L_{\mathrm{G}})_{k+2}+[1-\boldsymbol{K}_{\infty}(1,1)](\delta L_{\mathrm{G}})_{k+1}+[1-\boldsymbol{K}_{\infty}(1,1)]^2(\delta L_{\mathrm{G}})_{k}\}\\&+\boldsymbol{K}_{\infty}(6,3)\{(\delta v_{\mathrm{N,G}})_{k+2}+[1-\boldsymbol{K}_{\infty}(3,3)](\delta v_{\mathrm{N,G}})_{k+1}+[1-\boldsymbol{K}_{\infty}(3,3)]^2(\delta v_{\mathrm{N,G}})_{k}\}\end{aligned} \tag{2.50}$$

$$\begin{aligned}(\psi_c^s)_{k+2}=&(\psi_{\mathrm{I}})_{k+2}^{*}+\boldsymbol{K}_{\infty}(7,1)\{(\delta L_{\mathrm{G}})_{k+2}+[1-\boldsymbol{K}_{\infty}(1,1)](\delta L_{\mathrm{G}})_{k+1}+[1-\boldsymbol{K}_{\infty}(1,1)]^2(\delta L_{\mathrm{G}})_{k}\}\\&+\boldsymbol{K}_{\infty}(7,2)\{(\delta\lambda_{\mathrm{G}})_{k+2}+[1-\boldsymbol{K}_{\infty}(2,2)](\delta\lambda_{\mathrm{G}})_{k+1}+[1-\boldsymbol{K}_{\infty}(2,2)]^2(\delta\lambda_{\mathrm{G}})_{k}\}\\&+\boldsymbol{K}_{\infty}(7,3)\{(\delta v_{\mathrm{N,G}})_{k+2}+[1-\boldsymbol{K}_{\infty}(3,3)](\delta v_{\mathrm{N,G}})_{k+1}+[1-\boldsymbol{K}_{\infty}(3,3)]^2(\delta v_{\mathrm{N,G}})_{k}\}\\&+\boldsymbol{K}_{\infty}(7,4)\{(\delta v_{\mathrm{E,G}})_{k+2}+[1-\boldsymbol{K}_{\infty}(4,4)](\delta v_{\mathrm{E,G}})_{k+1}+[1-\boldsymbol{K}_{\infty}(4,4)]^2(\delta v_{\mathrm{E,G}})_{k}\}\end{aligned} \tag{2.51}$$

根据式（2.40）~式（2.43）、式（2.46）~式（2.48）和式（2.49）~式（2.51），递推得到 $k+n$ 时刻反馈校正后的姿态输出结果：

$$(\phi_c^s)_{k+n}=(\phi_{\mathrm{I}})_{k+n}^{*}+\Delta\phi_{k\to k+n} \tag{2.52}$$

$$(\theta_c^s)_{k+n}=(\theta_{\mathrm{I}})_{k+n}^{*}+\Delta\theta_{k\to k+n} \tag{2.53}$$

$$(\psi_c^s)_{k+n}=(\psi_{\mathrm{I}})_{k+n}^{*}+\Delta\psi_{k\to k+n} \tag{2.54}$$

式中：$\Delta\phi_{k\to k+n}$、$\Delta\theta_{k\to k+n}$ 和 $\Delta\psi_{k\to k+n}$ 是从 k 时刻到 $k+n$ 时刻施加欺骗式干扰之后所引起的总的姿态偏移量，且

$$\begin{aligned}\Delta\phi_{k\to k+n}=&\sum_{i=0}^{n}\boldsymbol{K}_{\infty}(5,2)\,[1-\boldsymbol{K}_{\infty}(2,2)]^{i}\,(\delta\lambda_{\mathrm{G}})_{k+n-i}\\&+\sum_{i=0}^{n}\boldsymbol{K}_{\infty}(5,4)\,[1-\boldsymbol{K}_{\infty}(4,4)]^{i}\,(\delta v_{\mathrm{E,G}})_{k+n-i}\end{aligned}$$

$$\begin{aligned}\Delta\theta_{k\to k+n}=&\sum_{i=0}^{n}\boldsymbol{K}_{\infty}(6,1)\,[1-\boldsymbol{K}_{\infty}(1,1)]^{i}\,(\delta L_{\mathrm{G}})_{k+n-i}\\&+\sum_{i=0}^{n}\boldsymbol{K}_{\infty}(6,3)\,[1-\boldsymbol{K}_{\infty}(3,3)]^{i}\,(\delta v_{\mathrm{N,G}})_{k+n-i}\end{aligned}$$

$$\begin{aligned}\Delta\psi_{k\to k+n}=&\sum_{i=0}^{n}\boldsymbol{K}_{\infty}(7,1)[1-\boldsymbol{K}_{\infty}(1,1)]^{i}\,(\delta L_{\mathrm{G}})_{k+n-i}+\sum_{i=0}^{n}\boldsymbol{K}_{\infty}(7,2)[1-\boldsymbol{K}_{\infty}(2,2)]^{i}\,(\delta\lambda_{\mathrm{G}})_{k+n-i}\\&+\sum_{i=0}^{n}\boldsymbol{K}_{\infty}(7,3)[1-\boldsymbol{K}_{\infty}(3,3)]^{i}\,(\delta v_{\mathrm{N,G}})_{k+n-i}+\sum_{i=0}^{n}\boldsymbol{K}_{\infty}(7,4)[1-\boldsymbol{K}_{\infty}(4,4)]^{i}\,(\delta v_{\mathrm{E,G}})_{k+n-i}\end{aligned}$$

从式（2.52）~式（2.54）可知欺骗式干扰对组合导航系统的姿态输出也是有影响的，而且这种影响与干扰产生的偏移强度以及稳态增益矩阵元素有关。

同时对于欺骗式干扰实施的攻击方来说，欺骗式干扰所带来的姿态变动可能是致命的、有害的。这是因为：一方面较大的姿态变动会被目标接收机自带的简易欺骗检测器所捕获而导致欺骗攻击失效；另一方面其姿态的变化范围超过目标载体姿态的物理阈值时，极易导致载体在被实施欺骗式干扰的瞬间发生运动故障而无法达到定点捕获的欺骗效果。因此，在对目标载体实施欺骗式干扰时需要重点考虑其对姿态的影响，这部分内容将在本书的第 4 章、第 5 章有所体现。

2.6　INS/GNSS 组合导航模式下位置精确定点欺骗偏移方案设计

欺骗式干扰对 INS/GNSS 组合导航位置估计输出结果影响程度的可操纵性和稳定性，说明攻击方可通过调节欺骗式干扰引起的位置偏差使 INS/GNSS 组合导航位置估计输出产生其期望的稳定偏差值。下面将结合式（2.32）和式（2.33），通过设计构造虚假卫星信号使 INS/GNSS 组合导航位置估计发生精确定点欺骗偏移。

2.6.1　虚假卫星信号的设计与构造

假定在欺骗攻击过程中每个时刻，虚假卫星信号针对真实卫星信号施加的偏移纬度分量相同，即

$$(\delta L_{\mathrm{G}})_k=\cdots=(\delta L_{\mathrm{G}})_{k+i}=\cdots=(\delta L_{\mathrm{G}})_{k+n},\quad i=1,2,\cdots,n-1 \tag{2.55}$$

将式（2.55）代入式（2.32）中，可得

$$\Delta L_{k\to k+n}=(\delta L_{\mathrm{G}})_k\sum_{i=0}^{n}\boldsymbol{K}_\infty(1,1)\left[1-\boldsymbol{K}_\infty(1,1)\right]^i \tag{2.56}$$

下面将进一步分析式（2.56）中系数函数 $\sum\limits_{i=0}^{n}\left[1-\boldsymbol{K}_\infty(1,1)\right]^i$ 的收敛性，

$$\begin{aligned}&\lim_{n\to\infty}\sum_{i=0}^{n}\boldsymbol{K}_\infty(1,1)\left[1-\boldsymbol{K}_\infty(1,1)\right]^i\\&=\lim_{n\to\infty}\boldsymbol{K}_\infty(1,1)\left\{1+\left[1-\boldsymbol{K}_\infty(1,1)\right]^1+\cdots+\left[1-\boldsymbol{K}_\infty(1,1)\right]^i+\cdots+\left[1-\boldsymbol{K}_\infty(1,1)\right]^n\right\}\\&=\lim_{n\to\infty}\boldsymbol{K}_\infty(1,1)\frac{1\cdot\left\{1-\left[1-\boldsymbol{K}_\infty(1,1)\right]^n\right\}}{1-\left[1-\boldsymbol{K}_\infty(1,1)\right]}=\lim_{n\to\infty}\left\{1-\left[1-\boldsymbol{K}_\infty(1,1)\right]^n\right\}\end{aligned} \tag{2.57}$$

根据 2.2 节计算的卡尔曼滤波稳态增益矩阵可知 $0<\boldsymbol{K}_\infty(1,1)<1$，故

$$0<1-\boldsymbol{K}_\infty(1,1)<1$$

将上述限制条件代入式（2.57）中，可得

$$\lim_{n\to\infty}\sum_{i=0}^{n}\boldsymbol{K}_\infty(1,1)\left[1-\boldsymbol{K}_\infty(1,1)\right]^i=\lim_{n\to\infty}\left\{1-\left[1-\boldsymbol{K}_\infty(1,1)\right]^n\right\}=1 \tag{2.58}$$

即

$$\lim_{n\to\infty}\Delta L_{k\to k+n}=\lim_{n\to\infty}(\delta L_{\mathrm{G}})_k\sum_{i=0}^{n}\boldsymbol{K}_\infty(1,1)\left[1-\boldsymbol{K}_\infty(1,1)\right]^i=(\delta L_{\mathrm{G}})_k \tag{2.59}$$

同理分析可知，当过去各个时刻施加的偏移经度分量相同时，即

$$(\delta\lambda_{\mathrm{G}})_k=\cdots=(\delta\lambda_{\mathrm{G}})_{k+i}=\cdots=(\delta\lambda_{\mathrm{G}})_{k+n} \tag{2.60}$$

则由此产生的总偏移量为

$$\lim_{n\to\infty}\Delta\lambda_{k\to k+n}=\lim_{n\to\infty}(\delta\lambda_{\mathrm{G}})_k\sum_{i=0}^{n}\boldsymbol{K}_\infty(2,2)[1-\boldsymbol{K}_\infty(2,2)]^i=(\delta\lambda_{\mathrm{G}})_k \tag{2.61}$$

由式（2.59）和式（2.61）可知，若攻击方设计构造的虚假卫星信号在攻击开始时刻始终施加相同的位置偏移信号，则 INS/GNSS 组合导航滤波位置估计终将会呈现相同的稳定的位置偏移效果。

2.6.2 仿真验证与分析

下面将在某次 INS/GPS 组合导航真实实验数据的基础上验证在 INS/GPS 组合导航模式下欺骗式干扰的可行性。分别进行两组实验，分析假设攻击方试图将组合导航的定位结果拉偏到其真实目的地偏北 5km 或 10km 处，即在欺骗攻击过程中每个时刻卫星的纬度信息上叠加 5km 或 10km 常值拉偏量。

仿真结果如图 2.1 所示。可以看出，在施加欺骗式干扰后，INS/GPS 组合导航纬度位置输出结果会产生与攻击方设计的常值拉偏偏量相一致的偏差效果。这说明欺骗式干扰对组合导航位置输出影响程度是可操纵的、稳定的，这就验证了 2.3 节和 2.4 节的理论分析结论，进而验证了在组合导航模式下利用如 2.6.1 节设计构造的虚假卫星信号可实现 INS/GPS 组合额导航位置精确定点欺骗偏移的可行性。

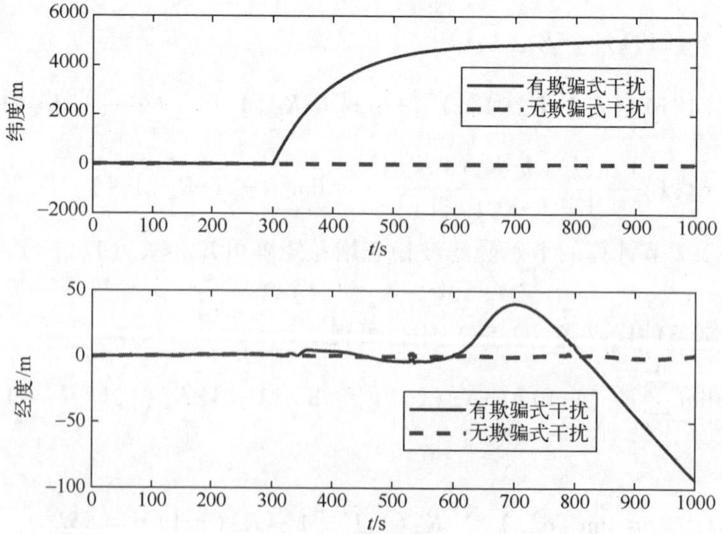

(a) 拉偏5km

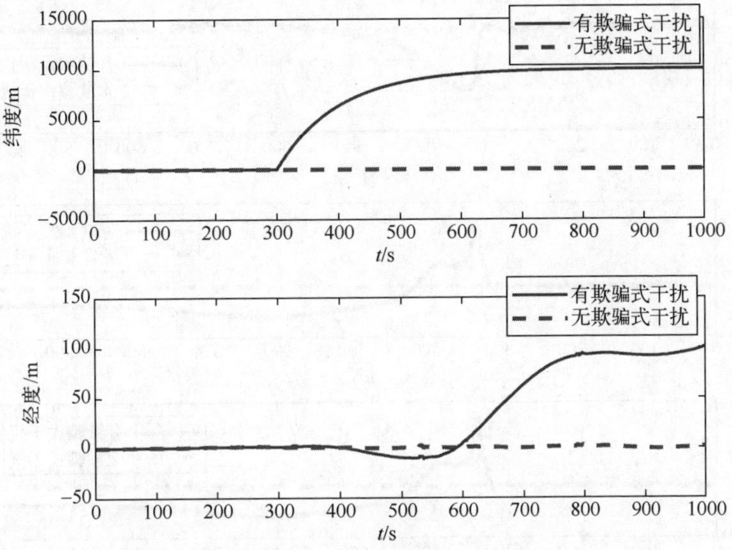

(b) 拉偏10km

图 2.1　有/无欺骗式干扰情况下的位置偏差曲线（见彩插）

同时，在施加位置欺骗后组合导航的姿态出现了跳变。

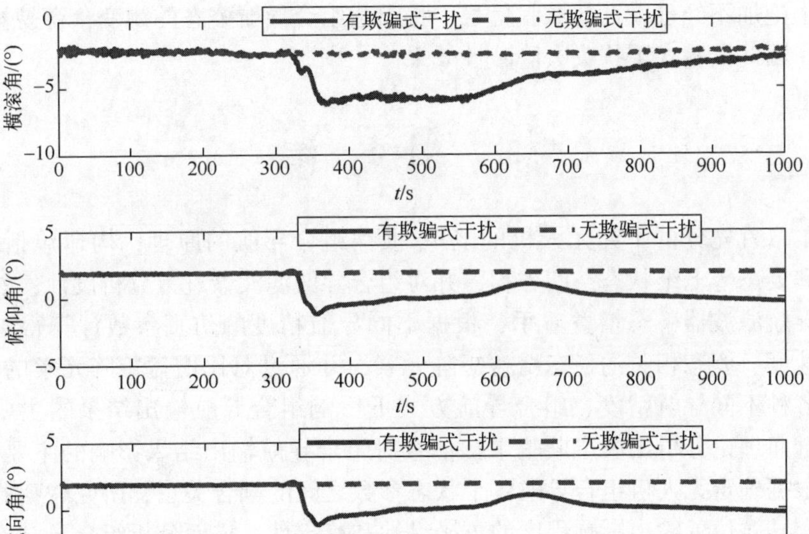

(a) 拉偏5km

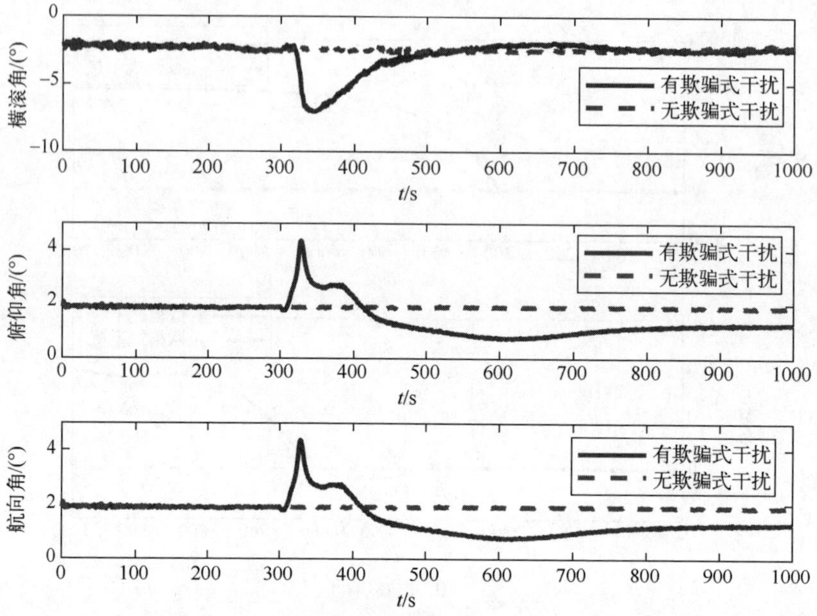

(b) 拉偏10km

图 2.2　欺骗式干扰对姿态误差的影响效果

姿态的跳变可能被组合导航滤波器中的反欺骗模块检测出来。如果直接在 GPS 信号上施加不经过设计的欺骗信号，将引起组合导航姿态的跳变，容易被检测出来，因此欺骗式干扰失去隐蔽性效果。

2.7　小　　结

本章首先分析研究无人机的卫星/惯性组合导航的原理，构造包括位置、速度和姿态等七维状态空间方程，并对组合导航滤波器进行分析设计；然后从组合导航滤波器稳态增益着手，根据不同导航精度的仿真参数计算得到与位置、速度、姿态相关的稳态增益矩阵元素，并通过对比增益矩阵元素的大小，找出各种不同导航精度、组合导航方式下影响组合导航输出结果的主要观测量，继而理论分析出决定欺骗干扰信号对组合导航输出结果影响的主要因素；最后根据确定无人机组合导航各个状态参数之间的耦合关系，研究欺骗式干扰对组合导航位置输出影响程度的可操纵性和稳定性，进而分析组合导航模式下对无人机实施欺骗式干扰的可行性。飞行位置拉偏实验验证了在组合导航模式下利用虚假卫星信号可实现无人机位置拉偏的可行性。

第 3 章　基于欺骗式干扰的无人机捕获与控制方法研究

从第 2 章的理论研究和仿真实验结果可知，欺骗式干扰能使 INS/GNSS 组合导航滤波器位置输出结果发生稳定的且可控的变化。但是欺骗攻击目标的无人机系统不仅配有 INS/GNSS 组合导航系统，而且存在保证其紧密跟踪参考轨迹的飞行控制系统。欺骗攻击的理想状态是在无人机系统接收到欺骗式干扰信号后产生虚假错误定位结果的同时，也会存在使无人机靠近期望的欺骗终止点的控制指令。但是，无人机的飞行控制系统也会产生控制指令来迫使无人机始终跟踪原定的期望终止点，这与欺骗的目标是相悖的。

在综合考虑无人机 INS/GNSS 组合导航系统和轨迹跟踪飞行控制系统的基础上，如何依据可能窃取的无人机数据信息来构造生成虚假卫星信号，以实现其精确的位置偏移是本章需要重点研究和解决的问题。

3.1　无人机导航与控制器模型

INS/GNSS 组合导航系统是无人机飞行控制回路的测量单元，其输出的飞行状态信息用于无人机飞行轨迹跟踪控制。同时，无人机飞行控制量作用到执行器件中会导致其飞行状态发生变化，继而导致组合导航输出结果发生改变。因此，认知无人机导航与控制机理是研究其欺骗方法的前提。

3.1.1　无人机的 INS/GNSS 组合导航系统

考虑一种最简单的三维无人机质点模型，即其位置 $\boldsymbol{r}$、速度 $\boldsymbol{v}$ 以及加速度 $\boldsymbol{a}$ 可以由下面的积分等式描述：

$$\dot{\boldsymbol{x}}=\boldsymbol{A}\boldsymbol{x}+\boldsymbol{B}\boldsymbol{a} \tag{3.1}$$

式中：$\boldsymbol{x}=[r_x \quad r_y \quad r_z \quad v_x \quad v_y \quad v_z]^{\mathrm{T}}$；$\boldsymbol{a}=[a_x \quad a_y \quad a_z]^{\mathrm{T}}$；$\boldsymbol{A}=\begin{bmatrix}\boldsymbol{0}_{3\times3} & \boldsymbol{I}_{3\times3}\\ \boldsymbol{0}_{3\times3} & \boldsymbol{0}_{3\times3}\end{bmatrix}$，$\boldsymbol{B}=\begin{bmatrix}\boldsymbol{0}_{3\times3}\\ \boldsymbol{I}_{3\times3}\end{bmatrix}$。

由于体积和载质量的物理限制，大多数小型民用无人机只具备最基本的导航系统，即微惯性导航系统（micro inertial navigation system，Mirco-INS）以及卫星导航系统。在 Mirco-INS 中通过微型惯性测量单元（miniature inertial measuring unit，MIMU）的加速度计测量得到无人机的运动加速度分量 $\boldsymbol{a}$，但是在实际测量过程中不可避免会存在常值零偏 $\boldsymbol{b}$，故 MIMU 实际测量得到的无人机加速度分量 $\boldsymbol{a}_m$ 为

$$\boldsymbol{a}_m=\boldsymbol{a}-\boldsymbol{b}$$

同时，无人机会实时接收到卫星信号 $\boldsymbol{x}^*$。利用组合导航数据融合技术可得无人机的状态估计值为

$$\begin{bmatrix}\dot{\hat{\boldsymbol{x}}}\\ \dot{\hat{\boldsymbol{b}}}\end{bmatrix}=\boldsymbol{A}_e\begin{bmatrix}\hat{\boldsymbol{x}}\\ \hat{\boldsymbol{b}}\end{bmatrix}+\boldsymbol{L}\quad(\boldsymbol{x}^*-\hat{\boldsymbol{x}})+\begin{bmatrix}\boldsymbol{B}\\ 0\end{bmatrix}\boldsymbol{a}_m \tag{3.2}$$

式中：$\hat{\boldsymbol{x}}$、$\hat{\boldsymbol{b}}$分别为无人机组合导航滤波器的状态估计值和 MIMU 的常值零偏估计值；$\boldsymbol{A}_e$ 为状态观测器系统矩阵，且

$$\boldsymbol{A}_e=\begin{bmatrix}\boldsymbol{A} & \boldsymbol{B}\\ 0 & 0\end{bmatrix}$$

$\boldsymbol{L}$ 为无人机卡尔曼滤波器稳态增益（为了明确区分与控制器参数的常规符号 $\boldsymbol{K}$ 定义设置，本章中稳态增益矩阵符号的设置不再延用式（2.14）所示的 $\boldsymbol{K}_\infty$），且其具体求解步骤如下。

（1）首先根据连续代数黎卡提方程[157-159]：

$$\boldsymbol{A}_e\boldsymbol{P}+\boldsymbol{P}\boldsymbol{A}_e+\boldsymbol{Q}-\boldsymbol{P}\boldsymbol{C}^{\mathrm{T}}\boldsymbol{R}^{-1}\boldsymbol{C}\boldsymbol{P}=0 \tag{3.3}$$

求解滤波器方差 $\boldsymbol{P}$ 的稳态值 $\boldsymbol{P}_\infty$；

（2）然后由方差稳态值 $\boldsymbol{P}_\infty$ 求解稳态增益 $\boldsymbol{L}$ 为

$$\boldsymbol{L}=\boldsymbol{P}\boldsymbol{C}^{\mathrm{T}}\boldsymbol{R}^{-1} \tag{3.4}$$

式（3.3）中的 $\boldsymbol{Q}$ 为滤波器状态方程的系统噪声，其具体形式为

$$\boldsymbol{Q}=\begin{bmatrix}0_{3\times3} & 0_{3\times3} & 0_{3\times3}\\ 0_{3\times3} & \boldsymbol{Q}_1 & 0_{3\times3}\\ 0_{3\times3} & 0_{3\times3} & \boldsymbol{Q}_2\end{bmatrix},\ 且\ \boldsymbol{Q}_1=\begin{bmatrix}\sigma_{a,x}^2 & 0 & 0\\ 0 & \sigma_{a,y}^2 & 0\\ 0 & 0 & \sigma_{a,z}^2\end{bmatrix},\quad \boldsymbol{Q}_2=\begin{bmatrix}\sigma_{b,x}^2 & 0 & 0\\ 0 & \sigma_{b,y}^2 & 0\\ 0 & 0 & \sigma_{b,z}^2\end{bmatrix}$$

式中：$\sigma_{a,x}^2$、$\sigma_{a,y}^2$ 和 $\sigma_{a,z}^2$ 分别为 MIMU 测量 X 轴、Y 轴和 Z 轴加速度的测量噪声方差；$\sigma_{b,x}^2$、$\sigma_{b,y}^2$ 和 $\sigma_{b,z}^2$ 分别为 MIMU 测量 X 轴、Y 轴和 Z 轴加速度计的零偏不稳定性。

式（3.3）中的 $\boldsymbol{R}$ 为测量噪声矩阵，卫星系统提供三个方向位置和速度的测量值，其具体形式为（假设各测量值是不相关的）

$$\boldsymbol{R}=\begin{bmatrix}\boldsymbol{R}_1 & 0_{3\times3}\\ 0_{3\times3} & \boldsymbol{R}_2\end{bmatrix},\quad \text{且 } \boldsymbol{R}_1=\begin{bmatrix}\sigma_{r,x}^2 & 0 & 0\\ 0 & \sigma_{r,y}^2 & 0\\ 0 & 0 & \sigma_{r,z}^2\end{bmatrix},\quad \boldsymbol{R}_2=\begin{bmatrix}\sigma_{v,x}^2 & 0 & 0\\ 0 & \sigma_{v,y}^2 & 0\\ 0 & 0 & \sigma_{v,z}^2\end{bmatrix}$$

式中：$\sigma_{r,x}^2$、$\sigma_{r,y}^2$ 和 $\sigma_{r,z}^2$ 分别为卫星系统测量 X 轴、Y 轴和 Z 轴的位置误差；$\sigma_{v,x}^2$、$\sigma_{v,y}^2$ 和 $\sigma_{v,z}^2$ 分别为卫星系统测量 X 轴、Y 轴和 Z 轴的速度误差。

令 $\boldsymbol{C}=[I\quad 0]$ 为组合导航滤波器的观测矩阵，根据式（3.2）可进一步得到无人机估计误差的微分方程为

$$\begin{bmatrix}\dot{\tilde{\boldsymbol{x}}}\\ \dot{\tilde{\boldsymbol{b}}}\end{bmatrix}=(\boldsymbol{A}_e-\boldsymbol{LC})\begin{bmatrix}\tilde{\boldsymbol{x}}\\ \tilde{\boldsymbol{b}}\end{bmatrix}-\boldsymbol{L}(\boldsymbol{x}^*-\boldsymbol{x}) \tag{3.5}$$

式中：$\tilde{\boldsymbol{x}}=\hat{\boldsymbol{x}}-\boldsymbol{x}$；$\tilde{\boldsymbol{b}}=\hat{\boldsymbol{b}}-\boldsymbol{b}$。

3.1.2　无人机的轨迹跟踪控制器

无人机根据飞行任务事先规划出一条参考轨迹 $\bar{\boldsymbol{x}}=[\bar{\boldsymbol{r}}\quad \bar{\boldsymbol{v}}]^{\mathrm{T}}$，且参考轨迹满足：

$$\dot{\bar{\boldsymbol{x}}}=\boldsymbol{A}\bar{\boldsymbol{x}}+\boldsymbol{B}\bar{\boldsymbol{a}} \tag{3.6}$$

式中：$\bar{\boldsymbol{a}}$ 为参考轨迹的加速度分量。

本书采用比例积分微分（proportional integral derivative，PID）轨迹跟踪控制器使得无人机始终紧密跟踪参考轨迹，即

$$\boldsymbol{a}=-\boldsymbol{K}(\hat{\boldsymbol{x}}-\bar{\boldsymbol{x}}) \tag{3.7}$$

式中：$\boldsymbol{K}>0$ 为无人机控制器参数。

将式（3.7）代入式（3.1）中，可得

$$\dot{\boldsymbol{x}}=\boldsymbol{Ax}+\boldsymbol{Ba}=\boldsymbol{Ax}-\boldsymbol{BK}\hat{\boldsymbol{x}}+\boldsymbol{BK}\bar{\boldsymbol{x}} \tag{3.8}$$

根据式（3.2）可得

$$\begin{aligned}\dot{\hat{\boldsymbol{x}}}&=\boldsymbol{A}\hat{\boldsymbol{x}}+\boldsymbol{B}\hat{\boldsymbol{b}}+\boldsymbol{L}_x(\boldsymbol{x}^*-\hat{\boldsymbol{x}})+\boldsymbol{Ba}_m\\ &=\boldsymbol{A}\hat{\boldsymbol{x}}+\boldsymbol{B}\hat{\boldsymbol{b}}+\boldsymbol{L}_x(\boldsymbol{x}^*-\hat{\boldsymbol{x}})+\boldsymbol{B}(\boldsymbol{a}-\boldsymbol{b})\\ &=\boldsymbol{A}\hat{\boldsymbol{x}}+\boldsymbol{B}(\hat{\boldsymbol{b}}-\boldsymbol{b})+\boldsymbol{L}_x(\boldsymbol{x}^*-\hat{\boldsymbol{x}})-\boldsymbol{BK}(\hat{\boldsymbol{x}}-\bar{\boldsymbol{x}})\\ &=(\boldsymbol{A}-\boldsymbol{L}_x-\boldsymbol{BK})\hat{\boldsymbol{x}}+\boldsymbol{B}\tilde{\boldsymbol{b}}+\boldsymbol{BK}\bar{\boldsymbol{x}}+\boldsymbol{L}_x\boldsymbol{x}^*\end{aligned} \tag{3.9}$$

其中，$\boldsymbol{L}=[\boldsymbol{L}_x^{\mathrm{T}}\quad \boldsymbol{L}_b^{\mathrm{T}}]^{\mathrm{T}}$。进一步结合式（3.5）可得

$$\dot{\hat{\boldsymbol{b}}}=\boldsymbol{L}_b(\boldsymbol{x}^*-\hat{\boldsymbol{x}}) \tag{3.10}$$

结合式（3.6）、式（3.8）、式（3.9）和式（3.10），可得无人机的组合

导航与控制闭环反馈系统模型为

$$\frac{\mathrm{d}}{\mathrm{d}t}\begin{bmatrix}\boldsymbol{x}\\ \hat{\boldsymbol{x}}\\ \tilde{\boldsymbol{b}}\\ \bar{\boldsymbol{x}}\end{bmatrix}=\begin{bmatrix}\boldsymbol{A} & -\boldsymbol{BK} & 0 & \boldsymbol{BK}\\ 0 & \boldsymbol{A}-\boldsymbol{L}_x-\boldsymbol{BK} & \boldsymbol{B} & \boldsymbol{BK}\\ 0 & -\boldsymbol{L}_b & 0 & 0\\ 0 & 0 & 0 & \boldsymbol{A}\end{bmatrix}\begin{bmatrix}x\\ \hat{\boldsymbol{x}}\\ \tilde{\boldsymbol{b}}\\ \bar{\boldsymbol{x}}\end{bmatrix}+\begin{bmatrix}0 & 0\\ \boldsymbol{L}_x & 0\\ \boldsymbol{L}_b & 0\\ 0 & \boldsymbol{B}\end{bmatrix}\begin{bmatrix}\boldsymbol{x}^*\\ \bar{\boldsymbol{a}}\end{bmatrix} \tag{3.11}$$

根据式（3.11）可得无人机组合导航与控制闭环反馈系统的结构原理如图 3.1 所示。

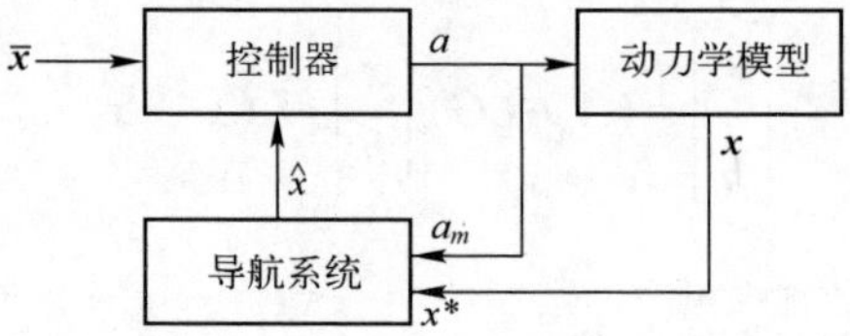

图 3.1　无人机组合导航与控制闭环反馈系统的结构原理

3.1.3　仿真验证与分析

为了验证图 3.1 所示无人机系统结构的合理性，本节模拟实验环境，分析无人机跟踪三维曲线型参考轨迹和折线型（四边形）参考轨迹时的飞行状态。

设置仿真实验参数如下。

（1）三维曲线型参考轨迹的加速度分量为

$$\begin{cases}\bar{\boldsymbol{a}}_x=0.01\sin(0.01t)\\ \bar{\boldsymbol{a}}_y=0.01\cos(0.01t)\text{（单位为 m/s}^2\text{），其中仿真时间 } t\in[0\quad 1000]\text{ s。}\\ \bar{\boldsymbol{a}}_z=0.0001\end{cases}$$

（2）三维折线型参考轨迹的加速度分量为：

第一条边：加速度分量单位为 $\mathrm{m/s^2}$，有

$$\bar{\boldsymbol{a}}_x=0,\quad 0\leqslant t<90\mathrm{s};\quad \bar{\boldsymbol{a}}_y=\begin{cases}0.1, & 0\leqslant t<20\mathrm{s}\\ 0, & 20\mathrm{s}\leqslant t<70\mathrm{s}\\ -0.1, & 70\mathrm{s}\leqslant t<90\mathrm{s}\end{cases};\quad \bar{\boldsymbol{a}}_z=\begin{cases}0.1, & 0\leqslant t<20\mathrm{s}\\ 0, & 20\mathrm{s}\leqslant t<70\mathrm{s}\\ -0.1, & 70\mathrm{s}\leqslant t<90\mathrm{s}\end{cases}$$

第二条边：加速度分量单位为 $\mathrm{m/s^2}$，有

$$\bar{\boldsymbol{a}}_x=\begin{cases}0.1, & 90\mathrm{s}\leqslant t<110\mathrm{s}\\ 0, & 110\mathrm{s}\leqslant t<160\mathrm{s}\\ -0.1, & 160\mathrm{s}\leqslant t<180\mathrm{s}\end{cases};\quad \bar{\boldsymbol{a}}_y=0,\quad 90\mathrm{s}\leqslant t<180\mathrm{s};\quad \bar{\boldsymbol{a}}_z=0,\quad 90\mathrm{s}\leqslant t<180\mathrm{s}$$

第三条边：加速度分量单位为 $\mathrm{m/s^2}$，有

$$\bar{a}_x=0,\quad 180\text{s}\leqslant t<270\text{s};\quad \bar{a}_y=\begin{cases}-0.1, & 180\text{s}\leqslant t<200\text{s}\\ 0, & 200\text{s}\leqslant t<250\text{s};\\ 0.1, & 250\text{s}\leqslant t<270\text{s}\end{cases}\quad \bar{a}_z=\begin{cases}-0.1, & 180\text{s}\leqslant t<200\text{s}\\ 0, & 200\text{s}\leqslant t<250\text{s}\\ 0.1, & 250\text{s}\leqslant t<270\text{s}\end{cases}$$

第四条边：加速度分量单位为 m/s^2，有

$$\bar{a}_x=\begin{cases}-0.1, & 270\text{s}\leqslant t<290\text{s}\\ 0, & 290\text{s}\leqslant t<340\text{s};\\ 0.1, & 340\text{s}\leqslant t<360\text{s}\end{cases}\quad \bar{a}_y=0,\quad 270\text{s}\leqslant t<360\text{s};\quad \bar{a}_z=0,\quad 270\text{s}\leqslant t<360\text{s}$$

（3）式（3.7）中无人机的控制参数为

$$\boldsymbol{K}=\begin{bmatrix}1 & 1 & 1 & 2 & 2 & 2\\ 0.1 & 1 & 1 & 1 & 2 & 2\\ 0.01 & 0.1 & 1 & 0.1 & 0.02 & 2\end{bmatrix}$$

（4）式（3.3）中无人机的系统噪声 $\boldsymbol{Q}$ 中相关参数为

$$\sigma_{a,x}=\sigma_{a,y}=\sigma_{a,z}=0.05\text{m/s}^2,\quad \sigma_{b,x}=\sigma_{b,y}=\sigma_{b,z}=1.24\times10^{-5}\text{m/s}^3。$$

（5）式（3.3）中无人机的外部测量值方差 $\boldsymbol{R}$ 中相关参数为

$$\sigma_{r,x}=\sigma_{r,y}=\sigma_{r,z}=2\text{m},\quad \sigma_{v,x}=\sigma_{v,y}=\sigma_{v,z}=0.3\text{m/s}。$$

根据搭建的实验环境参数，以及式（3.3）和式（3.4）求解可得

$$\boldsymbol{L}=\begin{bmatrix}0.1322 & 0 & 0 & 0.5270 & 0 & 0\\ 0 & 0.1322 & 0 & 0 & 0.5270 & 0\\ 0 & 0 & 0.1322 & 0 & 0 & 0.5270\\ 0.0119 & 0 & 0 & 0.1470 & 0 & 0\\ 0 & 0.0119 & 0 & 0 & 0.1470 & 0\\ 0 & 0 & 0.0119 & 0 & 0 & 0.1470\\ 0.0293\times10^{-4} & 0 & 0 & 0.3642\times10^{-4} & 0 & 0\\ 0 & 0.0293\times10^{-4} & 0 & 0 & 0.3642\times10^{-4} & 0\\ 0 & 0 & 0.0293\times10^{-4} & 0 & 0 & 0.3642\times10^{-4}\end{bmatrix}$$

图 3.2 和图 3.3 给出了无人机跟踪参考轨迹的仿真结果。

从图 3.2 和图 3.3 中可以看出，无人机的组合导航滤波估计器正常工作，估计轨迹与无人机的真实飞行轨迹基本重合。同时，无人机的轨迹跟踪控制器也正常工作，无人机始终跟踪其设定的三维曲线型或折线型参考轨迹航行。

上述分析验证了图 3.1 所示的无人机系统构建的合理性和正确性。

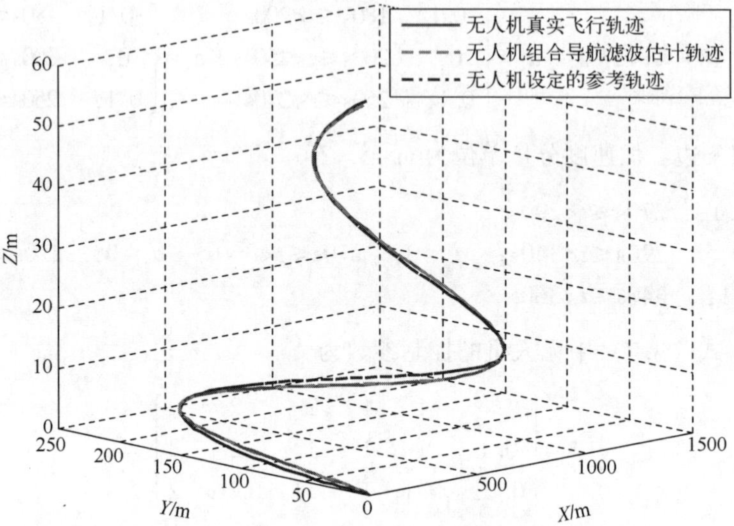

图 3.2　无人机跟踪三维曲线型参考轨迹的仿真结果

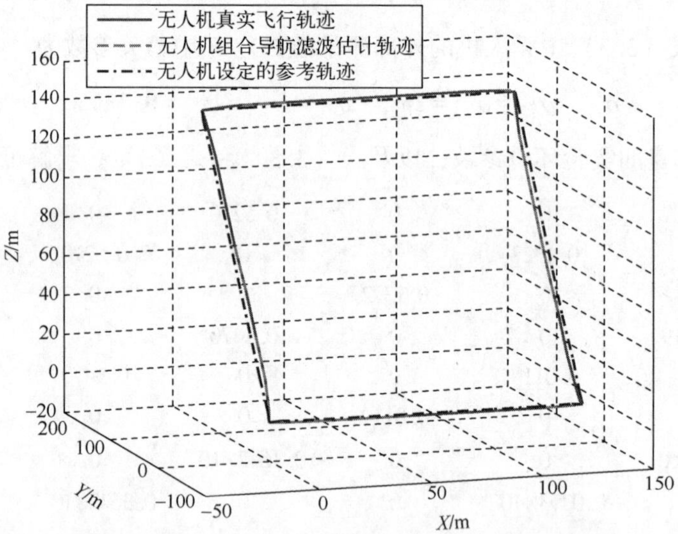

图 3.3　无人机跟踪三维折线型参考轨迹的仿真结果

3.2　组合导航模式下的无人机隐蔽性欺骗方法研究

隐蔽性欺骗方法的目的是使无人机在无意识的状态下偏离原定的参考轨迹，并按照攻击方规划的欺骗轨迹航行。实现这一欺骗过程需要整合窃取得到的无人机数据信息设计和构造虚假卫星信号。

本小节拟在如 3.1 节所述的质点无人机 INS/GNSS 组合导航系统和轨迹跟踪控制系统的基础上，研究设计一种欺骗跟踪控制器。它首先利用第三方测量设备实时估算无人机的飞行状态，包括位置、速度和加速度信息；然后结合规划的欺骗轨迹求取虚假卫星信号的加速度信息；最后通过积分运算获得各个时刻虚假卫星信号以实现无人机的精确位置欺骗偏移。

3.2.1　欺骗跟踪控制器设计

为实现位置的精确定位偏移任务需求，欺骗跟踪控制器会规划出一条连接欺骗攻击起始位置点与欺骗目标终止点之间的欺骗轨迹 $\bar{\boldsymbol{x}}^s=[\bar{\boldsymbol{r}}^s \quad \bar{\boldsymbol{v}}^s]^{\mathrm{T}}$，且满足：

$$\dot{\bar{\boldsymbol{x}}}^s=\boldsymbol{A}\bar{\boldsymbol{x}}^s+\boldsymbol{B}\bar{\boldsymbol{a}}^s \tag{3.12}$$

式中：$\bar{\boldsymbol{a}}^s$ 为欺骗轨迹的加速度分量。

同时，欺骗跟踪控制器利用第三方测量设备实时估算无人机的位置速度 $\hat{\boldsymbol{x}}^s$ 和加速度 $\hat{\boldsymbol{a}}^s$。欺骗跟踪控制器同样采用线性估计器，估计器的形式如下：

$$\begin{bmatrix}\dot{\hat{\boldsymbol{x}}}^s\\ \dot{\hat{\boldsymbol{a}}}^s\end{bmatrix}=\boldsymbol{A}_e\begin{bmatrix}\hat{\boldsymbol{x}}^s\\ \hat{\boldsymbol{a}}^s\end{bmatrix}+\boldsymbol{L}^s(\boldsymbol{x}-\hat{\boldsymbol{x}}^s) \tag{3.13}$$

式中：$\boldsymbol{L}^s$ 为该线性估计器的稳态增益矩阵，同样由连续黎卡提方程：

$$\boldsymbol{A}_e\boldsymbol{P}^s+\boldsymbol{P}^s\boldsymbol{A}_e+\boldsymbol{Q}^s-\boldsymbol{P}^s\boldsymbol{C}^{\mathrm{T}}(\boldsymbol{R}^s)^{-1}\boldsymbol{C}\boldsymbol{P}^s=0 \tag{3.14}$$

求解得到，即 $\boldsymbol{L}^s=\boldsymbol{P}^s\boldsymbol{C}^{\mathrm{T}}(\boldsymbol{R}^s)^{-1}$。

式（3.14）中的 $\boldsymbol{Q}^s$ 为欺骗跟踪控制器估算无人机飞行状态的系统噪声，表达式为

$$\boldsymbol{Q}^s=\begin{bmatrix}0_{3\times3} & 0_{3\times3} & 0_{3\times3}\\ 0_{3\times3} & 0_{3\times3} & 0_{3\times3}\\ 0_{3\times3} & 0_{3\times3} & \boldsymbol{Q}_1^s\end{bmatrix}，\quad 且\ \boldsymbol{Q}_1^s=\begin{bmatrix}(\sigma_{a,x}^s)^2 & 0 & 0\\ 0 & (\sigma_{a,y}^s)^2 & 0\\ 0 & 0 & (\sigma_{a,z}^s)^2\end{bmatrix}$$

式中：$(\sigma_{a,x}^s)^2$、$(\sigma_{a,y}^s)^2$ 和 $(\sigma_{a,z}^s)^2$ 分别为欺骗跟踪控制器估算 X 轴、Y 轴和 Z 轴加速度的测量噪声方差。

式（3.14）中的 $\boldsymbol{R}^s$ 为欺骗跟踪控制器中观测噪声矩阵，第三方观测器提供三个方向位置和速度的测量值，其具体形式为（假设各测量值是不相关的）：

$$\boldsymbol{R}^s=\begin{bmatrix}\boldsymbol{R}_1^s & 0_{3\times3}\\ 0_{3\times3} & \boldsymbol{R}_2^s\end{bmatrix}，\quad 且\ \boldsymbol{R}_1^s=\begin{bmatrix}(\sigma_{r,x}^s)^2 & 0 & 0\\ 0 & (\sigma_{r,y}^s)^2 & 0\\ 0 & 0 & (\sigma_{r,z}^s)^2\end{bmatrix},$$

$$\boldsymbol{R}_2^s=\begin{bmatrix}(\sigma_{v,x}^s)^2 & 0 & 0\\ 0 & (\sigma_{v,y}^s)^2 & 0\\ 0 & 0 & (\sigma_{v,z}^s)^2\end{bmatrix}$$

式中：$(\sigma_{r,x}^s)^2$、$(\sigma_{r,y}^s)^2$ 和 $(\sigma_{r,z}^s)^2$ 分别为第三方观测器测量 X 轴、Y 轴和 Z 轴的位置误差；$(\sigma_{v,x}^s)^2$、$(\sigma_{v,y}^s)^2$ 和 $(\sigma_{v,z}^s)^2$ 分别为第三方观测器测量 X 轴、Y 轴和 Z 轴的速度误差。

欺骗跟踪控制器选取使用 PID 控制算法，求取欺骗跟踪控制输入量 $\boldsymbol{a}^s$ 为

$$\boldsymbol{a}^s=-\boldsymbol{K}^s(\hat{\boldsymbol{x}}^s-\overline{\boldsymbol{x}}^s) \tag{3.15}$$

并结合规划的欺骗轨迹获取虚假卫星信号的加速度信息 $\boldsymbol{a}^*$，即

$$\boldsymbol{a}^*=\hat{\boldsymbol{a}}^s-\boldsymbol{a}^s \tag{3.16}$$

式中：$\boldsymbol{K}^s>0$ 为欺骗跟踪控制器参数。

进一步地，虚假卫星信号的位置和速度信号可根据积分运算求得，即

$$\dot{\boldsymbol{x}}^*=\boldsymbol{A}\boldsymbol{x}^*+\boldsymbol{B}\boldsymbol{a}^* \tag{3.17}$$

将式（3.16）代入式（3.17）中，可得

$$\begin{aligned}\dot{\boldsymbol{x}}^*&=\boldsymbol{A}\boldsymbol{x}^*+\boldsymbol{B}\boldsymbol{a}^*\\&=\boldsymbol{A}\boldsymbol{x}^*+\boldsymbol{B}\hat{\boldsymbol{a}}^s+\boldsymbol{B}\boldsymbol{K}^s(\hat{\boldsymbol{x}}^s-\overline{\boldsymbol{x}}^s)\end{aligned} \tag{3.18}$$

根据式（3.10）可得

$$\dot{\hat{\boldsymbol{x}}}^s=\boldsymbol{A}\hat{\boldsymbol{x}}^s+\boldsymbol{B}\hat{\boldsymbol{a}}^s+\boldsymbol{L}_x^s(\boldsymbol{x}-\hat{\boldsymbol{x}}^s)=(\boldsymbol{A}-\boldsymbol{L}_x^s)\hat{\boldsymbol{x}}^s+\boldsymbol{B}\hat{\boldsymbol{a}}^s+\boldsymbol{L}_x^s\boldsymbol{x} \tag{3.19}$$

和

$$\dot{\hat{\boldsymbol{a}}}^s=\boldsymbol{L}_a^s(\boldsymbol{x}-\hat{\boldsymbol{x}}^s) \tag{3.20}$$

式中：$\boldsymbol{L}^s=[(\boldsymbol{L}_x^s)^{\mathrm{T}}\quad(\boldsymbol{L}_a^s)^{\mathrm{T}}]^{\mathrm{T}}$。

根据式（3.17）~式（3.19）和式（3.12），可得欺骗跟踪控制器的系统模型为

$$\frac{\mathrm{d}}{\mathrm{d}t}\begin{bmatrix}\boldsymbol{x}^*\\ \hat{\boldsymbol{x}}^s\\ \hat{\boldsymbol{a}}^s\\ \overline{\boldsymbol{x}}^s\end{bmatrix}=\begin{bmatrix}\boldsymbol{A} & \boldsymbol{B}\boldsymbol{K}^s & \boldsymbol{B} & -\boldsymbol{B}\boldsymbol{K}^s\\ \boldsymbol{0}_{6\times6} & \boldsymbol{A}-\boldsymbol{L}_x^s & \boldsymbol{B} & \boldsymbol{0}_{6\times6}\\ \boldsymbol{0}_{3\times6} & -\boldsymbol{L}_a^s & \boldsymbol{0}_{3\times3} & \boldsymbol{0}_{3\times6}\\ \boldsymbol{0}_{6\times6} & \boldsymbol{0}_{6\times6} & \boldsymbol{0}_{6\times3} & \boldsymbol{A}\end{bmatrix}\begin{bmatrix}\boldsymbol{x}^*\\ \hat{\boldsymbol{x}}^s\\ \hat{\boldsymbol{a}}^s\\ \overline{\boldsymbol{x}}^s\end{bmatrix}+\begin{bmatrix}\boldsymbol{0}_{6\times6} & \boldsymbol{0}_{6\times3}\\ \boldsymbol{L}_x^s & \boldsymbol{0}_{6\times3}\\ \boldsymbol{L}_a^s & \boldsymbol{0}_{3\times3}\\ \boldsymbol{0}_{6\times6} & \boldsymbol{B}\end{bmatrix}\begin{bmatrix}\boldsymbol{x}\\ \overline{\boldsymbol{a}}^s\end{bmatrix}$$

结合式（3.11）的“无人机系统模型，可得整个无人机-欺骗跟踪控制器模型为

$$
\begin{bmatrix} \dot{\boldsymbol{x}} \\ \dot{\hat{\boldsymbol{x}}} \\ \dot{\tilde{\boldsymbol{b}}} \\ \dot{\bar{\boldsymbol{x}}} \\ \dot{\boldsymbol{x}}^* \\ \dot{\hat{\boldsymbol{x}}}^s \\ \dot{\hat{\boldsymbol{a}}}^s \\ \dot{\bar{\boldsymbol{x}}}^s \end{bmatrix}
=
\begin{bmatrix}
\boldsymbol{A} & -\boldsymbol{BK} & \boldsymbol{0}_{6\times3} & \boldsymbol{BK} & \boldsymbol{0}_{6\times6} & \boldsymbol{0}_{6\times6} & \boldsymbol{0}_{6\times3} & \boldsymbol{0}_{6\times6} \\
\boldsymbol{0}_{6\times6} & \boldsymbol{A}-\boldsymbol{L}_x-\boldsymbol{BK} & \boldsymbol{B} & \boldsymbol{BK} & \boldsymbol{L}_x & \boldsymbol{0}_{6\times6} & \boldsymbol{0}_{6\times3} & \boldsymbol{0}_{6\times6} \\
\boldsymbol{0}_{3\times6} & -\boldsymbol{L}_b & \boldsymbol{0}_{3\times3} & \boldsymbol{0}_{3\times6} & \boldsymbol{L}_b & \boldsymbol{0}_{3\times6} & \boldsymbol{0}_{3\times3} & \boldsymbol{0}_{3\times6} \\
\boldsymbol{0}_{6\times6} & \boldsymbol{0}_{6\times6} & \boldsymbol{0}_{6\times3} & \boldsymbol{A} & \boldsymbol{0}_{6\times6} & \boldsymbol{0}_{6\times6} & \boldsymbol{0}_{6\times3} & \boldsymbol{0}_{6\times6} \\
\boldsymbol{0}_{6\times6} & \boldsymbol{0}_{6\times6} & \boldsymbol{0}_{6\times3} & \boldsymbol{0}_{6\times6} & \boldsymbol{A} & \boldsymbol{BK}^s & B & -\boldsymbol{BK}^s \\
\boldsymbol{L}_x^s & \boldsymbol{0}_{6\times6} & \boldsymbol{0}_{6\times3} & \boldsymbol{0}_{6\times6} & \boldsymbol{0}_{6\times6} & \boldsymbol{A}-\boldsymbol{L}_x^s & \boldsymbol{B} & \boldsymbol{0}_{6\times6} \\
\boldsymbol{L}_b^s & \boldsymbol{0}_{3\times6} & \boldsymbol{0}_{3\times3} & \boldsymbol{0}_{3\times6} & \boldsymbol{0}_{3\times6} & -\boldsymbol{L}_a^s & \boldsymbol{0}_{3\times3} & \boldsymbol{0}_{3\times6} \\
\boldsymbol{0}_{6\times6} & \boldsymbol{0}_{6\times6} & \boldsymbol{0}_{6\times3} & \boldsymbol{0}_{6\times6} & \boldsymbol{0}_{6\times6} & \boldsymbol{0}_{6\times6} & \boldsymbol{0}_{6\times3} & \boldsymbol{A}
\end{bmatrix}
\begin{bmatrix} \boldsymbol{x} \\ \hat{\boldsymbol{x}} \\ \tilde{\boldsymbol{b}} \\ \bar{\boldsymbol{x}} \\ \boldsymbol{x}^* \\ \hat{\boldsymbol{x}}^s \\ \hat{\boldsymbol{a}}^s \\ \bar{\boldsymbol{x}}^s \end{bmatrix}
+
\begin{bmatrix}
\boldsymbol{0}_{6\times3} & \boldsymbol{0}_{6\times3} \\
\boldsymbol{0}_{6\times3} & \boldsymbol{0}_{6\times3} \\
\boldsymbol{0}_{3\times3} & \boldsymbol{0}_{3\times3} \\
\boldsymbol{B} & \boldsymbol{0}_{6\times3} \\
\boldsymbol{0}_{6\times3} & \boldsymbol{0}_{6\times3} \\
\boldsymbol{0}_{6\times3} & \boldsymbol{0}_{6\times3} \\
\boldsymbol{0}_{3\times3} & \boldsymbol{0}_{3\times3} \\
\boldsymbol{0}_{6\times3} & \boldsymbol{B}
\end{bmatrix}
\begin{bmatrix} \bar{\boldsymbol{a}} \\ \bar{\boldsymbol{a}}^s \end{bmatrix}
\tag{3.21}
$$

为避免式（3.21）所示的无人机—欺骗跟踪控制器模型中各个关键状态矢量$(\boldsymbol{x},\hat{\boldsymbol{x}},\bar{\boldsymbol{x}},\boldsymbol{x}^*,\hat{\boldsymbol{x}}^s,\bar{\boldsymbol{x}}^s)$的相似符号定义所引起的模糊概念，下面将根据式（3.21）中各关键状态矢量$(\boldsymbol{x},\hat{\boldsymbol{x}},\bar{\boldsymbol{x}},\boldsymbol{x}^*,\hat{\boldsymbol{x}}^s,\bar{\boldsymbol{x}}^s)$的主体对象（无人机或欺骗跟踪控制器）进行进一步的明确定义，如表 3.1 所列。

表 3.1 无人机—欺骗跟踪控制器模型中各个关键状态矢量的定义

获取状态矢量的主体对象	参数符号	参数定义
无人机	$\boldsymbol{x}$	无人机受到欺骗攻击后其真实的飞行状态信息
	$\hat{\boldsymbol{x}}$	无人机接收到欺骗卫星信号后，融合惯性导航数据后组合导航滤波器输出的飞行状态信息
	$\bar{\boldsymbol{x}}$	无人机根据飞行任务信息规划的参考轨迹
欺骗跟踪控制器	$\boldsymbol{x}^*$	欺骗跟踪控制器设计构造的虚假卫星信号
	$\hat{\boldsymbol{x}}^s$	欺骗跟踪控制器利用外部设备观测估算的无人机真实飞行状态信息
	$\bar{\boldsymbol{x}}^s$	欺骗跟踪控制器根据攻击目标规划的欺骗轨迹

3.2.2 无人机欺骗式干扰过程设计

根据 3.2.1 节分析，无人机会根据执行任务的要求预先规划一条参考轨迹$\bar{\boldsymbol{x}}=[\bar{\boldsymbol{r}} \quad \bar{\boldsymbol{v}}]^{\mathrm{T}}$，同时欺骗跟踪控制器也会相应地规划出一条欺骗轨迹$\bar{\boldsymbol{x}}^s=[\bar{\boldsymbol{r}}^s \quad \bar{\boldsymbol{v}}^s]^{\mathrm{T}}$。在 INS/GNSS 组合导航模式下的无人机欺骗方法主要是通过施加虚假卫星信号到无人机系统中迫使其远离参考轨迹，而缓慢逼近欺骗轨迹。

下面给出 k 时刻在 INS/GNSS 组合导航模式下对无人机实施欺骗式干扰的具体过程。

步骤一：由于攻击方需要根据无人机真实状态 $\boldsymbol{x}=[\boldsymbol{r} \quad \boldsymbol{v}]^{\mathrm{T}}$ 与原定参考目标点$\bar{\boldsymbol{x}}=[\bar{\boldsymbol{r}} \quad \bar{\boldsymbol{v}}]^{\mathrm{T}}$之间的偏差，实时调整产生的虚假卫星信号。因此，实时掌握无人机当前时刻真实运动的状态信息 $\boldsymbol{x}(k)$ 是欺骗跟踪控制器实施精确位置偏移攻击的前提。

图 3.4 描述了欺骗跟踪控制器利用式（3.13）对无人机真实状态估计的效果图。可以看出，欺骗跟踪控制器的无人机状态估计值$\hat{\boldsymbol{x}}^s=[\hat{\boldsymbol{r}}^s \quad \hat{\boldsymbol{v}}^s]^{\mathrm{T}}$与真实状态 $\boldsymbol{x}=[\boldsymbol{r} \quad \boldsymbol{v}]^{\mathrm{T}}$ 之间存在小范围的偏差，但不会影响$\hat{\boldsymbol{a}}^s$ 的控制效果趋势。

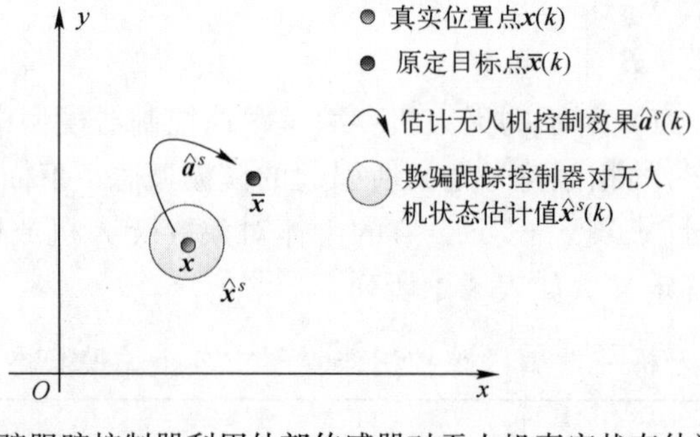

图 3.4　欺骗跟踪控制器利用外部传感器对无人机真实状态估计的效果图

步骤二：产生虚假欺骗信号的目的是使无人机始终跟踪攻击方设定的目标飞行状态$\bar{\boldsymbol{x}}^s(k)$。如式（3.15）描述了如何利用观测得到的无人机真实飞行状态和欺骗控制输入量获得虚假欺骗信号。同时，虚假欺骗信号的位置和速度信号可根据积分运算求得，如式（3.16）所示。

图 3.5 中描述了在对无人机实施欺骗攻击过程中关键位置点与相关矢量之间的关系。

图 3.6 描述了当无人机接收到虚假卫星信号后的运动趋势。

如图 3.5 和图 3.6 所示，无人机系统在接收到式（3.15）和式（3.16）所设计的虚假卫星信号后，组合导航输出结果会使无人机误以为它在另外一个

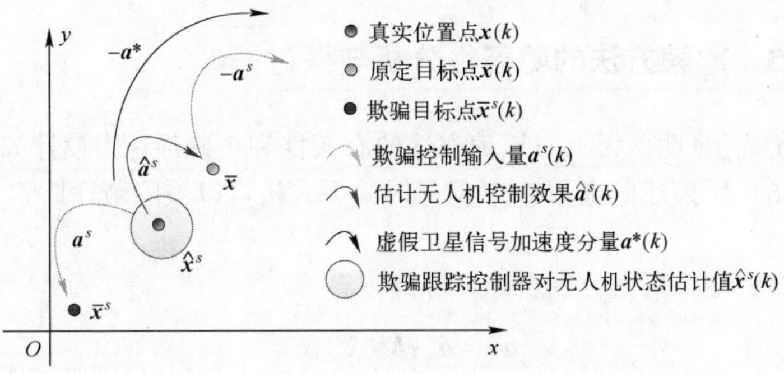

图 3.5 关键位置点与相关矢量之间的关系

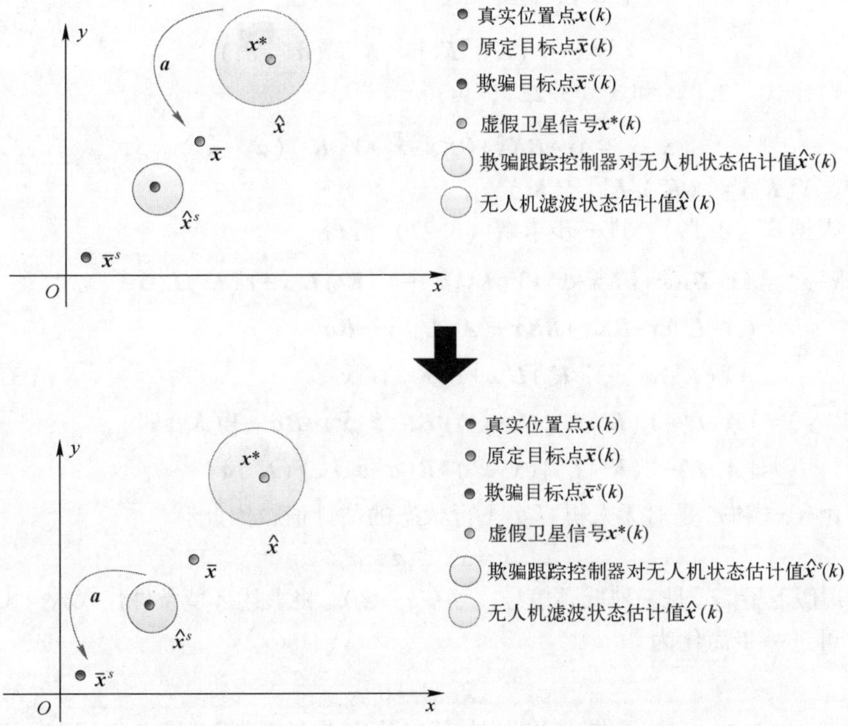

图 3.6 无人机接收到虚假卫星信号后的运动趋势（见彩插）

位置点 $\boldsymbol{x}^*(k)$（橙色圆圈区域），而不是在真实位置点 $\boldsymbol{x}(k)$ 处（绿色圆圈区域）。此时，无人机会产生控制输入 $\boldsymbol{a}(k)$ 使得其接近原定的目标位置点 $\bar{\boldsymbol{x}}(k)$。然而当该控制输入 $\boldsymbol{a}(k)$ 作用到真实状态 $\boldsymbol{x}(k)$ 后，会使无人机跟踪欺骗目标点 $\bar{\boldsymbol{x}}^s(k)$。循环往复，无人机将会在接收到虚假卫星信号后，偏离参考轨迹而缓慢靠近欺骗轨迹。

3.2.3 欺骗方法的隐蔽性分析与探讨

下面将理论证明该无人机欺骗方法的有效性和正确性：当设计如式（3.15）和式（3.16）所描述的虚假 GPS 信号时，无人机可以被隐蔽性欺骗。

证明：

对式（3.15）两边分别求导，可得

$$\dot{\boldsymbol{a}}^*=\dot{\hat{\boldsymbol{a}}}^e+\boldsymbol{K}^s(\dot{\hat{\boldsymbol{x}}}^e-\dot{\overline{\boldsymbol{x}}}^s)$$

根据式（3.12）进一步求解可得

$$\begin{aligned}\dot{\overline{\boldsymbol{x}}}^s&=\boldsymbol{A}\overline{\boldsymbol{x}}^s+\boldsymbol{B}\overline{\boldsymbol{a}}^s\\&=\dot{\hat{\boldsymbol{x}}}^e-[(\boldsymbol{K}^s)^{\mathrm{T}}\boldsymbol{K}^s]^{-1}(\boldsymbol{K}^s)^{\mathrm{T}}(\dot{\boldsymbol{a}}^*-\dot{\hat{\boldsymbol{a}}}^e)\end{aligned}\tag{3.22}$$

对比式（3.8）和式（3.22），可得

$$\dot{\boldsymbol{x}}-\dot{\overline{\boldsymbol{x}}}^s=\boldsymbol{A}\boldsymbol{x}-\boldsymbol{B}\boldsymbol{K}\hat{\boldsymbol{x}}+\boldsymbol{B}\boldsymbol{K}\overline{\boldsymbol{x}}-\dot{\hat{\boldsymbol{x}}}^e+\boldsymbol{\Upsilon}(\boldsymbol{K}^s)(\dot{\boldsymbol{a}}^*-\dot{\hat{\boldsymbol{a}}}^e)\tag{3.23}$$

其中，$\boldsymbol{\Upsilon}(\boldsymbol{K}^s)=[(\boldsymbol{K}^s)^{\mathrm{T}}\boldsymbol{K}^s]^{-1}(\boldsymbol{K}^s)^{\mathrm{T}}$。

根据式（3.19），进一步求解（3.23）可得

$$\begin{aligned}\dot{\boldsymbol{x}}-\dot{\overline{\boldsymbol{x}}}^s&=\boldsymbol{A}\boldsymbol{x}-\boldsymbol{B}\boldsymbol{K}\hat{\boldsymbol{x}}+\boldsymbol{B}\boldsymbol{K}\overline{\boldsymbol{x}}-\dot{\hat{\boldsymbol{x}}}^e+\boldsymbol{\Upsilon}(\boldsymbol{K}^s)\dot{\boldsymbol{a}}^*-\boldsymbol{\Upsilon}(\boldsymbol{K}^s)\boldsymbol{L}_a^e\boldsymbol{x}+\boldsymbol{\Upsilon}(\boldsymbol{K}^s)\boldsymbol{L}_a^e\hat{\boldsymbol{x}}^e\\&=(\boldsymbol{A}-\boldsymbol{L}_x^e)\boldsymbol{x}-\boldsymbol{B}\boldsymbol{K}\hat{\boldsymbol{x}}+\boldsymbol{B}\boldsymbol{K}\overline{\boldsymbol{x}}-(\boldsymbol{A}-\boldsymbol{L}_x^e)\hat{\boldsymbol{x}}^e-\boldsymbol{B}\hat{\boldsymbol{a}}^e\\&\quad+\boldsymbol{\Upsilon}(\boldsymbol{K}^s)\dot{\boldsymbol{a}}^*-\boldsymbol{\Upsilon}(\boldsymbol{K}^s)\boldsymbol{L}_a^e\boldsymbol{x}+\boldsymbol{\Upsilon}(\boldsymbol{K}^s)\boldsymbol{L}_a^e\hat{\boldsymbol{x}}^e\\&=[\boldsymbol{A}-\boldsymbol{L}_x^e-\boldsymbol{\Upsilon}(\boldsymbol{K}^s)\boldsymbol{L}_a^e](\boldsymbol{x}-\hat{\boldsymbol{x}}^e)-\boldsymbol{B}\boldsymbol{K}(\hat{\boldsymbol{x}}-\overline{\boldsymbol{x}})-\boldsymbol{B}\hat{\boldsymbol{a}}^e+\boldsymbol{\Upsilon}(\boldsymbol{K}^s)\dot{\boldsymbol{a}}^*\\&=[\boldsymbol{A}-\boldsymbol{L}_x^e-\boldsymbol{\Upsilon}(\boldsymbol{K}^s)\boldsymbol{L}_a^e](\boldsymbol{x}-\hat{\boldsymbol{x}}^e)+\boldsymbol{B}(\boldsymbol{a}-\hat{\boldsymbol{a}}^e)+\boldsymbol{\Upsilon}(\boldsymbol{K}^s)\dot{\boldsymbol{a}}^*\end{aligned}\tag{3.24}$$

由于$\hat{\boldsymbol{x}}^e$ 和$\hat{\boldsymbol{a}}^e$ 是对无人机真实飞行状态的估计值，因此有

$$\boldsymbol{x}\approx\hat{\boldsymbol{x}}^e,\quad \boldsymbol{a}\approx\hat{\boldsymbol{a}}^e$$

同时虚假卫星信号是一种低频信号，存在$\dot{\boldsymbol{a}}^*\approx 0$。将上述环境条件代入式（3.24）中，可进一步简化为

$$\dot{\boldsymbol{x}}-\dot{\overline{\boldsymbol{x}}}^s\approx 0\tag{3.25}$$

根据式（3.25）可以推断，当初始真实状态与欺骗轨迹起点相同时，无人机跟踪欺骗目标点，即达到欺骗位置偏移的目的，从而验证欺骗方法的有效性。

对式（3.7）进行求导运算，可得

$$\dot{\boldsymbol{a}}=-\boldsymbol{K}(\dot{\hat{\boldsymbol{x}}}-\dot{\overline{\boldsymbol{x}}})$$

进一步求解，可得

$$\dot{\hat{\boldsymbol{x}}}-\dot{\overline{\boldsymbol{x}}}=-(\boldsymbol{K}^{\mathrm{T}}\boldsymbol{K})\boldsymbol{K}^{\mathrm{T}}\dot{\boldsymbol{a}}\tag{3.26}$$

当无人机飞行稳定时，控制器产生的加速度近似是一个常数，即$\dot{\boldsymbol{a}}\approx 0$，

则有

$$\dot{\hat{x}}-\dot{\bar{x}}\approx 0 \tag{3.27}$$

根据式（3.27）可以推断，当无人机滤波器的初始估计状态与参考轨迹的起点相同时，INS/GNSS 组合导航滤波估计器输出始终围绕原始参考轨迹。

隐蔽性欺骗是指无人机在接收到虚假卫星信号后虽然其真实飞行状态跟踪欺骗轨迹，但是其组合导航输出仍然接近参考轨迹。结合式（3.25）和式（3.27）可得，引入如式（3.15）和式（3.16）所描述的虚假卫星信号可实现无人机的隐蔽性欺骗。

综合整个欺骗方法实现过程，可得如图 3.7 所示的原理结构框图。

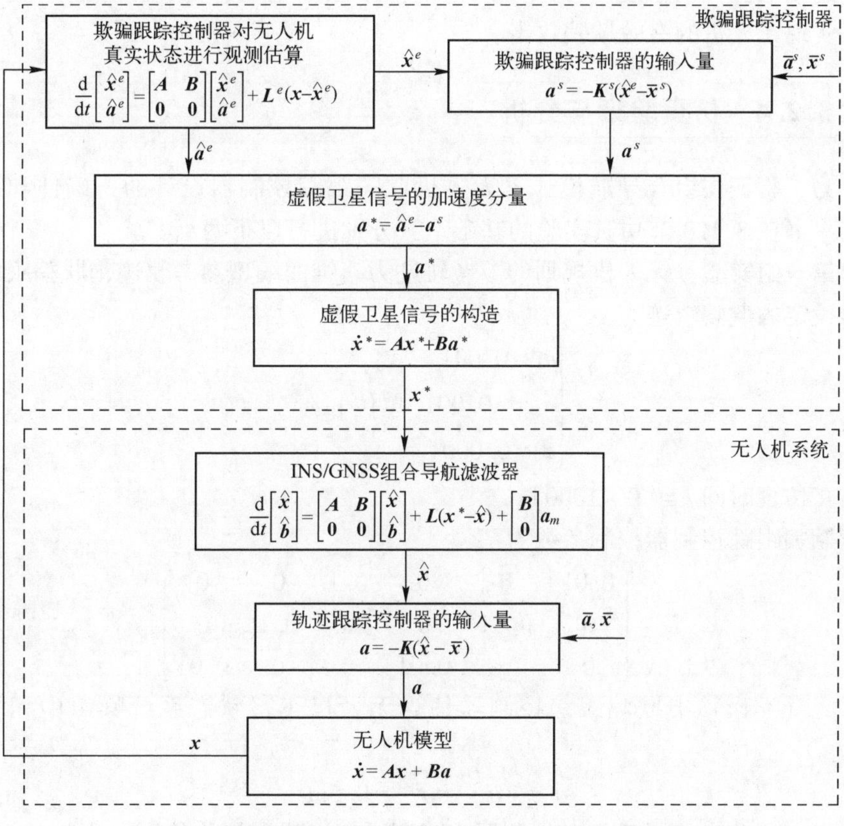

图 3.7　在组合导航模式下的无人机欺骗跟踪控制方法原理结构框图

进一步分析可得到以下结论。

（1）欺骗方法的实现需要有一个不同于卫星导航系统的外部设备对无人机的真实状态进行观测估计。由式（3.12）和式（3.13）可知，在计算虚假卫星信号的加速度控制分量 a^* 时，需要预先知道无人机的真实飞行状态，这些量可通过除卫星之外的外部传感器测量窃取获得，如雷达和激光测速仪。

（2）精确的位置欺骗偏移需要对虚假卫星信号进行设计构造。从步骤二可知，虚假卫星信号 $\boldsymbol{x}^*$ 是通过虚假卫星信号的加速度信息 $\boldsymbol{a}^*$（控制输入量）积分求得的，同时虚假控制输入量 $\boldsymbol{a}^*$ 的求取，需要在无人机真实控制输入量 $\hat{\boldsymbol{a}}^s$ 中加入相反的欺骗轨迹跟踪控制器 $\boldsymbol{a}^s$ 的影响。

（3）无人机的欺骗攻击是通过施加虚假卫星信号实现的。虚假卫星信号与无人机惯性系统测得的信号进行组合导航滤波数据融合，产生错误的无人机估计信息，这个错误的无人机估计信息会如图 3.6 所描述的产生新的控制量，叠加到无人机控制系统中导致无人机不再跟踪原定目标点，而靠近欺骗目标点，实现无人机的有效欺骗攻击。

3.2.4 仿真验证与分析

为了验证在组合导航模式下无人机欺骗跟踪控制器设计的正确性和有效性，本书在 3.1.3 节仿真实验的基础上，分别进行以下两组实验。

第一组实验：无人机规划的参考轨迹为三维曲线型参考轨迹，欺骗跟踪控制器设定的欺骗轨迹为

$$\begin{cases}\bar{\boldsymbol{a}}_x = 0.001\\ \bar{\boldsymbol{a}}_y = -0.001(\text{单位 m/s}^2)\\ \bar{\boldsymbol{a}}_z = 0.0001\end{cases}$$

式中：仿真时间 $t \in [0 \quad 1000]$ s。

欺骗跟踪控制器控制参数为

$$\boldsymbol{K}^s = \begin{bmatrix} 0.01 & 0 & 0 & 0.1 & 0 & 0\\ 0 & 0.01 & 0 & 0 & 0.1 & 0\\ 0 & 0 & 0.01 & 0 & 0 & 0.01\end{bmatrix}$$

式（3.14）中欺骗跟踪控制器估算无人机飞行状态系统噪声中相关参数为

$$\sigma_{a,x} = \sigma_{a,y} = \sigma_{a,z} = 0.5\text{m/s}^2$$

式（3.14）中欺骗跟踪控制器中观测噪声矩阵中相关参数为

$$\sigma^s_{r,x} = \sigma^s_{r,y} = \sigma^s_{r,z} = 2\text{m}, \quad \sigma^s_{v,x} = \sigma^s_{v,y} = \sigma^s_{v,z} = 0.3\text{m/s}$$

图 3.8 给出了在欺骗跟踪控制器作用下无人机跟踪三维曲线型轨迹的效果图，图 3.9~图 3.11 给出了任意两个方向的二维投影欺骗效果图。

从图 3.8~图 3.11 中可以看出，无人机在欺骗跟踪控制器的作用下能够在任何方向上都跟踪欺骗轨迹运动，且无人机 INS/GNSS 组合导航滤波器估计轨

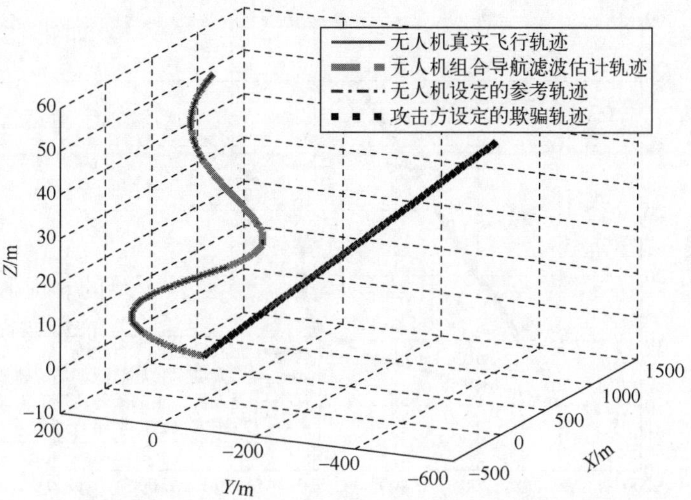

图 3.8　在欺骗跟踪控制器作用下无人机跟踪三维曲线型轨迹的效果图（见彩插）

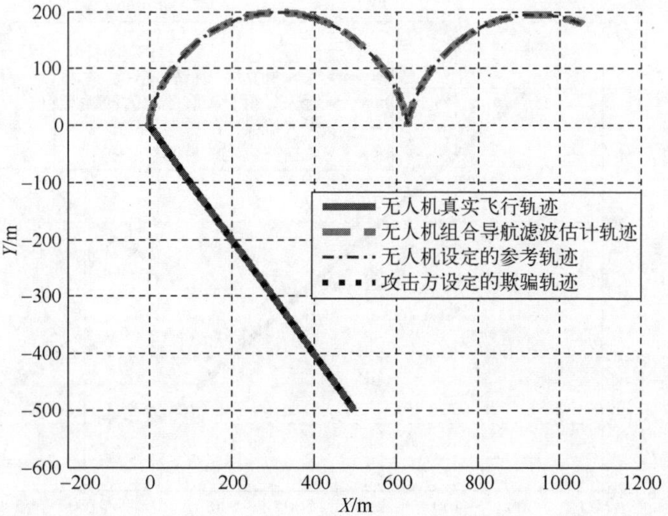

图 3.9　第一组实验环境下 X 轴和 Y 轴方向上的无人机被欺骗效果图（见彩插）

迹仍输出无人机原定的参考轨迹，达到了欺骗的目的。

第二组实验：沿用第一组实验中关于欺骗跟踪控制器中关于系统噪声和观测噪声的参数设置，设定新的折线型欺骗轨迹为

$$\begin{cases}\bar{\boldsymbol{a}}_x = 0.001 \\ \bar{\boldsymbol{a}}_y = -0.001\text{（单位为 m/s}^2\text{），其中仿真时间 } t \in [0 \quad 1000]\,\text{s} \\ \bar{\boldsymbol{a}}_z = 0.006\end{cases}$$

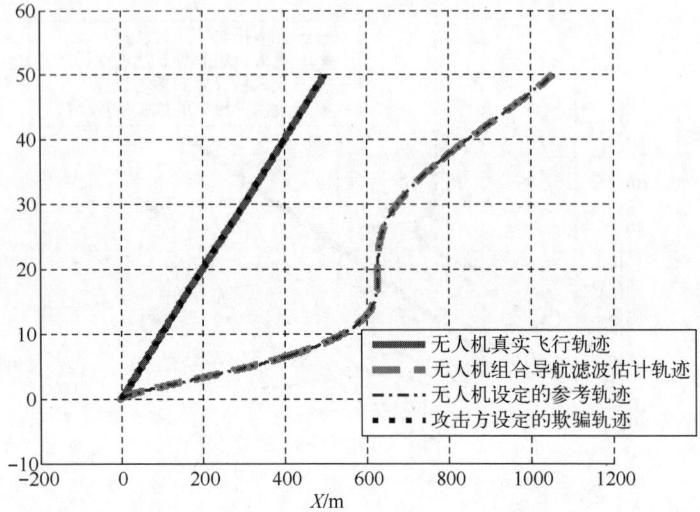

图 3.10　第一组实验环境下 X 轴和 Z 轴方向上的无人机被欺骗效果图（见彩插）

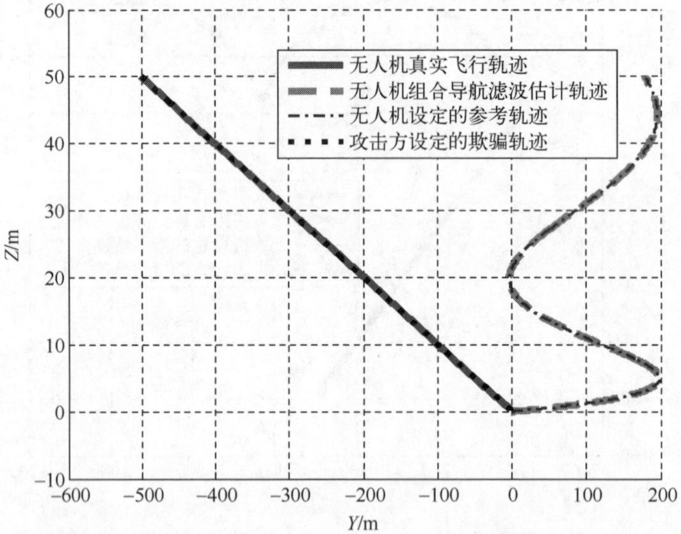

图 3.11　第一组实验环境下 Y 轴和 Z 轴方向上的无人机被欺骗效果图（见彩插）

图 3.12～图 3.15 给出了在欺骗跟踪控制器作用下无人机跟踪三维折线型轨迹欺骗效果以及任意两个方向的二维投影效果图。可以看出，在欺骗跟踪控制器作用下，无人机跟踪折线型欺骗轨迹也能取得相同隐蔽性欺骗效果。

上述仿真结果验证了 3.2.1 节设计的欺骗跟踪控制器的正确性和有效性。因此，当攻击方明确欺骗目标终止点并规划出一条连接其与攻击初始时刻位置点之间的欺骗轨迹时，可利用该欺骗跟踪控制器使无人机在无意识情况下跟踪欺骗轨迹并准确到达指定的欺骗目标终止点，即实现无人机的精确定点位置欺骗偏移。

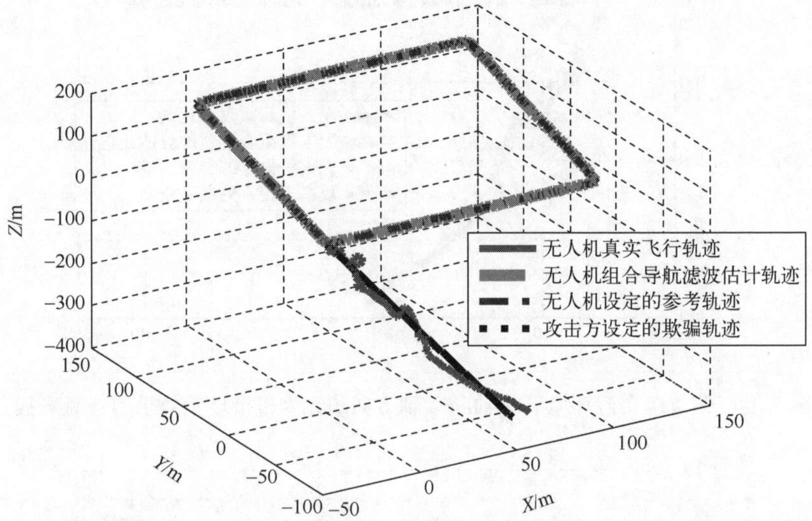

图 3. 12　在欺骗跟踪控制器作用下无人机跟踪三维折线型轨迹的效果图（见彩插）

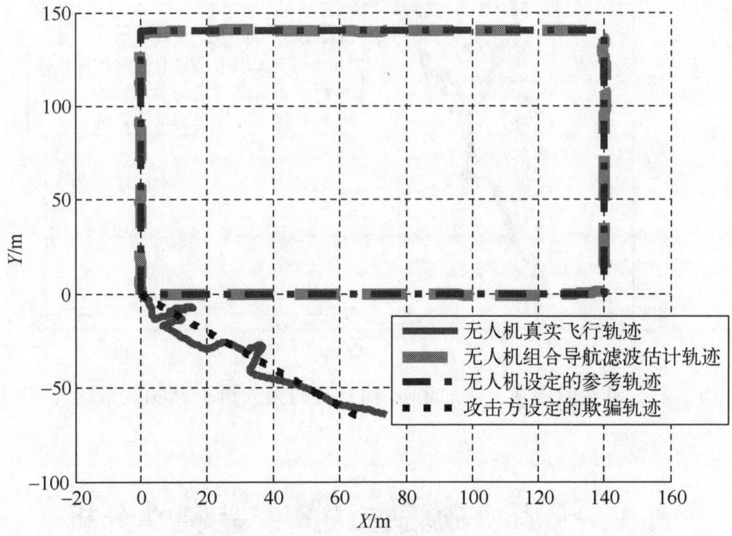

图 3. 13　第二组实验环境下 X 轴和 Y 轴方向的无人机被欺骗效果图（见彩插）

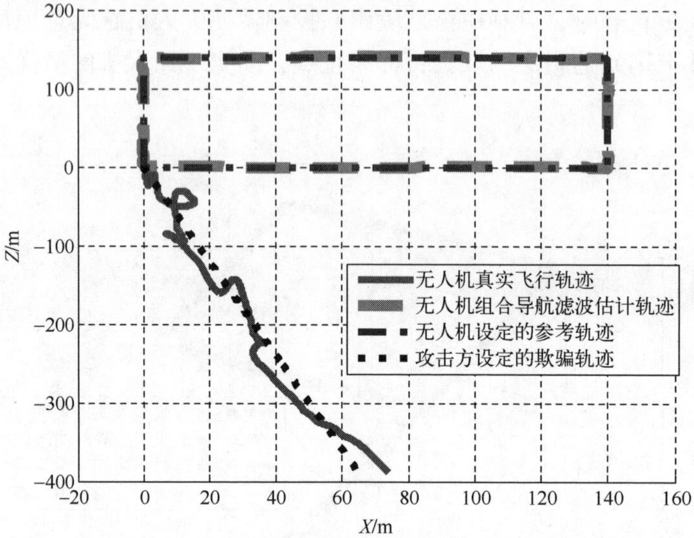

图 3.14　第二组实验环境下 X 轴和 Z 轴方向的无人机被欺骗效果图（见彩插）

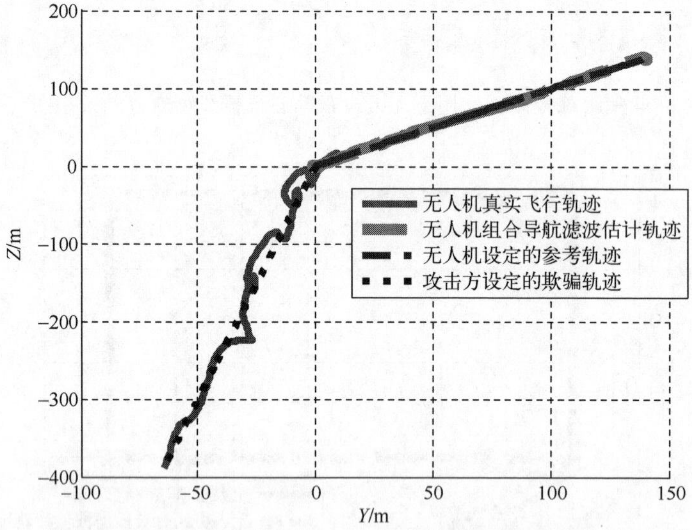

图 3.15　第二组实验环境下 Y 轴和 Z 轴方向的无人机被欺骗效果图（见彩插）

3.3　无人机欺骗方法的误差特性分析

欺骗跟踪控制器实时估计无人机飞行状态不可避免地存在初始误差，会对无人机欺骗效果产生一定的影响。据此，本节将从无人机欺骗跟踪控制系统的运动规律分析着手，首先分析系统矩阵特征值的重置状态，将系统矩阵转化为对角型矩阵或约当块型矩阵；然后根据系统矩阵特征值的分布，分析系统矩阵的指数函数各个元素的收敛性；最后根据系统矩阵的指数函数的收敛结果，分析无人机欺骗方法的误差特性，进而研究相关参数的设置与欺骗方法适应性之间的对应关系。

3.3.1　欺骗跟踪控制器估计无人机初始状态误差的影响机理分析

假设欺骗跟踪控制器估计无人机飞行状态存在初始误差 ξ，即

$$\hat{\boldsymbol{\chi}}^s(0)=\hat{\boldsymbol{x}}^s(0)+\boldsymbol{\xi} \tag{3.28}$$

式中：$\hat{\boldsymbol{\chi}}^s(0)$为包含初始状态误差 ξ 的欺骗跟踪控制器估计无人机状态的初始值。

将式（3.28）代入式（3.21），可得

$$\frac{\mathrm{d}}{\mathrm{d}t}\begin{bmatrix}\boldsymbol{\chi}\\ \hat{\boldsymbol{\chi}}\\ \tilde{\boldsymbol{\delta}}\\ \bar{\boldsymbol{\chi}}\\ \boldsymbol{\chi}^*\\ \hat{\boldsymbol{\chi}}^s\\ \hat{\boldsymbol{\alpha}}^s\\ \bar{\boldsymbol{\chi}}^s\end{bmatrix}_{t=0}=\begin{bmatrix}\boldsymbol{A} & -\boldsymbol{BK} & \boldsymbol{0}_{6\times3} & \boldsymbol{BK} & \boldsymbol{0}_{6\times6} & \boldsymbol{0}_{6\times6} & \boldsymbol{0}_{6\times3} & \boldsymbol{0}_{6\times6}\\ \boldsymbol{0}_{6\times6} & \boldsymbol{A}-\boldsymbol{L}_x-\boldsymbol{BK} & \boldsymbol{B} & \boldsymbol{BK} & \boldsymbol{L}_x & \boldsymbol{0}_{6\times6} & \boldsymbol{0}_{6\times3} & \boldsymbol{0}_{6\times6}\\ \boldsymbol{0}_{3\times6} & -\boldsymbol{L}_b & \boldsymbol{0}_{3\times3} & \boldsymbol{0}_{3\times6} & \boldsymbol{L}_b & \boldsymbol{0}_{3\times6} & \boldsymbol{0}_{3\times3} & \boldsymbol{0}_{3\times6}\\ \boldsymbol{0}_{6\times6} & \boldsymbol{0}_{6\times6} & \boldsymbol{0}_{6\times3} & \boldsymbol{A} & \boldsymbol{0}_{6\times6} & \boldsymbol{0}_{6\times6} & \boldsymbol{0}_{6\times3} & \boldsymbol{0}_{6\times6}\\ \boldsymbol{0}_{6\times6} & \boldsymbol{0}_{6\times6} & \boldsymbol{0}_{6\times3} & \boldsymbol{0}_{6\times6} & \boldsymbol{A} & \boldsymbol{BK}^s & \boldsymbol{B} & -\boldsymbol{BK}^s\\ \boldsymbol{L}_x^s & \boldsymbol{0}_{6\times6} & \boldsymbol{0}_{6\times3} & \boldsymbol{0}_{6\times6} & \boldsymbol{0}_{6\times6} & \boldsymbol{A}-\boldsymbol{L}_x^s & \boldsymbol{B} & \boldsymbol{0}_{4\times4}\\ \boldsymbol{L}_b^s & \boldsymbol{0}_{3\times6} & \boldsymbol{0}_{3\times3} & \boldsymbol{0}_{3\times6} & \boldsymbol{0}_{3\times6} & -\boldsymbol{L}_b^s & \boldsymbol{0}_{3\times3} & \boldsymbol{0}_{3\times6}\\ \boldsymbol{0}_{6\times6} & \boldsymbol{0}_{6\times6} & \boldsymbol{0}_{6\times3} & \boldsymbol{0}_{6\times6} & \boldsymbol{0}_{6\times6} & \boldsymbol{0}_{6\times6} & \boldsymbol{0}_{6\times3} & \boldsymbol{A}\end{bmatrix}\left(\begin{bmatrix}\boldsymbol{x}\\ \hat{\boldsymbol{x}}\\ \tilde{\boldsymbol{b}}\\ \bar{\boldsymbol{x}}\\ \boldsymbol{x}^*\\ \hat{\boldsymbol{x}}^s\\ \hat{\boldsymbol{a}}^s\\ \bar{\boldsymbol{x}}^s\end{bmatrix}_{t=0}+\begin{bmatrix}0\\0\\0\\0\\0\\ \boldsymbol{\xi}\\0\\0\end{bmatrix}\right)+\begin{bmatrix}\boldsymbol{0}_{6\times3} & \boldsymbol{0}_{6\times3}\\ \boldsymbol{0}_{6\times3} & \boldsymbol{0}_{6\times3}\\ \boldsymbol{0}_{3\times3} & \boldsymbol{0}_{3\times3}\\ \boldsymbol{B} & \boldsymbol{0}_{6\times3}\\ \boldsymbol{0}_{6\times3} & \boldsymbol{0}_{6\times3}\\ \boldsymbol{0}_{6\times3} & \boldsymbol{0}_{6\times3}\\ \boldsymbol{0}_{3\times3} & \boldsymbol{0}_{3\times3}\\ \boldsymbol{0}_{6\times3} & \boldsymbol{B}\end{bmatrix}\begin{bmatrix}\bar{\boldsymbol{a}}\\ \bar{\boldsymbol{a}}^s\end{bmatrix}_{t=0} \tag{3.29}$$

式中：$\boldsymbol{\chi}$、$\hat{\boldsymbol{\alpha}}^s$ 分别为欺骗跟踪控制器受到 ξ 冲击作用后估计的无人机飞行状态向量和加速度分量信息；$\tilde{\boldsymbol{\delta}}$为加速度计常值零偏的估计误差。

对比式（3.29）和式（3.21），可得

$$\frac{\mathrm{d}}{\mathrm{d}t}\begin{bmatrix}\boldsymbol{\chi}\\ \hat{\boldsymbol{\chi}}\\ \widetilde{\boldsymbol{\delta}}\\ \overline{\boldsymbol{\chi}}\\ \boldsymbol{\chi}^{*}\\ \hat{\boldsymbol{\chi}}^{s}\\ \hat{\boldsymbol{\alpha}}^{s}\\ \overline{\boldsymbol{\chi}}^{s}\end{bmatrix}_{t=0}-\frac{\mathrm{d}}{\mathrm{d}t}\begin{bmatrix}\boldsymbol{x}\\ \hat{\boldsymbol{x}}\\ \widetilde{\boldsymbol{b}}\\ \overline{\boldsymbol{x}}\\ \boldsymbol{x}^{*}\\ \hat{\boldsymbol{x}}^{s}\\ \hat{\boldsymbol{a}}^{s}\\ \overline{\boldsymbol{x}}^{s}\end{bmatrix}_{t=0}=\begin{bmatrix}0\\ 0\\ 0\\ 0\\ \boldsymbol{BK}^{s}\xi\\ (\boldsymbol{A}-\boldsymbol{L}_{x}^{s})\xi\\ -\boldsymbol{L}_{a}^{s}\xi\\ 0\end{bmatrix} \tag{3.30}$$

式（3.30）意味着，ξ 不仅使欺骗跟踪控制器估计无人机的飞行状态矢量$\hat{\boldsymbol{\chi}}^{s}$具有初始误差扰动$(\boldsymbol{A}-\boldsymbol{L}_{x}^{s})\xi$，而且在系统矩阵 $\boldsymbol{A}-\boldsymbol{L}_{x}^{s}$ 的作用下使构造的虚假卫星信号 $\boldsymbol{x}^{*}$ 和欺骗跟踪控制器估计无人机的飞行加速度分量信息$\hat{\boldsymbol{a}}^{s}$有偏差。

根据式（3.2）可知：

$$\dot{\hat{\boldsymbol{x}}}=(\boldsymbol{A}-\boldsymbol{L}_{x}-\boldsymbol{BK})\hat{\boldsymbol{x}}+\boldsymbol{B}\widetilde{\boldsymbol{b}}+\boldsymbol{BK}\overline{\boldsymbol{x}}+\boldsymbol{L}_{x}\boldsymbol{x}^{*} \tag{3.31}$$

即 $\boldsymbol{x}^{*}$ 的偏差效果会使无人机自身滤波估计飞行状态信息$\hat{\boldsymbol{x}}$发生变化。

同时无人机的飞行状态满足：

$$\dot{\boldsymbol{x}}=\boldsymbol{A}\boldsymbol{x}-\boldsymbol{BK}\hat{\boldsymbol{x}}+\boldsymbol{BK}\overline{\boldsymbol{x}} \tag{3.32}$$

故$\hat{\boldsymbol{x}}$的偏差效果会影响无人机真实飞行状态 $\boldsymbol{x}$ 的输出。

根据式（3.6）和式（3.12）可知，参考轨迹$\overline{\boldsymbol{x}}$、欺骗轨迹$\overline{\boldsymbol{x}}^{s}$只和自身状态有关。也就是说，无论 ξ 如何变化，它都不会影响这两个状态矢量。

总而言之，根据上述分析可得出以下结论。

（1）$\boldsymbol{\xi}$ 直接会使欺骗跟踪控制器估计无人机真实的飞行状态信息产生误差扰动偏移；

（2）在系统矩阵 $\boldsymbol{A}-\boldsymbol{L}_{x}^{s}$ 的作用下，$\boldsymbol{\xi}$ 的存在间接会使系统其他状态矢量产生偏移，如 $\boldsymbol{x}^{*}$、$\hat{\boldsymbol{x}}$、$\boldsymbol{x}$；

（3）$\boldsymbol{\xi}$ 不会影响参考轨迹和欺骗轨迹中状态矢量（$\overline{\boldsymbol{x}}$、$\overline{\boldsymbol{x}}^{s}$）的输出。

3.3.2 欺骗跟踪控制器估计无人机初始状态误差的收敛性分析

通过对线性时不变系统的运动学分析[160-161]，根据式（3.21）和式（3.29）可得有或无初始状态误差 ξ 情况下欺骗跟踪控制器估计无人机的飞行状态分别为

$$\begin{aligned}\hat{\boldsymbol{x}}^{s}(t)=&\mathrm{e}^{(\boldsymbol{A}-\boldsymbol{L}_{x}^{s})t}\hat{\boldsymbol{x}}_{0}\\&+\int_{0}^{t}\mathrm{e}^{(\boldsymbol{A}-\boldsymbol{L}_{x}^{s})(t-\tau)}\left[\boldsymbol{B}\hat{\boldsymbol{a}}^{s}(\tau)+\boldsymbol{L}_{x}^{s}\boldsymbol{x}(\tau)\right]\mathrm{d}\tau\end{aligned} \tag{3.33}$$

$$
\begin{aligned}
\hat{\chi}^s(t) = & \mathrm{e}^{(A-\boldsymbol{L}_x^s)t}[\hat{\boldsymbol{x}}(0)+\xi] \\
& + \int_0^t \mathrm{e}^{(A-\boldsymbol{L}_x^s)(t-\tau)}[\boldsymbol{B}\hat{\boldsymbol{a}}^s(\tau)+\boldsymbol{L}_x^s\boldsymbol{x}(\tau)]\mathrm{d}\tau
\end{aligned} \tag{3.34}
$$

对比式（3.33）和式（3.34），可得

$$
\Delta\hat{\boldsymbol{x}}^s(t)=\hat{\boldsymbol{\chi}}^s(t)-\hat{\boldsymbol{x}}^s(t)=\mathrm{e}^{(A-\boldsymbol{L}_x^s)t}\xi \tag{3.35}
$$

下面将根据矩阵 $\boldsymbol{A}-\boldsymbol{L}_x^s$ 特征值的重根情况进行分析。

第一种情况：矩阵 $\boldsymbol{A}-\boldsymbol{L}_x^s$ 特征值两两相异，即

$$
\lambda_1 \neq \lambda_2 \neq \lambda_3 \neq \lambda_4 \neq \lambda_5 \neq \lambda_6 \leqslant 0
$$

使矩阵 $\boldsymbol{A}-\boldsymbol{L}_x^s$ 转化为对角线型矩阵的转换矩阵 $\boldsymbol{P}$ 以及其逆矩阵 $\boldsymbol{P}^{-1}$。

矩阵 $\boldsymbol{A}-\boldsymbol{L}_x^s$ 的指数函数算式可表达为

$$
\mathrm{e}^{(A-\boldsymbol{L}_x^s)t}=\boldsymbol{P}\begin{bmatrix}
\mathrm{e}^{\lambda_1 t} & 0 & 0 & 0 & 0 & 0 \\
0 & \mathrm{e}^{\lambda_2 t} & 0 & 0 & 0 & 0 \\
0 & 0 & \mathrm{e}^{\lambda_3 t} & 0 & 0 & 0 \\
0 & 0 & 0 & \mathrm{e}^{\lambda_4 t} & 0 & 0 \\
0 & 0 & 0 & 0 & \mathrm{e}^{\lambda_5 t} & 0 \\
0 & 0 & 0 & 0 & 0 & \mathrm{e}^{\lambda_6 t}
\end{bmatrix}\boldsymbol{P}^{-1} \tag{3.36}
$$

将转换矩阵 $\boldsymbol{P}$ 以及其逆矩阵 $\boldsymbol{P}^{-1}$ 代入式（3.36），可得

$$
\mathrm{e}^{(A-\boldsymbol{L}_x^s)t}=\begin{bmatrix}
c_{11} & c_{12} & c_{13} & c_{14} & c_{15} & c_{16} \\
c_{21} & c_{22} & c_{23} & c_{24} & c_{25} & c_{26} \\
c_{31} & c_{32} & c_{33} & c_{34} & c_{35} & c_{36} \\
c_{41} & c_{42} & c_{43} & c_{44} & c_{45} & c_{46} \\
c_{51} & c_{52} & c_{53} & c_{54} & c_{55} & c_{56} \\
c_{61} & c_{62} & c_{63} & c_{64} & c_{65} & c_{66}
\end{bmatrix} \tag{3.37}
$$

其中

$$
\begin{aligned}
c_{nm} &= a_{nm,1}\mathrm{e}^{\lambda_1 t}+a_{nm,2}\mathrm{e}^{\lambda_2 t}+a_{nm,3}\mathrm{e}^{\lambda_3 t}+a_{nm,4}\mathrm{e}^{\lambda_4 t}+a_{nm,5}\mathrm{e}^{\lambda_5 t}+a_{nm,6}\mathrm{e}^{\lambda_6 t} \\
&= \sum_{i=1}^{6} a_{nm,i}\mathrm{e}^{\lambda_i t}
\end{aligned}
$$

式中：$a_{nm,i}(i=1,2,3,4,5,6)$ 为 $c_{nm}(n,m=1,2,3,4,5,6)$ 中 $\mathrm{e}^{\lambda_i t}$ 项所对应的常值系数。

如果矩阵 $\boldsymbol{A}-\boldsymbol{L}_x^s$ 是非奇异矩阵，且它的所有特征值都具有非正实数，即

$$
\lambda_i \leqslant 0,\quad i=1,2,3,4,5,6
$$

则

$$
\lim_{t\to\infty}\mathrm{e}^{\lambda_i t}=0,\quad i=1,2,3,4,5,6
$$

然后求解 $e^{(A-L_x^s)t}$ 每个元素的收敛性，有

$$\lim_{t\to\infty} c_{nm} = \lim_{t\to\infty}\left[\sum_{i=1}^{6} a_{nm,i} e^{\lambda_i t}\right] = \sum_{i=1}^{6} a_{nm,i} \lim_{t\to\infty}\left[e^{\lambda_i t}\right] = 0$$

式中：$n,m=1,2,3,4,5,6$。

进一步求解 $\Delta\hat{x}^s$ 的收敛性，即

$$\begin{aligned}
\Delta\hat{x}_\infty &= \lim_{t\to\infty}\Delta\hat{x}(t) = \lim_{t\to\infty} e^{(A-L_x^s)t}\Delta\hat{x}_0 \\
&= \lim_{t\to\infty}\begin{bmatrix} c_{11} & c_{12} & c_{13} & c_{14} & c_{15} & c_{16} \\ c_{21} & c_{22} & c_{23} & c_{24} & c_{25} & c_{26} \\ c_{31} & c_{32} & c_{33} & c_{34} & c_{35} & c_{36} \\ c_{41} & c_{42} & c_{43} & c_{44} & c_{45} & c_{46} \\ c_{51} & c_{52} & c_{53} & c_{54} & c_{55} & c_{56} \\ c_{61} & c_{62} & c_{63} & c_{64} & c_{65} & c_{66} \end{bmatrix}\Delta\hat{x}_0 \\
&= \begin{bmatrix} \lim\limits_{t\to\infty} c_{11} & \lim\limits_{t\to\infty} c_{12} & \lim\limits_{t\to\infty} c_{13} & \lim\limits_{t\to\infty} c_{14} & \lim\limits_{t\to\infty} c_{15} & \lim\limits_{t\to\infty} c_{16} \\ \lim\limits_{t\to\infty} c_{21} & \lim\limits_{t\to\infty} c_{22} & \lim\limits_{t\to\infty} c_{23} & \lim\limits_{t\to\infty} c_{24} & \lim\limits_{t\to\infty} c_{25} & \lim\limits_{t\to\infty} c_{26} \\ \lim\limits_{t\to\infty} c_{31} & \lim\limits_{t\to\infty} c_{32} & \lim\limits_{t\to\infty} c_{33} & \lim\limits_{t\to\infty} c_{34} & \lim\limits_{t\to\infty} c_{35} & \lim\limits_{t\to\infty} c_{36} \\ \lim\limits_{t\to\infty} c_{41} & \lim\limits_{t\to\infty} c_{42} & \lim\limits_{t\to\infty} c_{43} & \lim\limits_{t\to\infty} c_{44} & \lim\limits_{t\to\infty} c_{45} & \lim\limits_{t\to\infty} c_{46} \\ \lim\limits_{t\to\infty} c_{51} & \lim\limits_{t\to\infty} c_{52} & \lim\limits_{t\to\infty} c_{53} & \lim\limits_{t\to\infty} c_{54} & \lim\limits_{t\to\infty} c_{55} & \lim\limits_{t\to\infty} c_{56} \\ \lim\limits_{t\to\infty} c_{61} & \lim\limits_{t\to\infty} c_{62} & \lim\limits_{t\to\infty} c_{63} & \lim\limits_{t\to\infty} c_{64} & \lim\limits_{t\to\infty} c_{65} & \lim\limits_{t\to\infty} c_{66} \end{bmatrix}\Delta\hat{x}_0 \\
&= 0
\end{aligned}$$

即

$$\Delta\hat{x}_\infty^s = \lim_{t\to\infty} e^{(A-L_x^s)t}\xi = 0 \tag{3.38}$$

第二种情况：矩阵 $A-L_x^s$ 特征值存在重值。设置矩阵 $A-L_x^s$ 的特征值情况为

$$\lambda_1(\sigma_1,\delta_1),\cdots,\lambda_i(\sigma_i,\delta_i),\cdots,\lambda_l(\sigma_l,\delta_l)$$

式中：σ_i、$\delta_i(i=1,2,\cdots,l)$ 分别为特征值的几何重数和代数重数，且 $\sigma_1+\sigma_2+\cdots+\sigma_l=6$；$P$ 为使矩阵转化为约当块型的转换矩阵，即

$$A-L_x^s = P\begin{bmatrix} J_1 & & & & \\ & \ddots & & & \\ & & J_i & & \\ & & & \ddots & \\ & & & & J_l \end{bmatrix}P^{-1}$$

且

$$
\boldsymbol{J}_i=\begin{bmatrix}\lambda_i & 1 & & & \\ & \lambda_i & 1 & & \\ & & \ddots & \ddots & \\ & & & \lambda_i & 1 \\ & & & & \lambda_i\end{bmatrix}_{\sigma_i\times\sigma_i}
$$

进一步求解矩阵 $\boldsymbol{A}-\boldsymbol{L}_x^s$ 的指数函数算式为

$$
\mathrm{e}^{(A-L_x^s)t}=\boldsymbol{P}\begin{bmatrix}
\begin{matrix}\mathrm{e}^{\lambda_1 t} & t\mathrm{e}^{\lambda_1 t} & \cdots & \dfrac{1}{\sigma_1}t^{\sigma_1}\mathrm{e}^{\lambda_1 t}\\ 0 & \mathrm{e}^{\lambda_1 t} & \cdots & \dfrac{1}{\sigma_1-1}t^{\sigma_1-1}\mathrm{e}^{\lambda_1 t}\\ 0 & 0 & \ddots & \vdots\\ 0 & \cdots & 0 & \mathrm{e}^{\lambda_1 t}\end{matrix} & & & \\
& \ddots & & \\
& & \begin{matrix}\mathrm{e}^{\lambda_i t} & t\mathrm{e}^{\lambda_i t} & \cdots & \dfrac{1}{\sigma_i}t^{\sigma_i}\mathrm{e}^{\lambda_i t}\\ & \mathrm{e}^{\lambda_i t} & \cdots & \dfrac{1}{\sigma_i-1}t^{\sigma_i-1}\mathrm{e}^{\lambda_i t}\\ & & \ddots & \vdots\\ & & & \mathrm{e}^{\lambda_i t}\end{matrix} & \\
& & & \ddots
\end{bmatrix}\boldsymbol{P}^{-1}
$$

$$
=\begin{bmatrix}c_{11} & c_{12} & c_{13} & c_{14} & c_{15} & c_{16}\\ c_{21} & c_{22} & c_{23} & c_{24} & c_{25} & c_{26}\\ c_{31} & c_{32} & c_{33} & c_{34} & c_{35} & c_{36}\\ c_{41} & c_{42} & c_{43} & c_{44} & c_{45} & c_{46}\\ c_{51} & c_{52} & c_{53} & c_{54} & c_{55} & c_{56}\\ c_{61} & c_{62} & c_{63} & c_{64} & c_{65} & c_{66}\end{bmatrix} \tag{3.39}
$$

式中：$c_{mn}=\sum\limits_{p=0}^{\sigma_1}a_p\dfrac{1}{p}t^p\mathrm{e}^{\lambda_1 t}+\cdots+\sum\limits_{q=0}^{\sigma_i}b_q\dfrac{1}{q}t^q\mathrm{e}^{\lambda_i t}+\cdots+\sum\limits_{r=0}^{\sigma_l}c_r\dfrac{1}{r}t^r\mathrm{e}^{\lambda_l t}(m,n=1,2,3,4,5,6)$，$a_p(p=1,2,\cdots,\sigma_1)$、$\cdots$、$b_q(q=1,2,\cdots,\sigma_i)$、$\cdots$、$c_r(r=1,2,\cdots,\sigma_l)$ 分别为 c_{nm} 中与 $\mathrm{e}^{\lambda_i t}$ 项有关项所对应的常值系数。

由于

$$
\lim_{t\to\infty}\sum_{n=0}^{\sigma_i}\frac{1}{n}t^n\mathrm{e}^{\lambda_i t}=0
$$

因此有

$$
\begin{aligned}
\lim_{t\to\infty} c_{mn} &= \lim_{t\to\infty}\left\{\sum_{p=0}^{\sigma_1} a_p \frac{1}{p} t^p \mathrm{e}^{\lambda_1 t} + \cdots + \sum_{q=0}^{\sigma_i} b_q \frac{1}{q} t^q \mathrm{e}^{\lambda_i t} + \cdots + \sum_{r=0}^{\sigma_l} c_r \frac{1}{r} t^r \mathrm{e}^{\lambda_l t}\right\} \\
&= \sum_{p=0}^{\sigma_1} a_p \frac{1}{p} \lim_{t\to\infty} t^p \mathrm{e}^{\lambda_1 t} + \cdots + \sum_{q=0}^{\sigma_i} b_q \frac{1}{q} \lim_{t\to\infty} t^q \mathrm{e}^{\lambda_i t} + \cdots + \sum_{r=0}^{\sigma_l} c_r \frac{1}{r} \lim_{t\to\infty} t^r \mathrm{e}^{\lambda_l t} \\
&= 0(m,n = 1,2,3,4,5,6)
\end{aligned}
$$

进一步可求出 $\Delta\hat{\boldsymbol{x}}^s$ 的收敛性为

$$
\begin{aligned}
\Delta\hat{\boldsymbol{x}}_\infty^s &= \lim_{t\to\infty}\Delta\hat{\boldsymbol{x}}^s(t) = \lim_{t\to\infty}\mathrm{e}^{(\boldsymbol{A}-\boldsymbol{L}_x^s)t}\boldsymbol{\xi} \\
&= \lim_{t\to\infty}\begin{bmatrix} c_{11} & c_{12} & c_{13} & c_{14} & c_{15} & c_{16} \\ c_{21} & c_{22} & c_{23} & c_{24} & c_{25} & c_{26} \\ c_{31} & c_{32} & c_{33} & c_{34} & c_{35} & c_{36} \\ c_{41} & c_{42} & c_{43} & c_{44} & c_{45} & c_{46} \\ c_{51} & c_{52} & c_{53} & c_{54} & c_{55} & c_{56} \\ c_{61} & c_{62} & c_{63} & c_{64} & c_{65} & c_{66} \end{bmatrix}\boldsymbol{\xi} \\
&= \begin{bmatrix} \lim\limits_{t\to\infty} c_{11} & \lim\limits_{t\to\infty} c_{12} & \lim\limits_{t\to\infty} c_{13} & \lim\limits_{t\to\infty} c_{14} & \lim\limits_{t\to\infty} c_{15} & \lim\limits_{t\to\infty} c_{16} \\ \lim\limits_{t\to\infty} c_{21} & \lim\limits_{t\to\infty} c_{22} & \lim\limits_{t\to\infty} c_{23} & \lim\limits_{t\to\infty} c_{24} & \lim\limits_{t\to\infty} c_{25} & \lim\limits_{t\to\infty} c_{26} \\ \lim\limits_{t\to\infty} c_{31} & \lim\limits_{t\to\infty} c_{32} & \lim\limits_{t\to\infty} c_{33} & \lim\limits_{t\to\infty} c_{34} & \lim\limits_{t\to\infty} c_{35} & \lim\limits_{t\to\infty} c_{36} \\ \lim\limits_{t\to\infty} c_{41} & \lim\limits_{t\to\infty} c_{42} & \lim\limits_{t\to\infty} c_{43} & \lim\limits_{t\to\infty} c_{44} & \lim\limits_{t\to\infty} c_{45} & \lim\limits_{t\to\infty} c_{46} \\ \lim\limits_{t\to\infty} c_{51} & \lim\limits_{t\to\infty} c_{52} & \lim\limits_{t\to\infty} c_{53} & \lim\limits_{t\to\infty} c_{54} & \lim\limits_{t\to\infty} c_{55} & \lim\limits_{t\to\infty} c_{56} \\ \lim\limits_{t\to\infty} c_{61} & \lim\limits_{t\to\infty} c_{62} & \lim\limits_{t\to\infty} c_{63} & \lim\limits_{t\to\infty} c_{64} & \lim\limits_{t\to\infty} c_{65} & \lim\limits_{t\to\infty} c_{66} \end{bmatrix}\boldsymbol{\xi} \\
&= 0
\end{aligned}
$$

即

$$
\Delta\hat{\boldsymbol{x}}_\infty^s = \lim_{t\to\infty}\mathrm{e}^{(\boldsymbol{A}-\boldsymbol{L}_x^s)t}\boldsymbol{\xi} = 0 \tag{3.40}
$$

综合上述内容可得以下结论。

若系统矩阵 $\boldsymbol{A}-\boldsymbol{L}_x^s$ 是非奇异矩阵，即 $\det(\boldsymbol{A}-\boldsymbol{L}_x^s)\neq 0$ 且系统矩阵 $\boldsymbol{A}-\boldsymbol{L}_x^s$ 的特征值都具有非正实数，则

$$
\Delta\hat{\boldsymbol{x}}_\infty^s = \lim_{t\to\infty}\mathrm{e}^{(\boldsymbol{A}-\boldsymbol{L}_x^s)t}\boldsymbol{\xi} = 0
$$

也就是说，欺骗跟踪控制器估计的无人机初始状态误差 $\boldsymbol{\xi}$ 会在系统矩阵 $\boldsymbol{A}-\boldsymbol{L}_x^s$ 的指数函数作用下，以指数形式衰减并最终收敛到零。

3.3.3 仿真验证与分析

为了验证欺骗跟踪控制器估计无人机初始状态误差 $\boldsymbol{\xi}$ 对欺骗效果的影响，

本节分别进行了以下实验。

第一组实验：沿用 3.2.3 节的仿真实验参数，可得

$$\det(\boldsymbol{A}-\boldsymbol{L}_x^s)=0.0746\neq 0$$

且存在 $\lambda_1=\lambda_2=\lambda_3=-0.1501$，$\lambda_4=\lambda_5=\lambda_6=-1.8195$，其中 $\boldsymbol{L}_x^s$ 是根据式（3.3）以及设置的系统噪声和外部测量值求得的，即

$$\boldsymbol{L}_x^s=\begin{bmatrix}0.1500 & 0 & 0 & 0.9885 & 0 & 0\\ 0 & 0.1500 & 0 & 0 & 0.9885 & 0\\ 0 & 0 & 0.1500 & 0 & 0 & 0.9885\\ 0.0222 & 0 & 0 & 1.8197 & 0 & 0\\ 0 & 0.0222 & 0 & 0 & 1.8197 & 0\\ 0 & 0 & 0.0222 & 0 & 0 & 1.8197\end{bmatrix}$$

根据 3.3.2 节的结论，可知此时欺骗跟踪控制器估计无人机初始状态误差 $\boldsymbol{\xi}$ 会在系统矩阵 $\boldsymbol{A}-\boldsymbol{L}_x^s$ 的指数函数作用下，最终都会收敛到零。为了验证该结论的正确性，本实验假定欺骗跟踪控制器估计无人机初始状态存在常值误差，即欺骗跟踪控制器估计无人机位置初始误差为 10m，速度初始误差为 1m/s。

图 3.16 描述了加入欺骗跟踪控制器估计初始误差后无人机被欺骗的效果图。对比图 3.8 可知，估计初始状态误差 $\boldsymbol{\xi}$ 的加入虽然会使无人机的真实起始位置发生变化，且在初始跟踪欺骗轨迹时真实飞行轨迹会产生较大的位置抖动偏差，但是不会影响无人机被欺骗的整个飞行趋势，真实飞行轨迹（红色曲线）还是绕攻击方设定的欺骗轨迹（黑色曲线）运行，而组合导航滤波器输出的估计轨迹（绿色曲线）仍然绕着无人机设定的参考轨迹（蓝色曲线）输出。

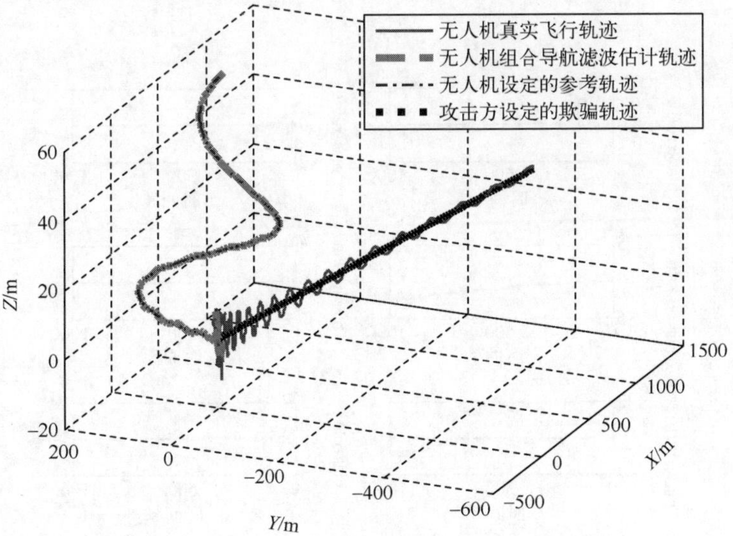

图 3.16　加入欺骗跟踪控制器估计初始误差后无人机被欺骗的效果图（见彩插）

下面给出加入欺骗跟踪控制器估计初始误差后整个系统各个状态矢量的收敛变化曲线。从图 3. 17 中可以看出，加入欺骗跟踪控制器估计初始状态误差 $\boldsymbol{\xi}$ 后，在初始时刻无人机欺骗跟踪控制系统的各个状态矢量，除了期望轨迹和欺骗轨迹（这是因为这两个状态变量只依赖自身），其他矢量都会在一定程度上存在偏差，但这种偏差会随着时间的推移而被消除，最终稳定收敛在零点附近。

第二组实验：在 3. 2. 3 节的基础上修改以下参数：

欺骗跟踪控制器估算无人机飞行状态的系统噪声中相关参数为

$$\sigma_{a,x}=\sigma_{a,y}=\sigma_{a,z}=0.5\mathrm{m/s^2}$$

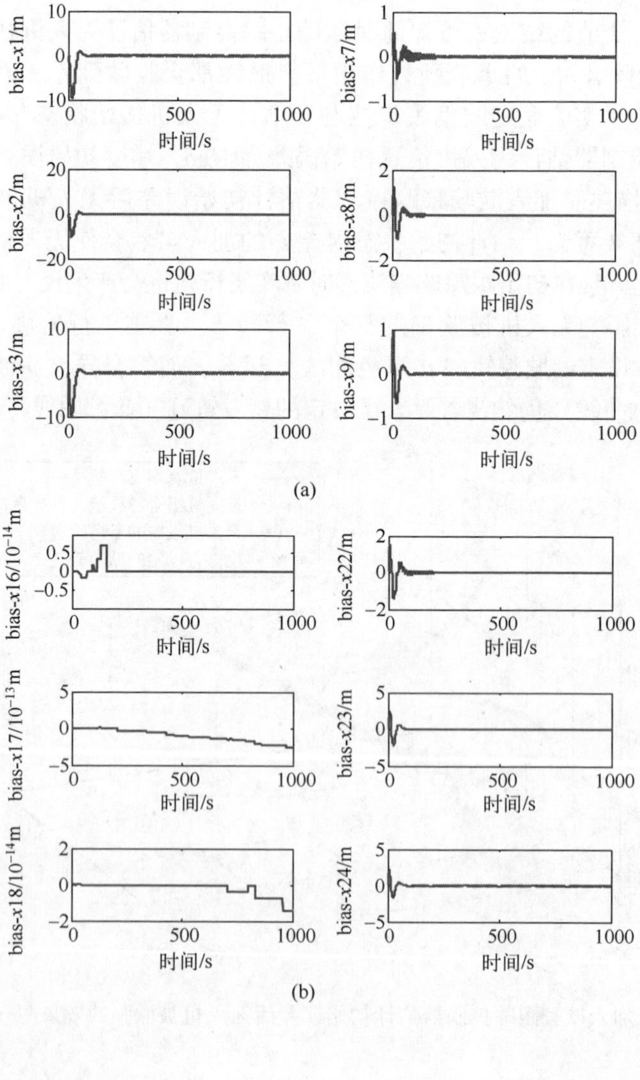

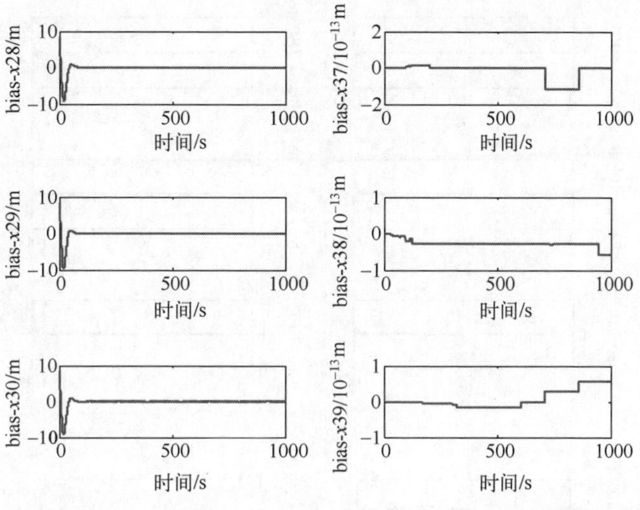

(c)

图 3.17　加入欺骗跟踪控制器估计初始误差后各个状态矢量的收敛状态曲线

注：(1) $x1 \sim x3$ 表示在 x 轴、y 轴、z 轴方向上的真实位置偏差；(2) $x7 \sim x9$ 表示在 x 轴、y 轴、z 轴方向上无人机估计位置偏差；(3) $x16 \sim x18$ 表示参考轨迹在 x 轴、y 轴、z 轴方向上的位置偏差；(4) $x22 \sim x24$ 表示在 x 轴、y 轴、z 轴方向上的虚假卫星信号中位置信息偏差；(5) $x28 \sim x30$ 表示在 x 轴、y 轴、z 轴方向上欺骗跟踪控制器估计位置偏差；(6) $x37 \sim x39$ 表示欺骗轨迹在 x 轴、y 轴、z 轴方向上的位置偏差。

欺骗跟踪控制器中观测噪声矩阵中相关参数为

$$\sigma_{r,x}=\sigma_{r,y}=\sigma_{r,z}=20\text{m},\quad \sigma_{v,x}=\sigma_{v,y}=\sigma_{v,z}=3\text{m/s}$$

根据式（3.3）、式（3.4）以及设置的系统噪声和外部测量值，可得

$$\boldsymbol{L}_x^s=\begin{bmatrix} 0.1495 & 0 & 0 & 0.9197 & 0 & 0 \\ 0 & 0.1495 & 0 & 0 & 0.9197 & 0 \\ 0 & 0 & 0.1495 & 0 & 0 & 0.9197 \\ 0.0207 & 0 & 0 & 0.5597 & 0 & 0 \\ 0 & 0.0207 & 0 & 0 & 0.5597 & 0 \\ 0 & 0 & 0.0207 & 0 & 0 & 0.5597 \end{bmatrix}$$

此时，$\det(\boldsymbol{A}-\boldsymbol{L}_x^s)=0$，即存在 $\Delta\hat{\boldsymbol{x}}_\infty^s=\lim\limits_{t\to\infty}\mathrm{e}^{(\boldsymbol{A}-\boldsymbol{L}_x^s)t}\xi\to\infty$。这就意味着欺骗跟踪控制器估计初始误差的影响不会消失，而会随着时间的推移发散。图 3.18 的仿真实验结果验证了这一理论。

综合两组实验结果可知，欺骗跟踪控制器可通过设置合理的关键参数，减小估计无人机飞行状态的初始误差 ξ 对无人机欺骗效果的影响。其从另一方面说明 3.2.1 节设计的欺骗跟踪控制器在实际应用中具有一定的可调性，可允许有小量初始状态估计误差的存在。

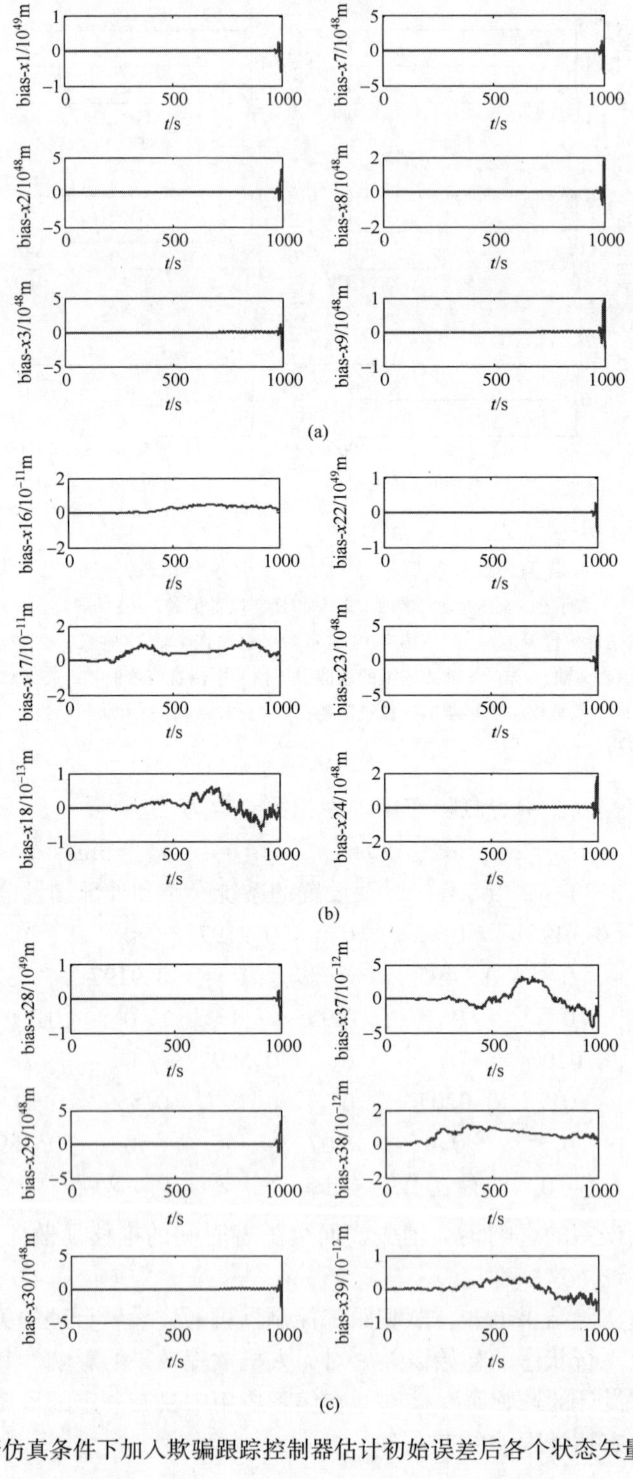

图 3.18　新仿真条件下加入欺骗跟踪控制器估计初始误差后各个状态矢量的偏差曲线

3.4 小　结

本章在无人机导航与控制闭合反馈控制系统模型的基础上，研究了一种欺骗跟踪控制器可使无人机在无意识的状态下偏离参考轨迹并按照欺骗轨迹航向。它利用第三方测量设备实时窃取无人机飞行状态，并结合规划的欺骗轨迹求取虚假卫星信号的加速度信息，通过积分运算获得各个时刻虚假卫星信号。仿真实验验证该欺骗跟踪控制器的有效性和可行性。同时，本章还对该欺骗跟踪控制器的误差特性进行了分析，进而讨论了该欺骗跟踪控制器的适用环境及其关键参数的选择。

第 4 章　针对多旋翼无人机的欺骗控制策略研究

根据第 3 章的研究和仿真实验结果分析可知，施加虚假卫星信号可使简单的质点模型无人机在无意识的状态下偏离参考轨迹，而按照规划的欺骗轨迹航行。但是在实际应用中，将无人机看作一个质点所开展的欺骗式干扰技术的相关研究是远远不够的。目前常见的无人机一般分为两大类：多旋翼无人机和固定翼无人机，这两种类型都是将无人机看作考虑线运动和角运动的六自由度非线性模型。

本书将根据多旋翼无人机和固定翼无人机自身独特的动力学模型，分别对第 3 章研究的欺骗跟踪控制方法进行适应性优化设计，以满足各种实际应用需求。在此，本章将重点开展针对多旋翼无人机的欺骗控制策略的相关研究。

4.1　旋翼类型无人机动力学模型

本章选取最常见的四旋翼无人机作为实验研究对象，其非线性动力学模型表达式[162-163]如下：

$$\begin{cases}\ddot{x} = \sum\limits_{i=1}^{4} T_i(\cos\phi\sin\theta\cos\psi + \sin\phi\sin\psi)/m \\ \ddot{y} = \sum\limits_{i=1}^{4} T_i(\cos\phi\sin\theta\sin\psi - \sin\phi\cos\psi)/m \\ \ddot{z} = \sum\limits_{i=1}^{4} T_i\cos\phi\cos\theta/m - g \\ \ddot{\phi} = [l(T_4 - T_2) + \dot{\theta}\dot{\psi}(J_y - J_z)]/J_x \\ \ddot{\theta} = [l(T_3 - T_1) + \dot{\phi}\dot{\psi}(J_z - J_x)]/J_y \\ \ddot{\psi} = [(Q_2 + Q_4 - Q_1 - Q_3) + \dot{\phi}\dot{\theta}(J_x - J_y)]/J_z\end{cases} \tag{4.1}$$

式中：x、y 和 z 分别为机体的位置坐标；ϕ、θ 和 ψ 分别为机体的横滚角、俯仰角以及航向角；m 为机体的质量；l 为两机翼的长度；J_x、J_y 和 J_z 分别为机

体围绕 x 轴、y 轴、z 轴旋转的转动惯量；$T_i(i=1,2,3,4)$ 为机体的升力；$Q_i(i=1,2,3,4)$ 为机体的阻力。

为简化式（4.1）的四旋翼无人机模型，本节作出如下假设。

（1）旋翼中心与机体质心重合；

（2）机体是刚体，且严格对称；

（3）不考虑旋翼挥舞，认为机体只受到与其转速的平方成正比的升力和反扭力矩作用。

基于此，式（4.1）的四旋翼无人机动力学模型可简化为

$$\begin{cases} m\ddot{x} = (\cos\phi\sin\theta\cos\psi + \sin\phi\sin\psi)u_1 \\ m\ddot{y} = (\cos\phi\sin\theta\sin\psi - \sin\phi\cos\psi)u_1 \\ m\ddot{z} = (\cos\phi\cos\theta)u_1 - mg \\ J_x\ddot{\phi} = lu_2 + \dot{\theta}\dot{\psi}(J_y - J_z) \\ J_y\ddot{\theta} = lu_3 + \dot{\phi}\dot{\psi}(J_z - J_x) \\ J_z\ddot{\psi} = lu_4 + \dot{\phi}\dot{\theta}(J_x - J_y) \end{cases} \tag{4.2}$$

式中：$u_i(i=1,2,3,4)$ 为控制输入量，可由四旋翼无人机 4 个旋翼螺旋桨的转速 Ω_1、Ω_2、Ω_3、Ω_4 求得，即

$$\begin{cases} u_1 = K_T(\Omega_1^2 + \Omega_2^2 + \Omega_3^2 + \Omega_4^2) = \sum_{i=1}^{4} T_i \\ u_2 = K_T(\Omega_4^2 - \Omega_2^2) = T_4 - T_2 \\ u_3 = K_T(\Omega_1^2 - \Omega_3^2) = T_1 - T_3 \\ u_4 = K_D(\Omega_2^2 + \Omega_4^2 - \Omega_1^2 - \Omega_3^2) = Q_2 + Q_4 - Q_1 - Q_3 \end{cases}$$

式中：K_T、K_D 分别为升力系数和阻力系数。

由式（4.1）和式（4.2）可以看出，四旋翼无人机的系统输出为 x、y、z、ϕ、θ 和 ψ 六个参数，系统的输入控制量只有 4 个：$u_i(i=1,2,3,4)$。因此，四旋翼无人机的控制问题是一个典型的欠驱动非线性控制问题。

4.2　四旋翼无人机的控制器分析

本书 3.1 节的线性 PID 位置控制器，不再适用于非线性欠驱动的四旋翼无人机动力学模型，因此需要重新利用非线性控制算法来设计飞行器的位置控制器。本节采用基于积分反步法的 PID 控制算法实现位置和姿态的精确控制。

首先定义：

$$\begin{cases} x_1=\varphi \\ x_2=\dot{\varphi}=\dot{x} \\ x_3=\theta \\ x_4=\dot{\theta}=\dot{x}_3 \\ x_5=\psi \\ x_6=\dot{\psi}=\dot{x}_5 \end{cases},\quad \begin{cases} x_7=z \\ x_8=\dot{z}=\dot{x}_7 \\ x_9=x \\ x_{10}=\dot{x}=\dot{x}_9 \\ x_{11}=y \\ x_{12}=\dot{y}=\dot{x}_{11} \end{cases}$$

将式（4.2）写成两个满足反步法所要求的严反馈形式子系统，即将式（4.2）拆分为针对角运动的子系统 A 和针对线运动的子系统 P：

$$A:\begin{cases} \dot{x}_1=x_2 \\ \dot{x}_2=x_4x_6a_1+b_1u_2 \\ \dot{x}_3=x_4 \\ \dot{x}_4=x_2x_6a_2+b_2u_3 \\ \dot{x}_5=x_6 \\ \dot{x}_6=x_2x_4a_3+b_3u_4 \end{cases},\quad P:\begin{cases} \dot{x}_7=x_8 \\ \dot{x}_8=-g+\cos x_1\cos x_3u_1/m \\ \dot{x}_9=x_{10} \\ \dot{x}_{10}=u_xu_1/m \\ \dot{x}_{11}=x_{12} \\ \dot{x}_{12}=u_yu_1/m \end{cases} \tag{4.3}$$

其中

$$a_1=\frac{J_y-J_z}{J_x},\quad a_2=\frac{J_z-J_x}{J_y},\quad a_3=\frac{J_x-J_y}{J_z},$$
$$b_1=l/J_x,\quad b_2=l/J_y,\quad b_3=l/J_z,$$
$$u_x=\cos x_1\sin x_3\cos x_5+\sin x_1\sin x_5,$$
$$u_y=\cos x_1\sin x_3\sin x_5-\sin x_1\cos x_5$$

4.2.1 姿态控制器

下面分析利用积分反步法的PID控制算法设计无人机姿态控制器的详细过程。

1. 横滚控制

首先分析姿态控制中的横滚角控制器设计方法，定义横滚角跟踪误差 e_ϕ 为

$$e_\phi=\phi-\phi_d=x_1-x_{1d} \tag{4.4}$$

式中：$\phi_d=x_{1d}$为期望的横滚角。

加入积分项 $\Gamma_\phi=\int e_\phi \mathrm{d}t$，选择的李雅普诺夫函数 V_1 为

$$V_1=\frac{1}{2}e_\phi^2+\frac{1}{2}k_\phi\Gamma_\phi^2 \tag{4.5}$$

式中：k_ϕ为正常数。

式（4.5）的导数为

$$\dot{V}_1=e_\phi\dot{e}_\phi+k_\phi\Gamma_\phi\dot{\Gamma}_\phi=e_\phi(\dot{x}_{1d}-\dot{x}_1)+k_\phi\Gamma_\phi e_\phi \tag{4.6}$$

将$\dot{x}_1$当作虚拟控制量，当期望的虚拟控制$(\dot{x}_1)_d$为

$$(\dot{x}_1)_d=c_1e_\phi+k_\phi\Gamma_\phi+\dot{x}_{1d} \tag{4.7}$$

可使得$\dot{V}_1=-c_1e_\phi^2\leqslant 0$，其中 c_1为正常数。

通过上一步中虚拟控制$\dot{x}_1$与期望的虚拟控制$(\dot{x}_1)_d$的误差可以得到：

$$e_{\phi2}=(\dot{x}_1)_d-\dot{x}_1=c_1e_\phi+k_\phi\Gamma_\phi+\dot{x}_{1d}-\dot{x}_1 \tag{4.8}$$

对式（4.8）进行求导运算，即

$$\begin{aligned}\dot{e}_{\phi2}&=c_1\dot{e}_\phi+k_\phi e_\phi+\ddot{x}_{1d}-\dot{x}_2\\&=c_1(-c_1e_\phi-k_\phi\Gamma_\phi+e_{\phi2})+k_\phi e_\phi+\ddot{x}_{1d}-x_4x_6a_1-b_1u_2\end{aligned} \tag{4.9}$$

选择关于 e_ϕ、Γ_ϕ和 $e_{\phi2}$的李雅普诺夫函数 V_2为

$$V_2=\frac{1}{2}e_\phi^2+\frac{1}{2}k_\phi\Gamma_\phi^2+\frac{1}{2}e_{\phi2}^2 \tag{4.10}$$

它的导数形式为

$$\begin{aligned}\dot{V}_2&=e_\phi\dot{e}_\phi+k_\phi\Gamma_\phi e_\phi+e_{\phi2}\dot{e}_{\phi2}\\&=k_\phi\Gamma_\phi e_\phi+e_\phi(-c_1e_\phi-k_\phi\Gamma_\phi+e_{\phi2})+e_{\phi2}\dot{e}_{\phi2}\\&=e_\phi(-c_1e_\phi+e_{\phi2})+e_{\phi2}\dot{e}_{\phi2}\end{aligned} \tag{4.11}$$

假定期望的$\dot{e}_{\phi2}$有以下形式：

$$\dot{e}_{\phi2}=-c_2e_{\phi2}-e_\phi \tag{4.12}$$

可使得$\dot{V}_2=-c_1e_\phi^2-c_2e_{\phi2}^2\leqslant 0$，其中 c_2为正常数。

对比式（4.9）和式（4.12），可得横滚角控制输入量 u_2为

$$u_2=\frac{1}{b_1}[(-c_1^2+k_\phi+1)e_\phi+(c_1+c_2)e_{\phi2}-c_1k_\phi\Gamma_\phi+\ddot{x}_{1d}-x_4x_6a_1] \tag{4.13}$$

通过式（4.13）可以看出，横滚角控制输入量 u_2具有 PID 控制器的形式，即

比例参数：$P_\phi=-c_1^2+k_\phi+1$

积分参数：$I_\phi=-c_1k_\phi$

微分参数：$D_\phi=c_1+c_2$

2. 俯仰控制

俯仰角 θ 的控制机理与横滚角 ϕ 的控制机理相似。首先定义俯仰角跟踪误差 e_θ为

$$e_\theta=\theta-\theta_d=x_3-x_{3d} \tag{4.14}$$

式中：$\theta_d = x_{3d}$为期望的俯仰角。

根据基于积分反步法的 PID 控制算法，可得俯仰角控制输入量 u_3 为

$$u_3 = \frac{1}{b_2}[(-c_3^2+k_\theta+1)e_\theta+(c_3+c_4)e_{\theta 2}-c_3 k_\theta \Gamma_\theta+\ddot{x}_{3d}-x_2 x_6 a_2] \tag{4.15}$$

式中：$e_{\theta 2} = (\dot{x}_3)_d - \dot{x}_3$；$\Gamma_\theta = \int e_\theta \mathrm{d}t$；$c_3$、$c_4$ 和 k_θ 为非负的控制器参数。

同时，通过式（4.15）可以看出俯仰角控制输入 u_3 具有 PID 控制器的形式，即

$$\begin{aligned}&\text{比例参数：} P_\theta = -c_3^2+k_\theta+1\\&\text{积分参数：} I_\theta = -c_3 k_\theta\\&\text{微分参数：} D_\theta = c_3+c_4\end{aligned}$$

3. 航向控制

航向角 ψ 的控制机理与横滚角 ϕ 的控制机理相似。定义航向角跟踪误差 e_ψ 为

$$e_\psi = \psi - \psi_d = x_5 - x_{5d} \tag{4.16}$$

式中：$\psi_d = x_{5d}$，为期望的航向角。

根据基于积分反步法的 PID 控制算法，可得航向角控制输入量 u_4 为

$$u_4 = \frac{1}{b_3}[(-c_5^2+k_\psi+1)e_\psi+(c_5+c_6)e_{\psi 2}-c_5 k_\psi \Gamma_\psi+\ddot{x}_{7d}-x_2 x_4 a_3] \tag{4.17}$$

式中：$e_{\psi 2} = (\dot{x}_5)_d - \dot{x}_5$；$\Gamma_\psi = \int e_\psi \mathrm{d}t$；$c_5$、$c_6$ 和 k_ψ 为非负的控制器参数。

同时，通过式（4.17）可以看出航向角控制输入 u_4 具有 PID 控制器的形式，即

$$\begin{aligned}&\text{比例参数：} P_\psi = -c_5^2+k_\psi+1\\&\text{积分参数：} I_\psi = -c_5 k_\psi\\&\text{微分参数：} D_\psi = c_5+c_6\end{aligned}$$

4.2.2 位置控制器

根据式（4.3）可知，四旋翼无人机的位置控制器中水平方向 x 和 y 这两个自由度是欠驱动的，可将含有姿态角三角函数项部分 u_x 和 u_y 当作各自间接的控制输入来设计。相对地，垂直方向 z 则是直接利用控制输入量 u_1 来设计的。

1. 垂直方向 z 控制

首先定义垂直方向上的跟踪误差为

$$e_{z1} = z_d - z = x_{7d} - x_7 \tag{4.18}$$

式中：$z_d=x_{7d}$，为期望的垂直方向上位置。

对式（4.18）求导，可得

$$\dot{e}_{z1}=\dot{z}_d-\dot{z}=\dot{x}_{7d}-\dot{x}_7 \tag{4.19}$$

式中：$\dot{z}_d=\dot{x}_{7d}$，为期望的垂直方向上速度。

第一步：选择关于 e_{z1} 和 $\Gamma_z=\int e_{z1}\mathrm{d}t$ 的李雅普诺夫函数 V_1 为

$$V_1=\frac{1}{2}e_{z1}^2+\frac{1}{2}k_{z1}\Gamma_z^2 \tag{4.20}$$

式中：k_{z1} 为非负的控制参数。式（4.20）的导数为

$$\dot{V}_1=e_{z1}\dot{e}_{z1}+k_{z1}\Gamma_z e_{z1} \tag{4.21}$$

将 $\dot{x}_7$ 当作虚拟控制量，故期望的虚拟控制量 $(\dot{x}_7)_d$ 应该具有以下形式：

$$(\dot{x}_7)_d=c_{z1}e_{z1}+\dot{x}_{7d} \tag{4.22}$$

式中：c_{z1} 为非负的控制参数。

取

$$\dot{e}_{x1}=-c_{x1}e_{x1}-k_{x1}\Gamma_x \tag{4.23}$$

可保证 $\dot{V}_1$ 为负，即

$$\begin{aligned}\dot{V}_1&=e_{z1}\dot{e}_{z1}+k_{z1}\Gamma_z e_{z1}\\&=-c_{z1}e_{z1}^2-k_{z1}\Gamma_z e_{z1}+k_{z1}\Gamma_z e_{z1}\\&=-c_{z1}e_{z1}^2\leqslant 0\end{aligned}$$

第二步：通过第一步中虚拟控制量 $\dot{x}_7$ 及其期望量 $(\dot{x}_7)_d$ 的误差，可以得到：

$$e_{z2}=(\dot{x}_7)_d-\dot{x}_7=c_{z1}e_{z1}+\dot{x}_{7d}-\dot{x}_7 \tag{4.24}$$

选取新的关于 V_1 和 e_{z2} 的李雅普诺夫函数 V_2 为

$$\begin{aligned}V_2&=V_1++\frac{1}{2}e_{z2}^2\\&=\frac{1}{2}e_{z1}^2+\frac{1}{2}k_{z1}\Gamma_z^2+\frac{1}{2}e_{z2}^2\end{aligned} \tag{4.25}$$

以及其导数函数为

$$\dot{V}_2=e_{z1}\dot{e}_{z1}+k_{z1}\Gamma_z e_{z1}+e_{z2}\dot{e}_{z2} \tag{4.26}$$

假设 $\dot{e}_{z2}$ 具有以下形式：

$$\dot{e}_{z2}=-c_{z2}e_{z2} \tag{4.27}$$

式中：c_{z2} 为非负的控制参数。

将式（4.23）和式（4.27）代入式（4.26），可得

$$
\begin{aligned}
\dot{V}_2 &= e_{z1}(-c_{z1}e_{z1}-k_{z1}\Gamma_z)+k_{z1}\Gamma_z e_{z1}+e_{x2}(-c_{x2}e_{x2}) \\
&= -c_{z1}e_{z1}^2-k_{z1}\Gamma_z e_{z1}+k_{z1}\Gamma_z e_{z1}-c_{z2}e_{z2}^2 \\
&= -c_{z1}e_{z1}^2-c_{z2}e_{z2}^2 \leqslant 0
\end{aligned} \tag{4.28}
$$

进一步对式（4.24）进行求导，可得

$$
\dot{e}_{z2}=c_{z1}\dot{e}_{z1}+\ddot{x}_{7d}-\ddot{x}_7 \tag{4.29}
$$

将式（4.3）和式（4.23）代入式（4.29），可得

$$
\begin{aligned}
\dot{e}_{z2} &= c_{z1}(-c_{z1}e_{z1}-k_{z1}\Gamma_z)+\ddot{x}_{7d}-g+\cos x_1\cos x_3 u_1/m \\
&= -c_{z1}^2 e_{z1}-c_{z1}k_{z1}\Gamma_z+\ddot{x}_{7d}-(-g+\cos x_1\cos x_3 u_1/m)
\end{aligned} \tag{4.30}
$$

对比式（4.27）和式（4.30），可得间接控制输入量 u_1 为

$$
u_1=\frac{m}{\cos x_1\cos x_3}[g+c_{z2}e_{z2}-c_{z1}^2 e_{z1}-c_{z1}k_{z1}\Gamma_z+\ddot{x}_{7d}] \tag{4.31}
$$

2. 水平方向 x 和 y 控制

与垂直方向上位置的控制相类似，可以得到水平方向上的间接控制输入量 u_x、u_y分别为

$$
u_x=\frac{m}{u_1}[c_{x2}e_{x2}-c_{x1}^2 e_{x1}-c_{x1}k_{x1}\Gamma_x+\ddot{x}_{9d}] \tag{4.32}
$$

$$
u_y=\frac{m}{u_1}[c_{y2}e_{y2}-c_{y1}^2 e_{y1}-c_{y1}k_{y1}\Gamma_y+\ddot{x}_{11d}] \tag{4.33}
$$

式中：x_{9d}、x_{11d}分别为期望的水平 x 方向和 y 方向上的位置；c_{x1}、c_{x2}和 k_{x1} 均为非负的控制参数；$\Gamma_x=\int e_{x1}\mathrm{d}t$；$c_{y1}$、$c_{y2}$和 k_{y1} 均为非负的控制参数；$\Gamma_y=\int e_{y1}\mathrm{d}t$；

$$
\begin{cases}
e_{x1}=x_d-x=x_{9d}-x_9 \\
e_{x2}=(\dot{x}_9)_d-\dot{x}_9=c_{x1}e_{x1}+\dot{x}_{9d}-\dot{x}_9 \\
e_{y1}=y_d-y=x_{11d}-x_{11} \\
e_{y2}=(\dot{x}_{11})_d-\dot{x}_{11}=c_{y1}e_{y1}+\dot{x}_{11d}-\dot{x}_{11}
\end{cases}
$$

4.2.3 四旋翼无人机的闭环控制律分析

为了实现四旋翼无人机的闭环控制，需要构建 4.2.1 节的位置控制器和姿态控制器之间的关系桥梁。根据式（4.3）可知，间接控制输入量 u_x和 u_y是包含关于横滚角、俯仰角和航向角等姿态信息三角函数的函数表达式，本书可利用此函数表达式求取姿态控制过程中横滚角 ϕ 和俯仰角 θ 的目标函数，继而完成从位置控制器到姿态控制器之间关系桥梁的构建，实现四旋翼无人机的闭环飞行控制。

首先求取期望的横滚角 $\phi_d(x_{1d})$，根据式（4.3）可得

$$u_x=\cos x_{1d}\sin x_3\cos x_5+\sin x_{1d}\sin x_5 \tag{4.34}$$

$$u_y=\cos x_{1d}\sin x_3\sin x_5-\sin x_{1d}\cos x_5 \tag{4.35}$$

式（4.34）等式两边乘以 $\sin x_5$：

$$u_x\sin x_5=\cos x_{1d}\sin x_3\cos x_5\sin x_5+\sin x_{1d}\sin^2 x_5 \tag{4.36}$$

且式（4.35）等式两边乘以 $\cos x_5$：

$$u_y\cos x_5=\cos x_{1d}\sin x_3\sin x_5\cos x_5-\sin x_{1d}\cos^2 x_5 \tag{4.37}$$

将式（4.36）与式（4.37）相减，可得横滚角的目标函数为

$$u_x\sin x_5-u_y\cos x_5=\sin x_{1d}$$

即可得期望的横滚角 $\phi_d(x_{1d})$ 为

$$\phi_d=x_{1d}=\arcsin(u_x\sin x_5-u_y\cos x_5) \tag{4.38}$$

同理，根据式（4.3）可得俯仰角 θ 的目标函数为

$$u_x=\cos x_1\sin x_{3d}\cos x_5+\sin x_1\sin x_5 \tag{4.39}$$

即可得期望的俯仰角 $\theta_d(x_{3d})$ 为

$$\theta_d=x_{3d}=\arcsin\left[\frac{u_x}{\cos x_1\cos x_5}-\frac{\sin x_1\sin x_5}{\cos x_1\cos x_5}\right] \tag{4.40}$$

根据式（4.38）和式（4.40）搭建的位置和姿态控制器之间的关系桥梁，以及如式（4.13）、式（4.15）和式（4.17）的姿态控制器，和如式（4.31）~式（4.33）的位置控制器，可得整个四旋翼无人机的闭环控制流程图，如图 4.1 所示。

根据图 4.1 可知，四旋翼无人机闭环飞行控制器首先对比期望的位置信息 (x_d,y_d,z_d) 和无人机真实的位置信息 (x,y,z) 之间的跟踪误差，利用式（4.31）~式（4.33）所述的非线性位置控制器求取水平方向的间接控制输入量 (u_x,u_y) 和垂直方向的直接控制输入量 u_1；然后利用式（4.38）和式（4.40），根据间接控制输入量 (u_x,u_y) 获得横滚角和俯仰角的期望值 (ϕ_d,θ_d)，并继而结合事先设定的期望航向角信息 ψ_d，对比其与无人机真实的姿态信息 (ϕ,θ,ψ) 之间的跟踪误差，利用如式（4.13）、式（4.15）和式（4.17）所述的姿态控制器求取直接控制输入量 (u_2,u_3,u_4)；最后将求取的控制输入量 $u_i(i=1,2,3,4)$ 代入式（4.2）所述的四旋翼无人机动力学模型中，即可获得在无人机闭环飞行控制器作用下的状态信息 (x,y,z,ϕ,θ,ψ)，以用于下一时刻飞行控制律的求取。

4.2.4 仿真验证与分析

下面分别通过姿态控制、定点到达与轨迹跟踪三个仿真实验来验证本节设计的闭环飞行控制器的有效性。

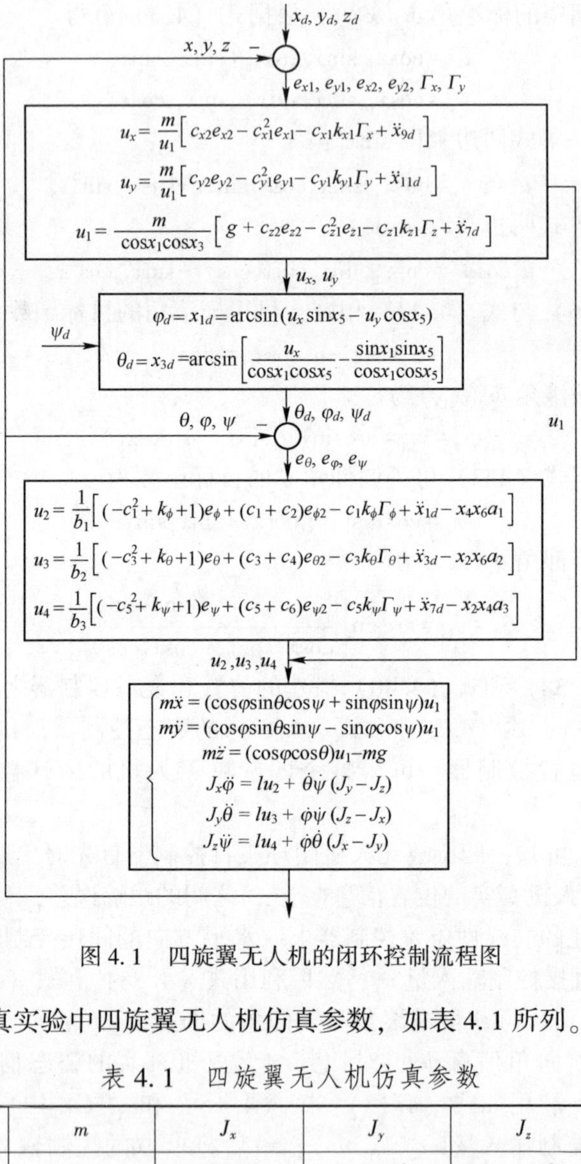

图 4.1　四旋翼无人机的闭环控制流程图

设置本仿真实验中四旋翼无人机仿真参数，如表 4.1 所列。

表 4.1　四旋翼无人机仿真参数

名称	m	J_x	J_y	J_z	l
单位	kg	kg · m^2	kg · m^2	kg · m^2	m
量值	0.6150	0.0154	0.0154	0.0309	0.0305

第一组实验：四旋翼无人机的姿态控制仿真实验

令选取机体姿态各角度的初始状态为

$$\phi_0=\frac{\pi}{4},\quad \theta_0=\frac{\pi}{6},\quad \psi_0=\frac{\pi}{3}$$

以及姿态各角度的控制目标为

$$\phi_d=\theta_d=\psi_d=0$$

仿真时间为 20s。

第一组实验中控制器参数设置如表 4.2 所列。

表 4.2　第一组实验中控制器参数设置

c_1	5	c_2	8	k_ϕ	1
c_3	5	c_4	8	k_θ	1
c_5	5	c_6	8	k_ψ	1

图 4.2 给出了利用积分反步法控制四旋翼无人机姿态的效果图。

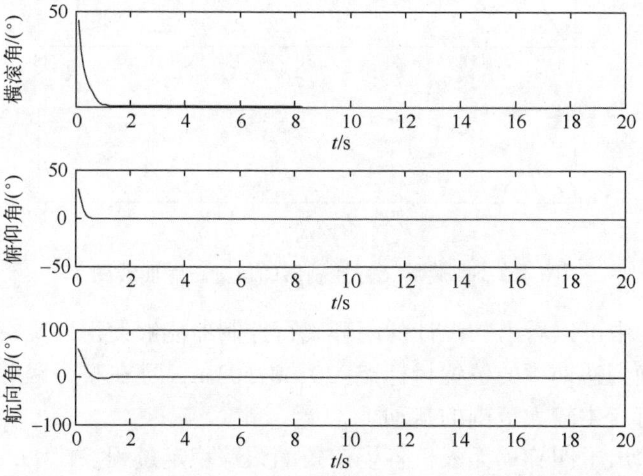

图 4.2　利用积分反步法控制四旋翼无人机姿态的效果图

从图 4.2 中可以看出，各姿态角都能在 2s 内收敛到零点，即收敛到期望的稳定状态，这说明基于积分反步法的四旋翼无人机姿态控制器是有效的，该控制器可以使各姿态角镇定过程迅速，且无稳态误差。

第二组实验：四旋翼无人机的定点到达仿真实验

选定四旋翼无人机的初始平衡点，即初始位置、速度和姿态信息为

$$(x_0,y_0,z_0)=(0,0,0)\text{m},\quad (\dot{x}_0,\dot{y}_0,\dot{z}_0)=(1,-2,0)\text{m/s},\quad \phi_0=\theta_0=\psi_0=0°$$

控制目标是使得无人机悬停在位置坐标为

$$(x_d,y_d,z_d)=(20,30,50)\text{m},\quad 且\ \psi_d=\pi/3$$

仿真实验为 60s。与位置相关的飞行控制参数设置如表 4.3 所示。

表 4.3　第二组实验中与位置相关的控制器参数设置

c_1	0.9	c_2	0.2	k_ϕ	0.5
c_3	0.6	c_4	0.2	k_θ	0.2
c_5	0.1	c_6	0.6	k_ψ	0.3

图 4.3 给出了四旋翼无人机水平方向 x 和 y，以及垂直高度 z 位置跟踪曲线。

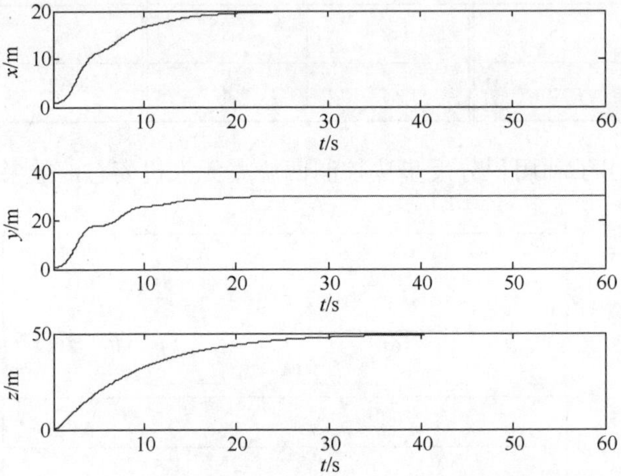

图 4.3　四旋翼飞行控制器的位置跟踪曲线图

从图 4.3 中可以看出，设计的闭环飞行控制器能够使得四旋翼无人机在较短时间内准确到达期望的位置目标点(20,30,50)m，且在整个跟踪控制过程中无人机并没有产生较大范围的抖动。

图 4.4 给出了四旋翼无人机各姿态角的跟踪稳定过程。

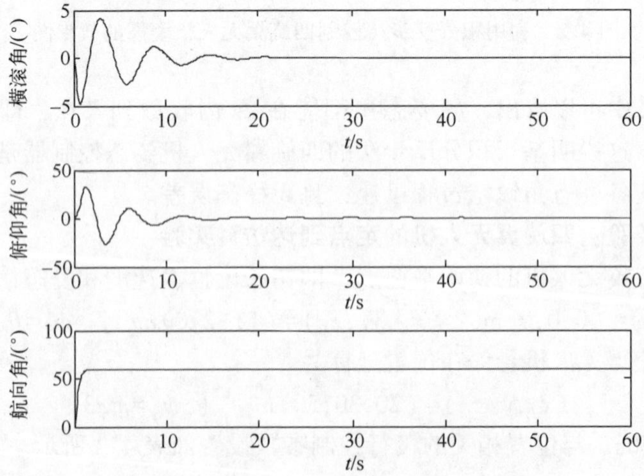

图 4.4　四旋翼飞行控制器的姿态跟踪曲线图

从图 4. 4 中可以看出，虽然无人机的横滚角和俯仰角需要利用水平方向的间接控制输入量来确定，横滚角和俯仰角在飞行控制初始阶段振荡较大，但是设计的闭环飞行控制器使无人机的横滚角和俯仰角能最终收敛到一个稳定值（0°）。同时，由于给定了期望的航向角，无人机的航向角能迅速到达期望值，且动荡较小，无稳态误差的产生。

综合上述分析可知，该闭环飞行控制器可以精准控制四旋翼无人机快速地达到指定的期望目标位置点。

第三组实验：四旋翼无人机的轨迹跟踪仿真实验

选定四旋翼无人机的初始平衡点，即初始位置和姿态信息为

$$(x_0, y_0, z_0) = (0,0,0)\,\mathrm{m}, \quad \phi_0 = \theta_0 = \psi_0 = 0^\circ$$

同时，选取目标跟踪轨迹设定为

$$\begin{cases} x_d = 0.4\sin t \\ y_d = 0.5\sin t\,(\text{单位为 m}), \quad \psi_d = 30^\circ \sin t \\ z_d = 0.3\sin t \end{cases}$$

仿真实验为 100s。第三组实验中与位置相关的飞行控制参数设置如表 4. 4 所列。

表 4. 4　第三组实验中与位置相关的飞行控制参数设置

c_1	1	c_2	6	k_ϕ	6
c_3	1	c_4	6	k_θ	3
c_5	0. 09	c_6	0. 2	k_ψ	0. 5

图 4. 5~图 4. 7 给出了四旋翼无人机坐标位置曲线和跟踪误差曲线。可以

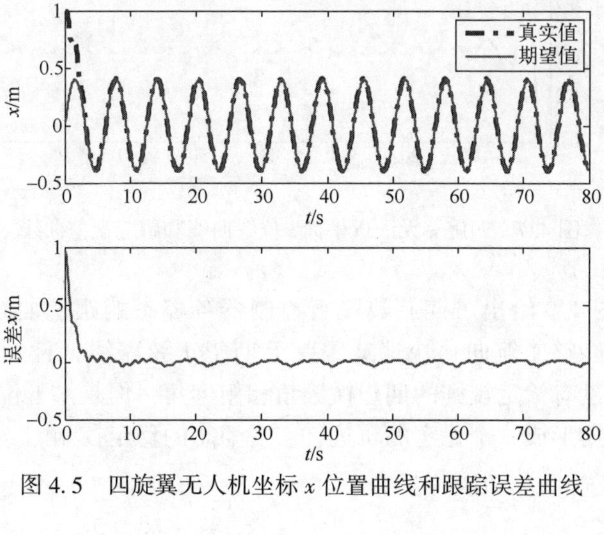

图 4. 5　四旋翼无人机坐标 x 位置曲线和跟踪误差曲线

看出，无人机的位置都能很好地跟踪期望正弦路线，并且高度位置能在10s内实现跟踪稳定，水平位置也能在40s内实现无误差跟踪。

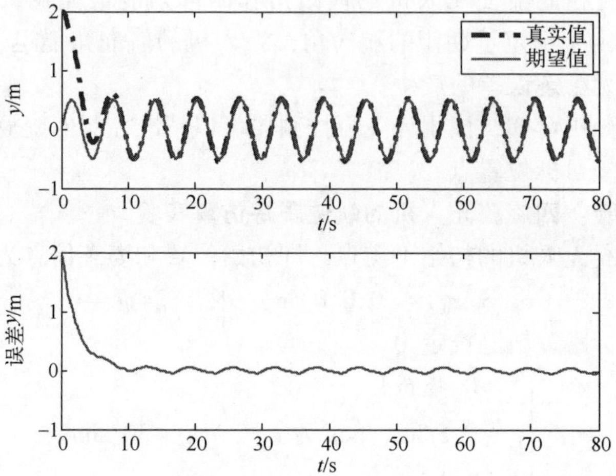

图4.6 四旋翼无人机坐标 y 位置曲线和跟踪误差曲线

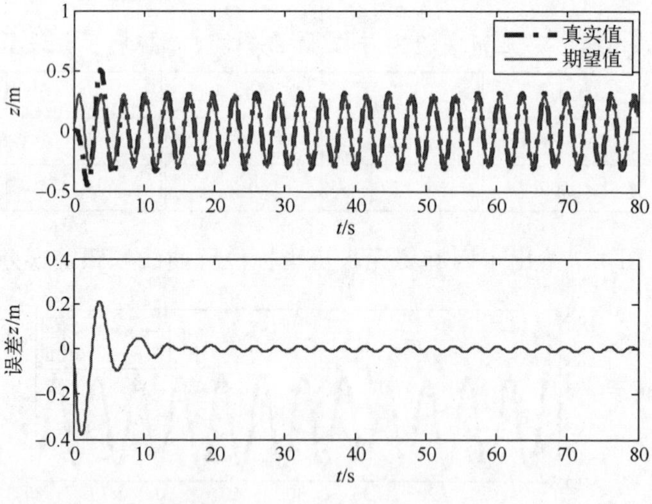

图4.7 四旋翼无人机坐标 z 位置曲线和跟踪误差曲线

图4.8~图4.9给出了四旋翼飞行控制器各姿态的跟踪曲线。可以看出，设计的控制器能够使航向角快速地跟踪上期望正弦路线，且无稳定误差的产生；同时虽然没有给定规则的期望横滚角和俯仰角，但是水平位置的稳定会使横滚角和俯仰角形成一个稳定的轨迹，实现姿态的稳定控制。

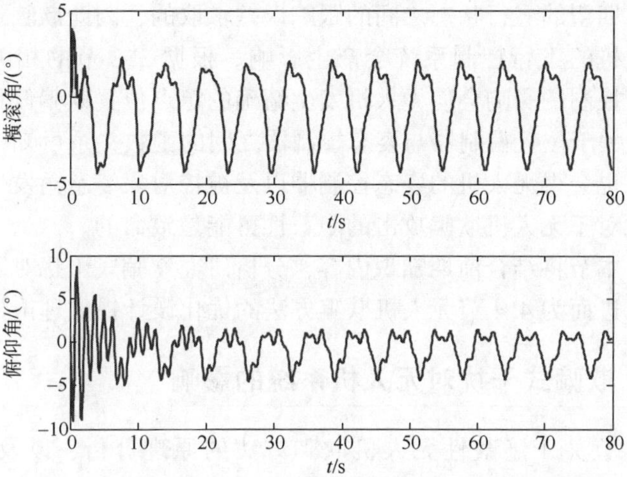

图 4.8　四旋翼飞行控制器的横滚角和俯仰角跟踪曲线图

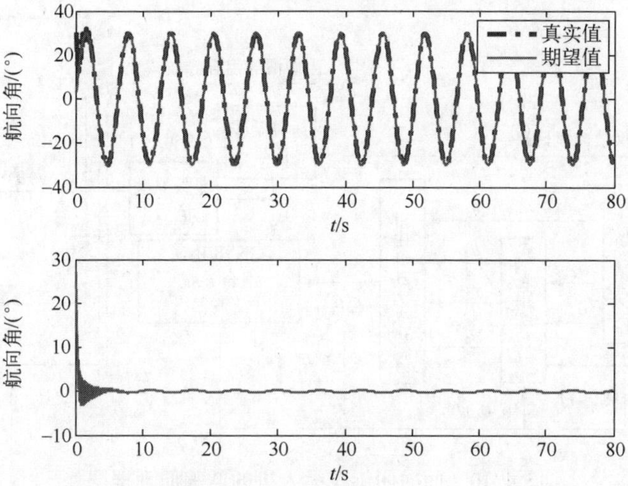

图 4.9　四旋翼飞行控制器的航向角跟踪曲线图

上述仿真实验结果验证了该闭环飞行控制器的正确性和合理性，它可以精准控制四旋翼无人机快速地跟踪期望轨迹，实现其位置和姿态的双重有效控制。

4.3　欺骗式干扰对四旋翼无人机系统的影响

根据 2.5 节的相关知识可知，欺骗式干扰能对 INS/GNSS 组合导航系统滤波估计的姿态输出有影响。四旋翼无人机的控制律是根据 INS/GNSS 组合导航输出的结果与期望的飞行状态之间的跟踪误差求取的，因此欺骗式干扰的存在对四旋翼无人机的飞行控制系统会产生影响。根据 3.2 节的相关知识分析可知，这种飞行控制的影响会使无人机发生精确的定点位置欺骗偏移。同时，根据 4.2.3 节中关于位置控制器与姿态控制器之间的函数关系可知，这种位置的欺骗偏移效果也会得无人机的姿态控制器以及被控对象姿态角发生变化。这种姿态角的变化对于无人机欺骗攻击的隐蔽性可能是致命的。

针对此，本节将结合前期知识内容，分析研究欺骗式干扰对四旋翼无人机系统的影响，进而为 4.4 节无人机欺骗方法的优化设计提供理论依据。

4.3.1 欺骗式干扰对无人机系统的影响

结合 3.2 节关于隐蔽性无人机欺骗方法的原理分析，以及 4.2 节 INS/GNSS 组合导航系统与飞行控制器的闭环反馈回路相关知识，构建面向四旋翼无人机的欺骗原理框图，如图 4.10 所示。

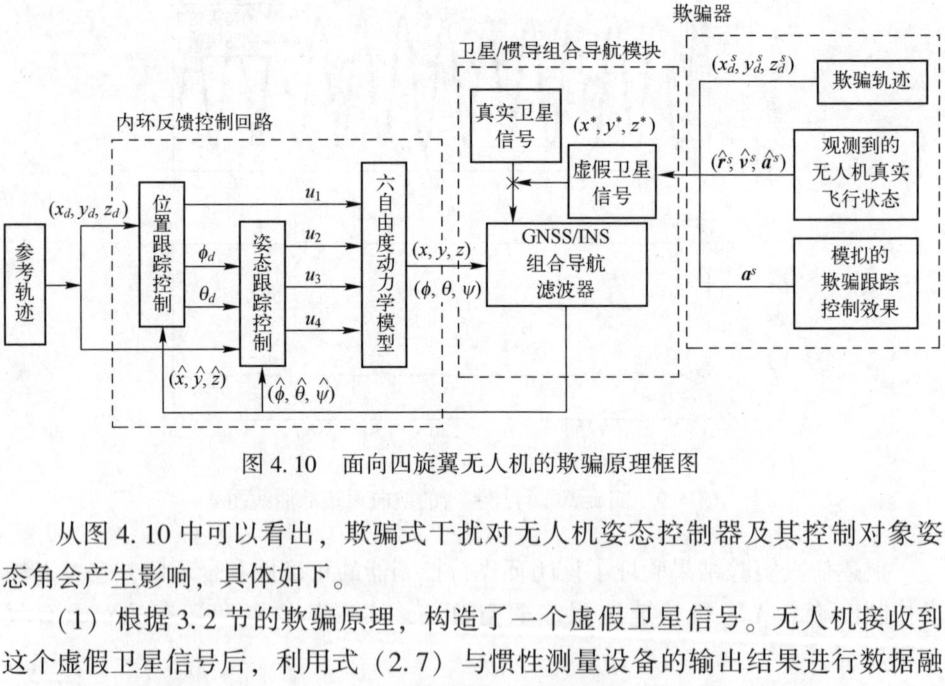

图 4.10 面向四旋翼无人机的欺骗原理框图

从图 4.10 中可以看出，欺骗式干扰对无人机姿态控制器及其控制对象姿态角会产生影响，具体如下。

（1）根据 3.2 节的欺骗原理，构造了一个虚假卫星信号。无人机接收到这个虚假卫星信号后，利用式（2.7）与惯性测量设备的输出结果进行数据融合，得到如式（2.32）和式（2.33）所描述的组合导航滤波估计结果。

（2）根据式（4.32）和式（4.33）无人机位置的偏移效果会直接导致间接控制输入量 u_x、u_y，以及直接控制输入量 u_1 的变化。

（3）根据式（4.38）和式（4.40）间接控制输入量 u_x、u_y 会导致期望的横滚角和俯仰角发生变化，进而改变姿态的控制输入量 $u_i(i=2,3,4)$。

（4）将发生变化的直接控制输入量 $u_i(i=1,2,3,4)$ 以及间接控制输入量 u_x 和 u_y 代入式（4.2）的非线性无人机数学模型中，最终不仅可以得到如图 3.6 所描述的精确位置偏移效果，而且会得到无人机姿态的无序变化。

（5）无人机自备的惯性器件测得发生变化后的无人机飞行状态信息，用于下一时刻与虚假卫星信号的组合导航数据融合输出。

综上所述，欺骗式干扰的存在不仅会使无人机的位置信息发生精确的定点欺骗偏移，而且姿态会在组合导航系统和飞行控制系统的双重作用下发生变化。

4.3.2　仿真验证与分析

本书在 3.2.4 节仿真实验的基础上，分别进一步分析在无人机跟踪三维曲线型轨迹或折线型轨迹情况下欺骗式干扰对姿态的影响效果。

1. 第一组实验：无人机跟踪三维曲线型轨迹

图 4.11 给出了无人机跟踪三维曲线型轨迹时有无欺骗式干扰的姿态角变化效果图。从图中可以看出如下结论：

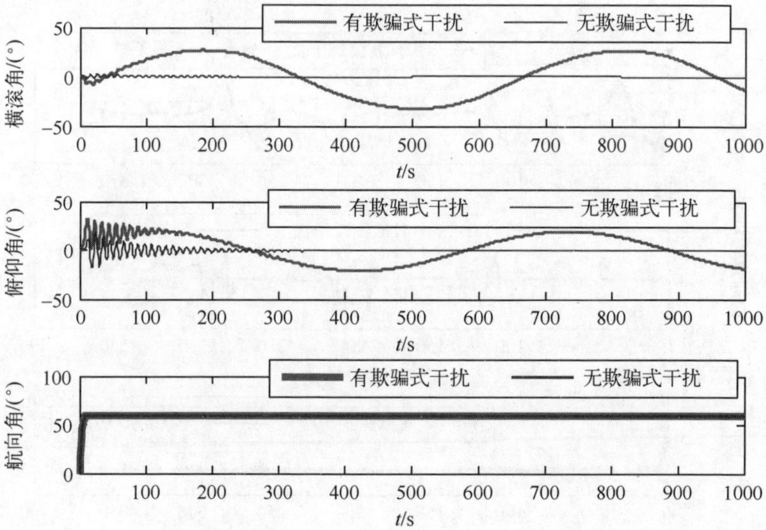

图 4.11　无人机跟踪三维曲线型轨迹时有无欺骗式干扰的姿态角变化效果图

（1）横滚角和俯仰角在无人机轨迹跟踪的开始阶段变化较为剧烈，这是因为横滚角和俯仰角的期望值是由位置控制器中间接控制量决定的。在飞行跟踪控制的初始状态不稳定时，位置控制器中间接控制量的不稳定性将导致期望值的求取存在随机性和偶然性。

(2) 实施欺骗式干扰不仅可以使无人机的位置发生位置欺骗偏移，而且会使横滚角和俯仰角发生变化。这是因为在无欺骗式干扰情况下无人机跟踪较为规则的曲线型参考轨迹，横滚角和俯仰角变化范围较小，即分别为（-5°，5°）和（-20°，20°）。而在有欺骗式干扰情况下无人机虽然也跟踪较为规则的欺骗轨迹，但是由于受到欺骗轨迹与参考轨迹的曲线趋势相差较大，导致无人机自身产生的控制量存在较大的机动性和随机性，因此其横滚角和俯仰角变化范围明显变大，即都在（-30°，30°）区间。在有无欺骗式干扰情况下横滚角和俯仰角在飞行过程中的明显姿态差异会被无人机携带的反欺骗装置检测到，而影响无人机欺骗的隐蔽性。

(3) 由于无人机的航向角是预先设置的，飞行控制器会始终保证无人机一直跟踪期望的航向角运行，因此在有无欺骗式干扰情况下航向角变化趋势几乎相同。

2. 第二组实验：无人机跟踪三维折线型轨迹

图 4.12 给出了无人机跟踪三维折线型轨迹时有无欺骗式干扰的姿态角变化效果图。从图中可以看出，无人机的横滚角和俯仰角在有无欺骗式干扰的情况下曲线趋势上变异较大，与图 4.11 所呈现的曲线结论相同。

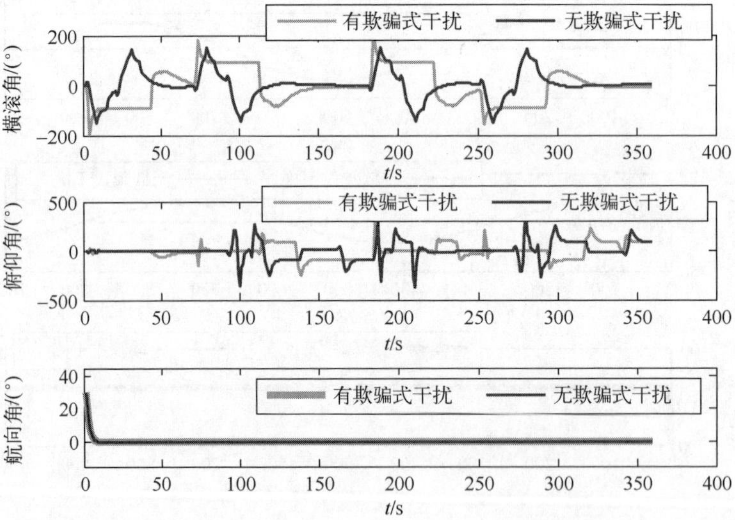

图 4.12　无人机跟踪三维折线型轨迹时有无欺骗式干扰的姿态角变化效果图

综上分析，在欺骗式干扰情况下横滚角和俯仰角会呈现与无欺骗式干扰情况下几乎完全不相同的变化趋势，这种巨大的变化趋势差异对无人机欺骗方法的隐蔽性是致命的，反欺骗装置可通过捕获这种姿态的变化而识别欺骗式干扰的存在。

4.4　四旋翼无人机欺骗方法的隐蔽性优化设计

作为第三方攻击设备，欺骗跟踪控制器性能的优化除了体现在提高实时测量无人机状态信息的精度方面，还体现在无人机欺骗攻击实施的隐蔽性方面，即保证欺骗攻击的存在不会引起无人机飞行状态的突变。但是从 4.3.2 节的仿真实验结果可知，在欺骗跟踪控制器的作用下，无人机姿态会发生的巨大差异变化，进而严重影响欺骗攻击的隐蔽性。

为实现针对四旋翼无人机欺骗方法的隐蔽性优化设计，本节提出一种利用轨迹诱导的无人机隐蔽性欺骗控制策略，主要通过规划欺骗轨迹的加速度分量是在参考轨迹的基础上叠加一个小量常值偏差，利用逐点逐步缓慢拉偏的轨迹诱导来避免虚假卫星信号引起位置的突然变化和姿态的巨大差异变化，进而躲避无人机系统上反欺骗装置的检测，实现无人机欺骗攻击的隐蔽性。

4.4.1　利用轨迹诱导的无人机隐蔽性欺骗控制策略研究

分析欺骗轨迹对无人机欺骗效果的影响，需要结合 3.2.1 节中欺骗跟踪控制器设计原理进行。首先，将式（3.1）与式（3.7）相减，可得

$$\dot{\boldsymbol{x}}-\dot{\overline{\boldsymbol{x}}}^{s}=\boldsymbol{A}\boldsymbol{x}-\boldsymbol{B}\boldsymbol{K}(\hat{\boldsymbol{x}}-\overline{\boldsymbol{x}})-\boldsymbol{A}\overline{\boldsymbol{x}}^{s}-\boldsymbol{B}\overline{\boldsymbol{a}}^{s} \tag{4.41}$$

根据$\dot{\overline{\boldsymbol{x}}}=\boldsymbol{A}\overline{\boldsymbol{x}}+\boldsymbol{B}\overline{\boldsymbol{a}}$，进一步求解式（4.41）可得

$$\begin{aligned}\dot{\boldsymbol{x}}-\dot{\overline{\boldsymbol{x}}}^{s}&=\boldsymbol{A}\boldsymbol{x}-\boldsymbol{B}\boldsymbol{K}(\hat{\boldsymbol{x}}-\overline{\boldsymbol{x}})-\boldsymbol{A}\overline{\boldsymbol{x}}^{s}-\boldsymbol{B}\overline{\boldsymbol{a}}^{s}+\boldsymbol{A}\overline{\boldsymbol{x}}+\boldsymbol{B}\overline{\boldsymbol{a}}-\dot{\overline{\boldsymbol{x}}}\\&=\boldsymbol{A}(\boldsymbol{x}-\overline{\boldsymbol{x}}^{s})+\boldsymbol{B}(\overline{\boldsymbol{a}}-\overline{\boldsymbol{a}}^{s})-\boldsymbol{B}\boldsymbol{K}(\hat{\boldsymbol{x}}-\overline{\boldsymbol{x}})+\boldsymbol{A}\overline{\boldsymbol{x}}-\dot{\overline{\boldsymbol{x}}}\end{aligned}$$

即

$$(\dot{\boldsymbol{x}}-\dot{\overline{\boldsymbol{x}}}^{s})-\boldsymbol{A}(\boldsymbol{x}-\overline{\boldsymbol{x}}^{s})=\boldsymbol{B}(\overline{\boldsymbol{a}}-\overline{\boldsymbol{a}}^{s})+f(\hat{\boldsymbol{x}},\overline{\boldsymbol{x}},\dot{\overline{\boldsymbol{x}}}) \tag{4.42}$$

式中：$f(\hat{\boldsymbol{x}},\overline{\boldsymbol{x}},\dot{\overline{\boldsymbol{x}}})=-\boldsymbol{B}\boldsymbol{K}(\hat{\boldsymbol{x}}-\overline{\boldsymbol{x}})+\boldsymbol{A}\overline{\boldsymbol{x}}-\dot{\overline{\boldsymbol{x}}}$。

在理想情况下，欺骗跟踪控制器期望无人机始终无误差地跟踪欺骗目标状态，即

$$\boldsymbol{x}=\overline{\boldsymbol{x}}^{s} \tag{4.43}$$

同时欺骗跟踪控制器期望无人机在整个跟踪欺骗轨迹的过程中能保持平稳飞行状态，故存在：

$$\dot{\boldsymbol{x}}=\dot{\overline{\boldsymbol{x}}}^{s} \tag{4.44}$$

根据上述分析，可将式（4.42）简化为

$$\boldsymbol{B}(\overline{\boldsymbol{a}}-\overline{\boldsymbol{a}}^{s})+f(\hat{\boldsymbol{x}},\overline{\boldsymbol{x}},\dot{\overline{\boldsymbol{x}}})=0$$

即

$$\overline{\boldsymbol{a}}-\overline{\boldsymbol{a}}^{s}=-(\boldsymbol{B}^{\mathrm{T}}\boldsymbol{B})^{-1}\boldsymbol{B}^{\mathrm{T}}f(\hat{\boldsymbol{x}},\overline{\boldsymbol{x}},\dot{\overline{\boldsymbol{x}}}) \tag{4.45}$$

由于参数$\overline{\boldsymbol{x}}$和$\dot{\overline{\boldsymbol{x}}}$是由无人机预先规划设计的，参数函数表达式$\boldsymbol{A}\overline{\boldsymbol{x}}-\dot{\overline{\boldsymbol{x}}}$是一个不能通过外部手段修改的可变参数。同时，$\hat{\boldsymbol{x}}$是基于无人机滤波器估计的，其精度仅由设备测量精度和滤波算法确定。因此，参数函数表达式$-\boldsymbol{BK}(\hat{\boldsymbol{x}}-\overline{\boldsymbol{x}})$也不是第三方设备能改变的参数。进一步分析可得由自变量$\overline{\boldsymbol{x}}$、$\dot{\overline{\boldsymbol{x}}}$和$\hat{\boldsymbol{x}}$构造的函数表达式$f(\hat{\boldsymbol{x}},\overline{\boldsymbol{x}},\dot{\overline{\boldsymbol{x}}})$是不可改变的量，则式（4.45）可简化为

$$\overline{\boldsymbol{a}}-\overline{\boldsymbol{a}}^{s}=\lambda \tag{4.46}$$

式中：λ 为一个不随时间变化的参数。

综合上述分析可知，当欺骗跟踪控制器规划的欺骗轨迹如式（4.46）所示，即其加速度分量在每个时刻与参考轨迹的加速度分量相隔一个小量参数时，无人机在整个欺骗过程可保证真实飞行轨迹的平滑。基于此，本书提出一种利用轨迹诱导的四旋翼无人机欺骗跟踪策略，设定欺骗跟踪控制器规划的欺骗轨迹始终依据无人机原定的参考轨迹而缓慢进行常值拉偏，避免了在欺骗攻击过程中无人机位置的突然较大变化而引起的无人机飞行姿态的巨大差异变化，进而增强无人机欺骗的隐蔽性，实现欺骗方法的优化设计。

4.4.2 仿真验证与分析

为验证利用轨迹诱导的无人机欺骗方法在隐蔽性上的优越性，本书对比了3.2.4节的两组实验。通过规划设计新的欺骗轨迹来分析研究无人机的欺骗方法。

第一组实验： 欺骗跟踪控制器设定新的欺骗轨迹为

$$\begin{cases}\overline{\boldsymbol{a}}_x=\boldsymbol{a}_x+0.0001\\ \overline{\boldsymbol{a}}_y=\boldsymbol{a}_y-0.0001\\ \overline{\boldsymbol{a}}_z=\boldsymbol{a}_z+0.00006\end{cases}\quad(\text{单位为 m/s}^2)，其中\ t\in[0,1000]\,\mathrm{s}。$$

图4.13~图4.16给出了在欺骗跟踪控制器作用下无人机跟踪新的三维曲线型轨迹欺骗效果图以及任意两个方向的二维投影效果图。

从图4.13~图4.16中可以看出，无人机始终跟踪新的欺骗轨迹航行，且无人机INS/GNSS组合导航滤波器估计轨迹仍输出无人机原定的参考轨迹，再一次验证了本书设计的无人机欺骗方法的有效性和正确性。

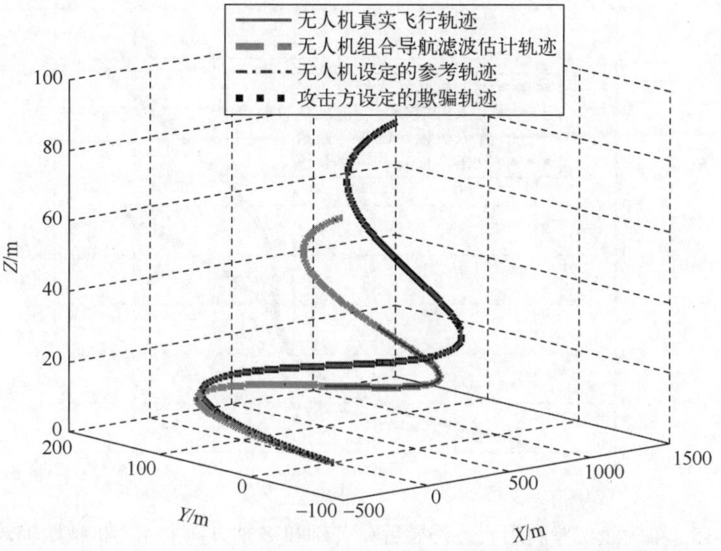

图 4.13　考虑欺骗轨迹的无人机跟踪三维曲线型轨迹控制仿真结果

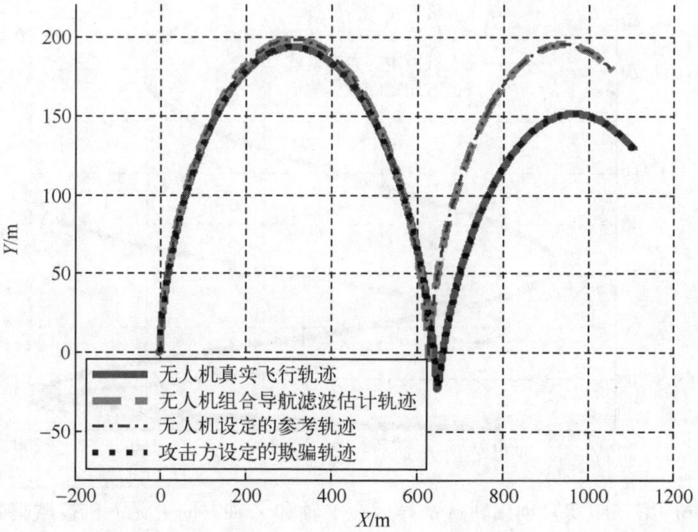

图 4.14　第一组实验利用轨迹诱导后在 X 轴和 Y 轴方向上无人机被欺骗效果图

相应的图 4.17 给出了在第一组实验环境下优化欺骗方法后有无欺骗式干扰的无人机姿态变化角曲线图。对比于图 4.11，由于考虑了无人机设定的参考轨迹，图 4.17 中欺骗轨迹的姿态镇定过程在有无欺骗式干扰情况下无论是在变化趋势上，还是在变化范围上都相对一致，这说明欺骗信号的加入不会引起太大的姿态差异变化，即可说明考虑欺骗轨迹规划的利用轨迹诱导方法的无人机欺骗方法具有更好的隐蔽性。

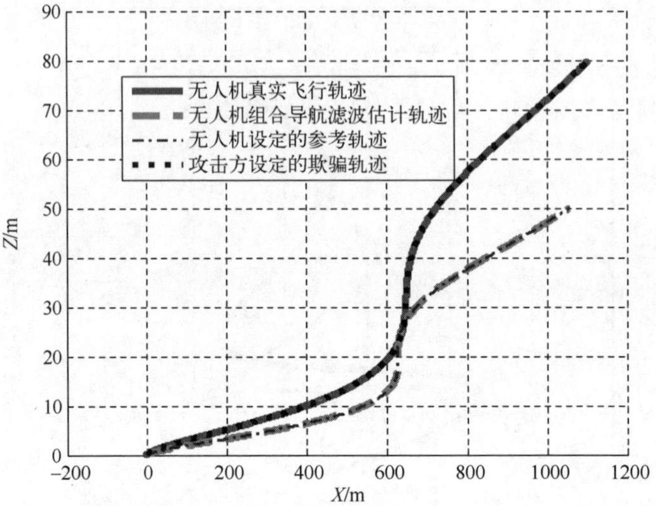

图 4.15　第一组实验利用轨迹诱导后在 X 轴和 Z 轴方向上无人机被欺骗效果图

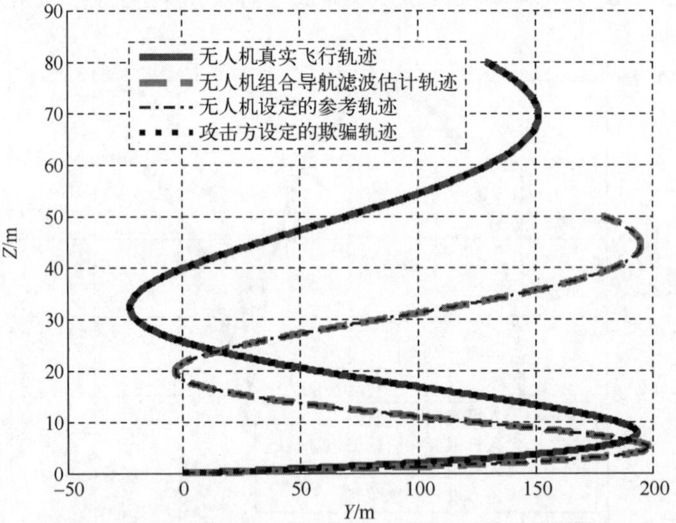

图 4.16　第一组实验利用轨迹诱导后在 Y 轴和 Z 轴方向上无人机被欺骗效果图

第二组实验：欺骗跟踪控制器设定新的欺骗轨迹为

$$\begin{cases}\bar{\boldsymbol{a}}_x^s=\bar{\boldsymbol{a}}_x+0.001\\ \bar{\boldsymbol{a}}_y^s=\bar{\boldsymbol{a}}_y-0.001\\ \bar{\boldsymbol{a}}_z^s=\bar{\boldsymbol{a}}_z-0.006\end{cases}\text{（单位为 m/s}^2\text{），其中 } t\in[0,360]\,\text{s。}$$

图 4.18~图 4.21 描述了在欺骗跟踪控制器作用下无人机跟踪新的三维折线型轨迹欺骗效果以及任意两个方向的二维投影效果图。在这种情况下，无人

机能够相对平稳地跟踪欺骗轨迹，并且在整个欺骗过程中无人机不会发生大规模的抖动。这一结果是由于新的欺骗跟踪是依据参考轨迹缓慢常值拉偏而产生规划的，它保证了欺骗轨迹与参考轨迹之间的差异是均匀的，进而避免了在整个欺骗过程中无人机姿态的突变，这既增强了无人机欺骗方法的隐蔽性，同时也确保了在整个欺骗过程中飞行的稳定性。

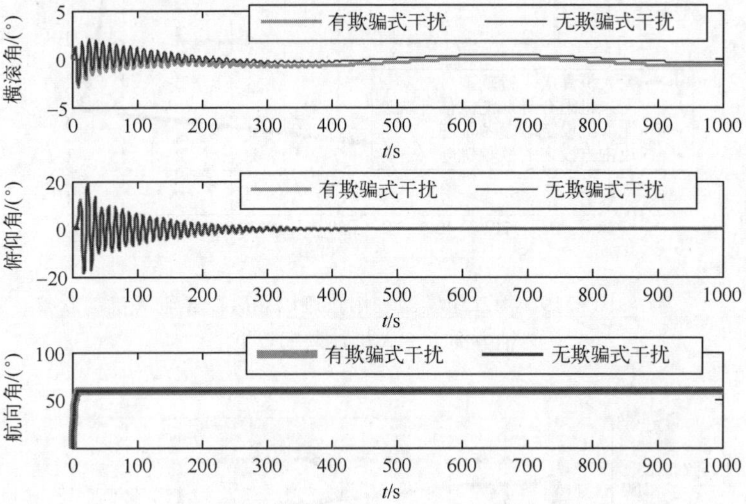

图 4.17　第一组实验无人机优化欺骗方法后有无欺骗式干扰的姿态角变化效果图

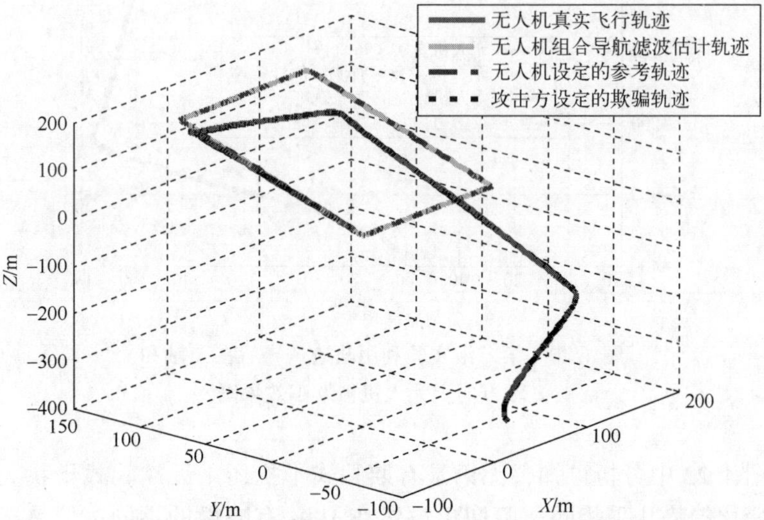

图 4.18　考虑欺骗轨迹的无人机跟踪三维折线型轨迹控制仿真结果

相应地，图 4.22 给出了这种位置欺骗状态下有位置欺骗的姿态角变化效果图。

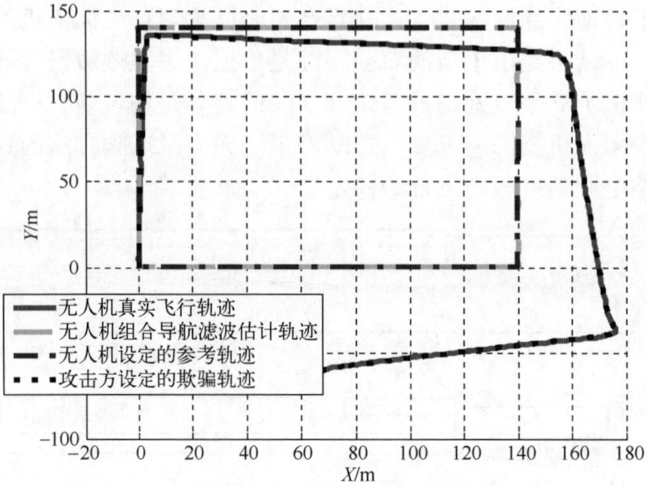

图 4.19　第二组实验利用轨迹诱导后在 X 轴和
Y 轴方向上无人机被欺骗效果图

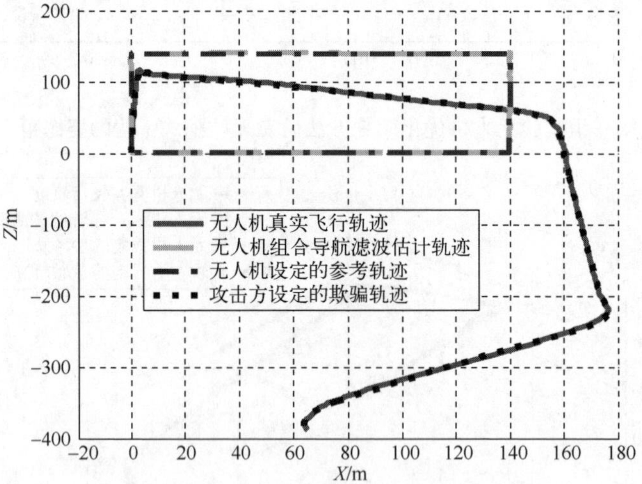

图 4.20　第二组实验利用轨迹诱导后在 X 轴和
Z 轴方向上无人机被欺骗效果图

由图 4.22 中分析可知，无论是有欺骗式干扰还是无欺骗式干扰无人机的横滚角变化趋势几乎相同，俯仰角虽然在 100s 有略微的不同，但是在之后的变化趋势近似相同。欺骗式干扰所带来的姿态这一变化相对于图 4.11 来说，作用范围更小、变化幅值更小，无人机的欺骗式干扰更加隐蔽。

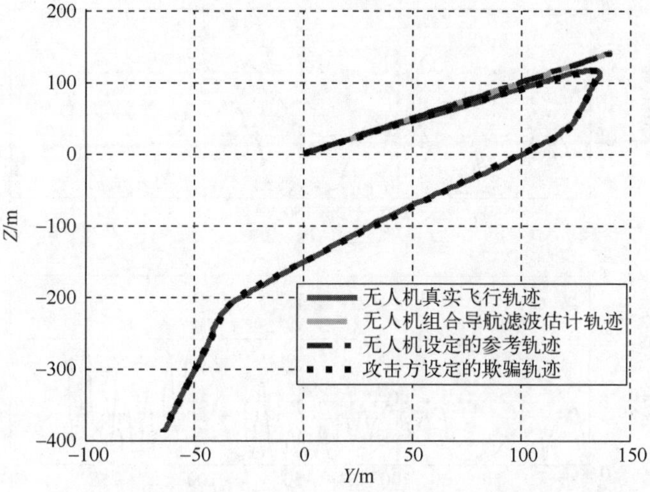

图 4.21　第二组实验利用轨迹诱导后在 Y 轴和 Z 轴方向上无人机被欺骗效果图

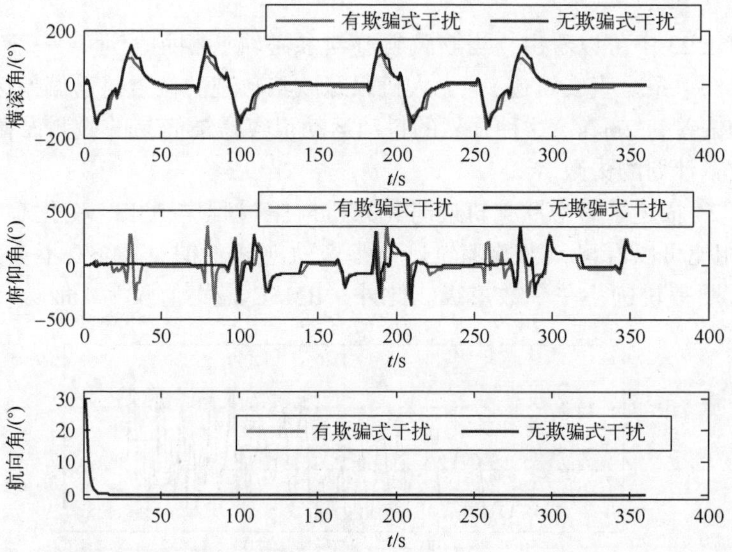

图 4.22　第一组实验无人机优化欺骗方法后有无欺骗式干扰的姿态角变化效果图

为了进一步说明欺骗轨迹对无人机欺骗效果的影响，以位置和速度的均方差误差（root mean square error，RMSE）为评价指标，即

$$\mathrm{RMSE}_r=\sqrt{(r_x-\bar{r}_x^s)^2+(r_y-\bar{r}_y^s)^2}$$

$$\mathrm{RMSE}_v=\sqrt{(v_x-\bar{v}_x^s)^2+(v_y-\bar{v}_y^s)^2}$$

图 4.23 描述了当规划的欺骗轨迹如 3.2.4 节所示时无人机在整个欺骗过程中 RMSE 的变化。

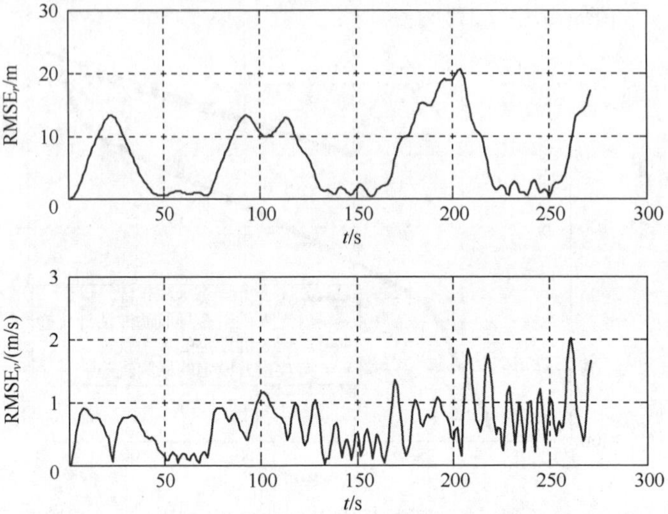

图 4.23　无人机在欺骗过程中 RMSE 变化趋势图

从图 4.23 中可以看出，当欺骗轨迹与参考轨迹相距较远（一条为四边形轨迹，另外一条是直线轨迹），无人机跟踪欺骗轨迹的位置抖动偏差达到 20m，速度抖动偏差为 2m/s，这种强烈的抖动运动很容易被简易的检测设备所捕获，而导致欺骗计划的失败。

图 4.24 描述了考虑欺骗轨迹时无人机欺骗过程中 RMSE 变化趋势图。与图 4.23 相比可以看出，当欺骗轨迹与参考轨迹相似时，$RMSE_r$不会大于 3m，比不考虑欺骗轨迹小一个数量级。此外，$RMSE_v$最大值仅为 1m/s，也小于不

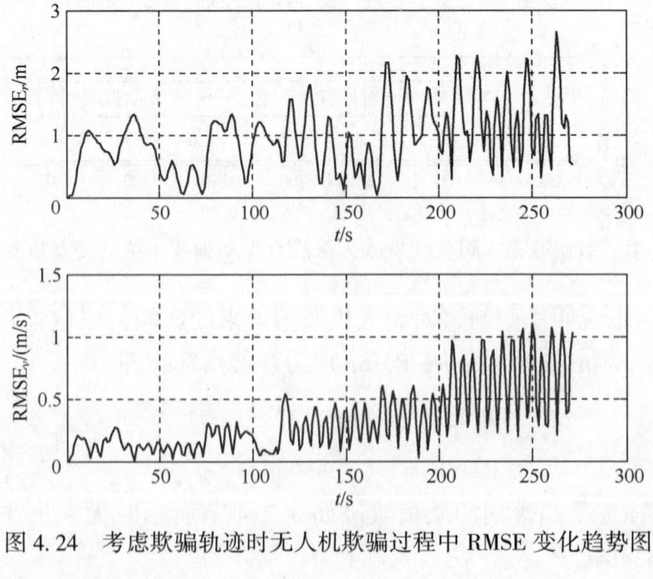

图 4.24　考虑欺骗轨迹时无人机欺骗过程中 RMSE 变化趋势图

考虑欺骗轨迹的 $RMSE_v$。因此，以 RMSE 的位置和速度为评价指标，考虑欺骗轨迹的无人机欺骗方法性能更优化。

综合上述实验结果可知，考虑欺骗轨迹时利用轨迹诱导的无人机欺骗方法性能更优，隐蔽性效果更好，同时在整个欺骗过程中无人机飞行稳定性更好。

4.5 小　结

本章首先以四旋翼无人机为研究对象，构造其非线性动力学数学模型，进而利用基于积分反步法的 PID 控制算法设计其姿态控制器和位置控制器，保证系统的稳定性，实现无人机位置和姿态的实时跟踪控制；然后通过分析姿态控制器中间直接控制量与期望姿态角之间的代数关系，搭建两个子控制器之间的桥梁，实现整个控制系统的闭环设计；接着在此基础上，本章研究欺骗式干扰对姿态控制器以及被控对象姿态角的影响，推断出欺骗轨迹的规划对无人机欺骗效果起着至关重要的作用，进而提出利用轨迹诱导的无人机隐蔽性欺骗方法，主要通过规划欺骗轨迹的加速度分量是在参考轨迹的基础上叠加一个小量常值偏差，利用逐点逐步缓慢拉偏的轨迹诱导来避免虚假卫星信号引起位置的突然变化和姿态的巨大差异变化；最后通过仿真实验结果验证了利用轨迹诱导的无人机欺骗方法不仅能实现无人机精确的位置欺骗偏移，而且其引起的姿态差异较小，欺骗隐蔽性更强，无人机在欺骗过程中的飞行稳定性更好。

第5章　针对固定翼无人机的欺骗控制策略研究

作为另一类常见的无人机类型，固定翼无人机的气动效率高，具有更高的续航能力、更快的飞行速度以及更大的活动半径。因此相对于多旋翼无人机来说，固定翼无人机的数学模型及其飞行控制率将更为复杂。换言之，以固定翼无人机为研究对象的欺骗方法所需要考虑的影响因素更多。

在充分理解固定翼无人机自身独特的环境应用需求的基础上，如何对第3章的质点无人机欺骗方法原理进行优化设计以构造适应于固定翼无人机的欺骗方案是本章需要研究和解决的问题。

5.1　固定翼无人机系统模型

固定翼无人机系统的构建包括对其动力学方程以及运动学方程的求解。

5.1.1　动力学方程

本节分别应用牛顿第二定律和动量矩定理来研究固定翼无人机质心移动和其绕质心的转动，即

$$m\frac{\mathrm{d}\boldsymbol{V}}{\mathrm{d}t}=\boldsymbol{F} \tag{5.1}$$

$$\frac{\mathrm{d}\boldsymbol{H}}{\mathrm{d}t}=\boldsymbol{M} \tag{5.2}$$

式中：m 为无人机质量；$\boldsymbol{V}$ 为无人机的速度矢量；$\boldsymbol{F}$ 为作用于质心处外力的合力矢量；$\boldsymbol{H}$ 为无人机相对于质心的动量矩；$\boldsymbol{M}$ 为外力对质心处的总力矩。

将式（5.1）和式（5.2）中相关矢量分别投影到机体坐标系 $O_gx_gy_gz_g$ 上，构建固定翼无人机质心运动和其绕质心转动的方程，因此无人机受到的外力（包括重力 $\boldsymbol{G}$、发动机推力 $\boldsymbol{T}$ 和空气动力 $\boldsymbol{R}$）都需要投影到机体坐标系 $O_gx_gy_gz_g$ 上。

1. 重力 $\boldsymbol{G}$

重力 $\boldsymbol{G}$ 在地面坐标系 $O_gx_gy_gz_g$（北东地坐标系）上的矢量表达式为 $\boldsymbol{G}=$

$[0 \quad 0 \quad -mg]^{\mathrm{T}}$，则将其投影到机体坐标系 $O_b x_b y_b z_b$ 上为

$$\begin{bmatrix} G_x \\ G_y \\ G_z \end{bmatrix}_b = \boldsymbol{L}(\phi,\theta,\psi)\begin{bmatrix} 0 \\ 0 \\ mg \end{bmatrix} = \begin{bmatrix} -mg\sin\theta \\ mg\sin\phi\cos\theta \\ mg\cos\phi\cos\theta \end{bmatrix} \tag{5.3}$$

式中：(ϕ,θ,ψ) 为无人机的姿态角，即横滚角、俯仰角和航向角；$\boldsymbol{L}(\phi,\theta,\psi)$ 为 $O_g x_g y_g z_g$ 系与 $O_b x_b y_b z_b$ 系之间的转换矩阵。

2. 发动机推力 *T*

推力 $\boldsymbol{T}$ 是无人机飞行的动力来源，是由发动机带动螺旋桨产生的。发动机通常固定在飞机的纵轴上，则推力 $\boldsymbol{T}$ 在机体坐标系 $O_b x_b y_b z_b$ 中的分量为

$$\begin{bmatrix} T_x \\ T_y \\ T_z \end{bmatrix}_b = \begin{bmatrix} T \\ 0 \\ 0 \end{bmatrix} \tag{5.4}$$

3. 空气动力 *R*

空气动力 $\boldsymbol{R}$ 是在气流坐标系中定义的，空气动力 $\boldsymbol{R}$ 在机体坐标系 $O_b x_b y_b z_b$ 下的投影为

$$\begin{bmatrix} R_x \\ R_y \\ R_z \end{bmatrix}_b = \boldsymbol{L}(\alpha,\beta)\begin{bmatrix} -D \\ Y \\ -L \end{bmatrix} = \begin{bmatrix} -D\cos\alpha\cos\beta+Y\sin\alpha+L\cos\alpha\sin\beta \\ D\sin\alpha\cos\beta+Y\cos\alpha-L\sin\alpha\sin\beta \\ -D\sin\beta-L\cos\beta \end{bmatrix} \tag{5.5}$$

式中：α、β 分别为无人机的攻角和侧滑角；$\boldsymbol{L}(\alpha,\beta)$ 为 $O_a x_a y_a z_a$ 系与 $O_b x_b y_b z_b$ 系之间的转换矩阵；D、Y 和 L 分别为飞机的阻力、侧滑力和升力，且其表达式分别为

$$\begin{cases} D = qS_w C_D \\ Y = qS_w C_Y \\ L = qS_w C_L \end{cases} \tag{5.6}$$

式中：q 为来流的动压（$q=1/2\rho V_a^2$；ρ 为空气密度；V_a 为空速）；S_w 为机翼参考面积；C_D、C_Y 和 C_L 分别为无量纲的阻力系数、侧滑力系数和升力系数，且满足：

$$\begin{cases} C_L = C_{L0} + C_L^{\alpha}\alpha + C_L^{\delta_e}\delta_e + \dfrac{c}{2V_a}(C_L^{\dot{\alpha}}\dot{\alpha} + C_L^q q) + C_L^M M \\ C_D = C_{D0} + \dfrac{(C_L - C_{L0})^2}{\pi e \mathrm{AR}} + C_D^{\delta_e}\delta_e + C_D^{\delta_a}\delta_a + C_D^{\delta_r}\delta_r + C_D^M M \\ C_Y = C_Y^{\beta}\beta + C_Y^{\delta_a}\delta_a + C_Y^{\delta_r}\delta_r + \dfrac{b}{2V_a}(C_Y^p p + C_Y^r r) \end{cases} \tag{5.7}$$

式中：C_{L0} 为当迎角为零时的升力系数；C_L^{α} 为 C_L 对 α 的偏导数；$C_L^{\delta_e}$ 为 C_L 对 δ_e

的偏导数；$C_L^{\dot{\alpha}}$ 为 C_L对$\dot{\alpha}$的偏导数；C_L^q为 C_L对 q 的偏导数；C_L^M为 C_L对 M 的偏导数；C_{D0}为零升阻力系数；$C_D^{\delta_e}$为 C_D对 δ_e 的偏导数；$C_D^{\delta_a}$为 C_D对 δ_a的偏导数；$C_D^{\delta_r}$为 C_D对 δ_r的偏导数；C_D^M为 C_D对 M 的偏导数；C_Y^{β}为 C_Y对 β 的偏导数；$C_Y^{\delta_a}$为 C_Y对 δ_a的偏导数；$C_Y^{\delta_r}$为 C_Y对 δ_r的偏导数；C_Y^p为 C_Y对 p 的偏导数；C_Y^r为 C_Y对 r 的偏导数；δ_e 为升降舵转角；δ_a为副翼转角；δ_r为方向舵转角；$\dot{\alpha}$为迎角速度；M 为马赫数；c 为机翼平均气动弦长；e 为机翼效率系数；AR 为机翼展弦比；b 为机翼展长。

根据式（5.3）~式（5.5），作用在无人机质心处的合外力 $\boldsymbol{F}$ 在机体坐标系 $O_bx_by_bz_b$下的投影为

$$\begin{bmatrix} F_x \\ F_y \\ F_z \end{bmatrix}_b = \begin{bmatrix} G_x \\ G_y \\ G_z \end{bmatrix}_b + \begin{bmatrix} T_x \\ T_y \\ T_z \end{bmatrix}_b + \begin{bmatrix} R_x \\ R_y \\ R_z \end{bmatrix}_b \tag{5.8}$$

根据相对运动关系，可知：

$$\boldsymbol{V}=\boldsymbol{V}_0+\boldsymbol{\Omega}_b\times\boldsymbol{r} \tag{5.9}$$

式中：$\boldsymbol{V}_0=[u \quad v \quad w]^{\mathrm{T}}$、$\boldsymbol{\Omega}_0=[p \quad q \quad r]^{\mathrm{T}}$分别为 $O_bx_by_bz_b$系相对于 $O_gx_gy_gz_g$系的速度矢量和角速度矢量；$\boldsymbol{r}=[x \quad y \quad z]^{\mathrm{T}}$为无人机的质点位置矢量在 $O_bx_by_bz_b$系上的投影。

将式（5.8）和式（5.9）代入式（5.1）中，可得无人机在合外力 $\boldsymbol{F}$ 作用下的质心运动方程为

$$\begin{cases} \dfrac{F_x}{m}=a_x=\dot{u}+wq-vr \\ \dfrac{F_y}{m}=a_y=\dot{v}+ur-wp \\ \dfrac{F_z}{m}=a_z=\dot{w}+vp-uq \end{cases} \tag{5.10}$$

无人机所受外力（重力 $\boldsymbol{G}$、发动机推力 $\boldsymbol{T}$ 和空气动力 $\boldsymbol{R}$）可产生一个绕质心的合力矩 $\boldsymbol{M}$。空气动力矩的三个分量（滚转力矩 l、俯仰力矩 M 和偏航力矩 N）是相对机体坐标系定义的，且其表达式为

$$\begin{cases} l=qSbC_l \\ M=qSbC_m \\ N=qSbC_n \end{cases} \tag{5.11}$$

式中：C_l、C_m和 C_n分别为滚转力矩系数、俯仰力矩系数和偏航力矩系数，且满足

$$\begin{cases} C_l = C_l^{\beta}\beta + C_l^{\delta_a}\delta_a + C_l^{\delta_r}\delta_r + \dfrac{b}{2V_a}(C_l^p p + C_l^r r) \\ C_m = C_{m0} + C_m^{\alpha}\alpha + C_m^{\delta_e}\delta_e + \dfrac{c}{2V_a}(C_m^{\dot{\alpha}}\dot{\alpha} + C_m^q q) + C_m^M M \\ C_n = C_n^{\beta}\beta + C_n^{\delta_a}\delta_a + C_n^{\delta_r}\delta_r + \dfrac{b}{2V_a}(C_n^p p + C_n^r r) \end{cases} \tag{5.12}$$

式中：C_l^{β}为 C_l对 β 的偏导数；$C_l^{\delta_a}$为 C_l对 δ_a的偏导数；$C_l^{\delta_r}$为 C_l对 δ_r的偏导数；C_l^p为滚 C_l对 p 的偏导数；C_l^r为 C_l对 r 的偏导数；C_{m0}为零升力矩系数；C_m^{α}为 C_m对 α 的偏导数；$C_m^{\delta_e}$为 C_m对 δ_e 的偏导数；$C_m^{\dot{\alpha}}$为 C_m对$\dot{\alpha}$的偏导数；C_m^q为 C_m对 q 的偏导数；C_m^M为 C_m对 M 的偏导数；C_n^{β}为 C_n对 β 的偏导数；$C_n^{\delta_a}$为 C_n对 δ_a的偏导数；$C_n^{\delta_r}$为 C_n对 δ_r的偏导数；C_n^p为 C_n对 p 的偏导数；C_n^r为 C_n对 r 的偏导数。

由于重力 $\boldsymbol{G}$ 始终通过无人机的重心，故其不会对无人机产生力矩的影响。作用在无人机的总力矩表达式为

$$\boldsymbol{M} = (\boldsymbol{r}_a - \boldsymbol{r}_{CG}) \times \boldsymbol{R} + \boldsymbol{M}_a + (\boldsymbol{r}_p - \boldsymbol{r}_{CG}) \times \boldsymbol{T} \tag{5.13}$$

式中：$\boldsymbol{r}_a = [X_a \quad Y_a \quad Z_a]^{\mathrm{T}}$为气动力应用点；$\boldsymbol{r}_p = [X_p \quad Y_p \quad Z_p]^{\mathrm{T}}$为推力应用点；$\boldsymbol{r}_{CG} = [X_{CG} \quad Y_{CG} \quad Z_{CG}]^{\mathrm{T}}$为无人机的重心坐标在机体坐标系上的投影。

具有对称外形的无人机存在

$$J_{xy} = J_{yz} = 0$$

则其动量矩 $\boldsymbol{H}$ 在机体坐标系各轴上的分量可表示为

$$\begin{bmatrix} H_x \\ H_y \\ H_z \end{bmatrix} = \begin{bmatrix} J_x & 0 & -J_{xz} \\ 0 & J_y & 0 \\ J_{xz} & 0 & J_z \end{bmatrix} \begin{bmatrix} p \\ q \\ r \end{bmatrix} \tag{5.14}$$

式中：J_x、J_y、J_z为无人机对机体坐标系各轴的转动惯量。

根据动量矩定义，可得

$$\frac{\mathrm{d}\boldsymbol{H}}{\mathrm{d}t} = \frac{\partial \boldsymbol{H}}{\partial t} + \boldsymbol{\Omega}_b \times \boldsymbol{H} \tag{5.15}$$

其中

$$\begin{aligned} \boldsymbol{\Omega}_b \times \boldsymbol{H} &= \begin{vmatrix} \boldsymbol{i} & \boldsymbol{j} & \boldsymbol{k} \\ p & q & r \\ H_x & H_y & H_z \end{vmatrix} \\ &= (H_z q - H_y r)\boldsymbol{i} + (H_x r - H_z p)\boldsymbol{j} + (H_y p - H_x q)\boldsymbol{k} \end{aligned}$$

将式（5.13）~式（5.14）代入式（5.2）中可得在机体坐标系中无人机在外合力矩作用下的动力学方程为

$$\begin{cases} M_x = J_x p + (J_z - J_y) qr \\ M_y = J_y q + (J_x - J_z) pr \\ M_z = J_z r + (J_y - J_x) pq \end{cases} \tag{5.16}$$

其中，$\boldsymbol{M} = [M_x \quad M_y \quad M_z]^{\mathrm{T}}$。

5.1.2 运动学方程

无人机的运动学模型主要研究外合力和外合力矩对飞机运动的作用。由文献［52］可得与飞机速度、攻角和侧滑角相关的运动学方程组为

$$\begin{cases} \dot{V} = \dfrac{u\dot{u} + v\dot{v} + w\dot{w}}{V} \\ \dot{\alpha} = \dfrac{u\dot{w} - w\dot{u}}{u^2 + w^2} \\ \dot{\beta} = \dfrac{\dot{v}V - v\dot{V}}{V^2 \cos\beta} \end{cases} \tag{5.17}$$

与飞机姿态相关的运动学方程组为

$$\begin{cases} \dot{\phi} = p + q\sin\phi\tan\theta + r\cos\phi\tan\theta \\ \dot{\theta} = q\cos\phi - r\sin\phi \\ \dot{\psi} = \dfrac{1}{\cos\theta}(q\sin\phi + r\cos\phi) \end{cases} \tag{5.18}$$

与角速度相关的运动学方程组为

$$\begin{cases} \dot{p} = \dfrac{1}{J_x J_z - J_{xz}^2}[J_z L + J_{xz} N + (J_x - J_y + J_z) J_{xz} pq + (J_y J_z - J_z^2 - J_{xz}^2) qr] \\ \dot{q} = \dfrac{1}{J_y}[M - J_{xz}(p^2 - r^2) - (J_x - J_z) pr] \\ \dot{r} = \dfrac{1}{J_x J_z - J_{xz}^2}[J_{xz} L + J_x N + (J_x^2 - J_x J_y + J_{xz}^2) pq - (J_x - J_y + J_z) qr] \end{cases} \tag{5.19}$$

以及与无人机位置相关的运动学方程组为

$$\begin{bmatrix} \dot{x}_g \\ \dot{y}_g \\ \dot{z}_g \end{bmatrix} = \begin{bmatrix} \cos\theta\cos\psi & \cos\theta\sin\psi & -\sin\theta \\ -\cos\phi\sin\psi + \sin\phi\sin\theta\cos\psi & \cos\phi\cos\psi + \sin\phi\sin\theta\sin\psi & \sin\phi\cos\theta \\ \sin\phi\sin\psi + \cos\phi\sin\theta\cos\psi & -\sin\phi\cos\psi + \cos\phi\sin\theta\sin\psi & \cos\phi\cos\theta \end{bmatrix}^{\mathrm{T}} \begin{bmatrix} u \\ v \\ w \end{bmatrix} \tag{5.20}$$

式中：z_g 为无人机的高度信息，即 $z_g = h$。

5.2　固定翼无人机控制器分析

固定翼无人机一般依靠升降舵、方向舵、副翼舵和油门舵作为执行机构来控制飞行状态，故其有四个输入参数。

(1) 升降舵偏转角 (elevator deflection) δ_e；

(2) 方向舵偏转角 (rudder deflection) δ_r；

(3) 副翼偏转角 (aileron deflection) δ_a；

(4) 油门杆 (throttle) δ_t。

同时，根据 5.1 节搭建的固定翼无人机系统可知，其被控量共有 12 个，分别为飞行器的速度 V、迎角 α、侧滑角 β、横滚角 φ、俯仰角 θ、航向角 ψ、滚转角速度 p、俯仰角速度 q、航向角速度 r 以及无人机的三个位置参数信息 (x_g, y_g, z_g)。

5.2.1　无人机控制原理

本节设计采用升降舵控高、方向舵控航向角、副翼控横滚角、油门控速的控制方案。固定翼无人机控制器各通道之间的关系如图 5.1 所示，其中各个控制回路均利用常见的 PID、PI 或 PD 控制算法设计。

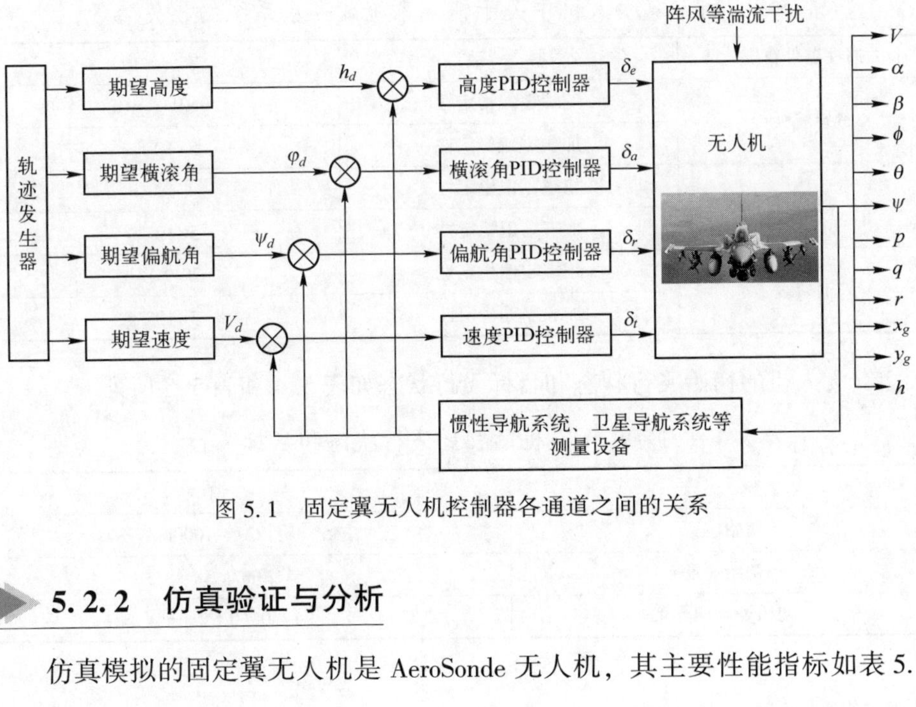

图 5.1　固定翼无人机控制器各通道之间的关系

5.2.2　仿真验证与分析

仿真模拟的固定翼无人机是 AeroSonde 无人机，其主要性能指标如表 5.1

所列。本次实验的目的是通过对比目标飞行状态（包括无人机的横滚角、航向角、速度和高度等）与无人机最终稳定的飞行状态之间的差异，来研究探讨 5.2.1 节所述的飞行控制器的正确性和有效性。

表 5.1　AeroSonde 无人机主要技术指标

性能指标	数　值
临界速度	[15,50] m/s
侧滑角临界范围	[-0.5,0.5] rad
攻角临界范围	[-0.1,0.3] (°)
机翼面积	$0.55m^2$
翼展	2.8956m

设置卫星导航精度参数设置如表 5.2 所列。

表 5.2　固定翼无人机中关于惯导系统和卫星系统的相关参数

参　数	数　值
卫星定位精度	10m
卫星测速精度	0.1m/s

以及设置不同精度的惯性器件精度参数如表 5.3 所列。

表 5.3　固定翼无人机中关于惯导系统和卫星系统的相关参数

惯性器件精度	参　数	数　值
导航级	陀螺零偏稳定性	0.01(°)/h
	加表零偏稳定性	$5\times10^{-5}g$
战术级	陀螺零偏稳定性	1(°)/h
	加表零偏稳定性	$5\times10^{-4}g$
消费级	陀螺零偏稳定性	20(°)/h
	加表零偏稳定性	$5\times10^{-3}g$

固定翼无人机的初始飞行状态和目标飞行状态如表 5.4 和表 5.5 所列。

表 5.4　固定翼无人机的初始飞行状态和目标飞行状态

参　数	数　值
初始位置	[45°　-122°　1000m]
初始速度	23m/s
初始姿态四元素	[1　0　0　0]

表 5.5　固定翼无人机的初始飞行状态和目标飞行状态

参　数	目标横滚角	目标航向角	目 标 速 度	目 标 高 度
数值	0°	60°	25m/s	815m

图 5.2 给出了利用 Aerosim 搭建的无人机系统（包括六自由度非线性系统、卫星/惯性组合导航系统以及飞行控制系统）。

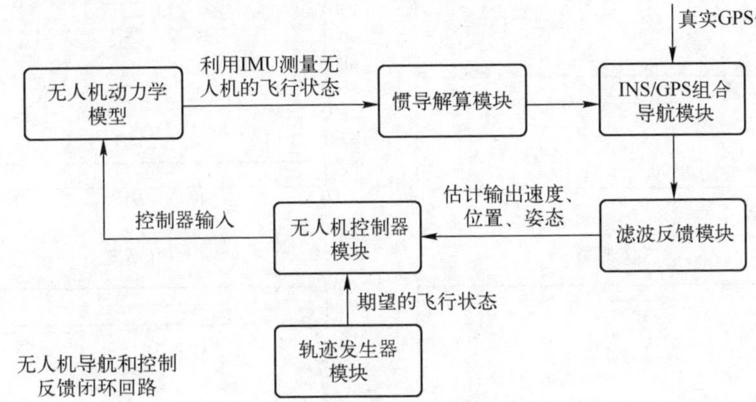

(a) 固定翼无人机的控制与导航原理图

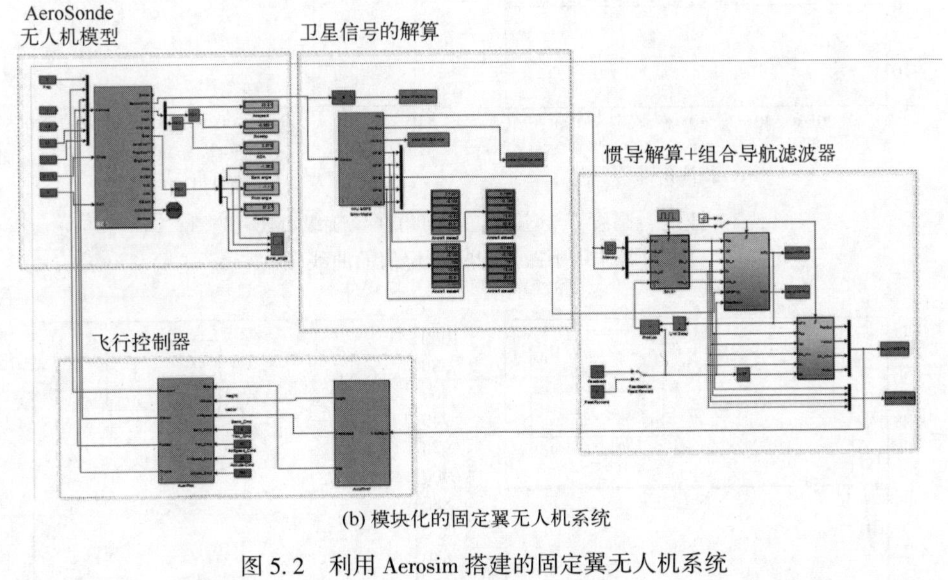

(b) 模块化的固定翼无人机系统

图 5.2　利用 Aerosim 搭建的固定翼无人机系统

图 5.3~图 5.5 分别给出了在不同惯导精度条件和飞行控制器作用下无人机的飞行状态图。可以看出，无人机的速度、高度、横滚角和航向角等飞行参数都能在控制器的作用下达到设定的目标状态，且 INS/GNSS 组合导航的滤波

输出结果会与无人机真实飞行状态相近，这说明 5.2.1 节研究的飞行控制器和 INS/GNSS 组合导航滤波系统是正确的、有效的，可作为 5.3 节欺骗实验的目标样机。

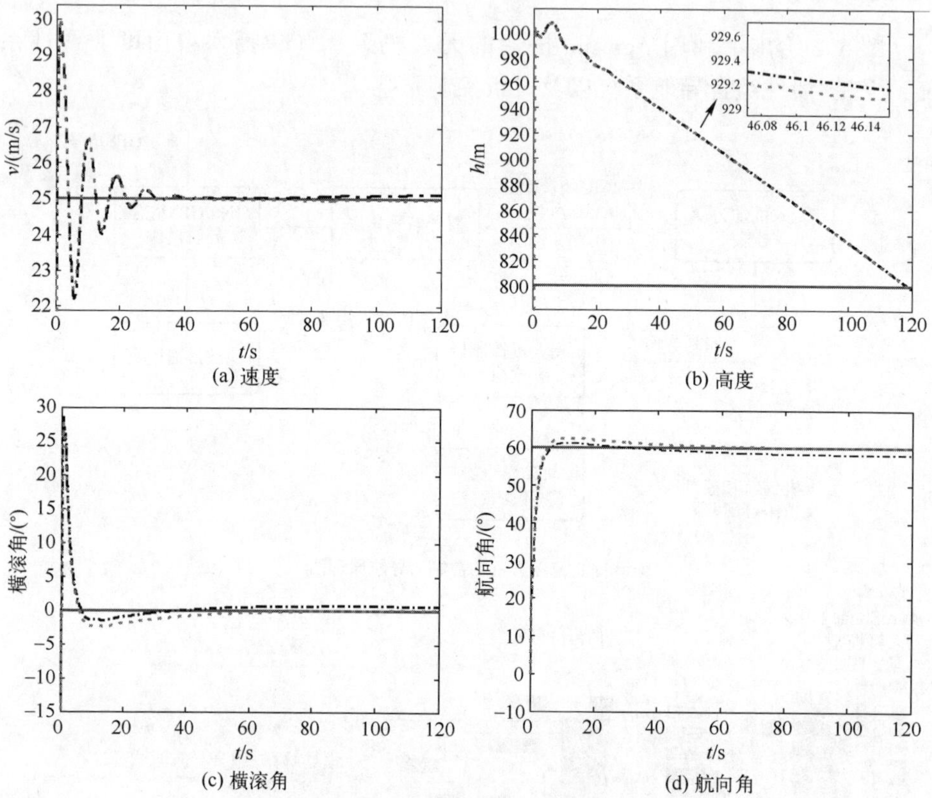

(a) 速度　(b) 高度

(c) 横滚角　(d) 航向角

图 5.3　速度、高度、姿态角、航向角在导航级 IMU 和飞行控制器作用下跟踪目标设定值的曲线图

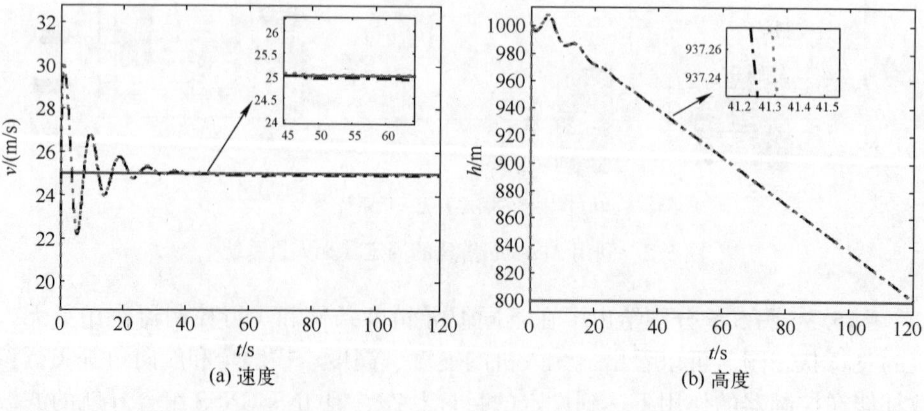

(a) 速度　(b) 高度

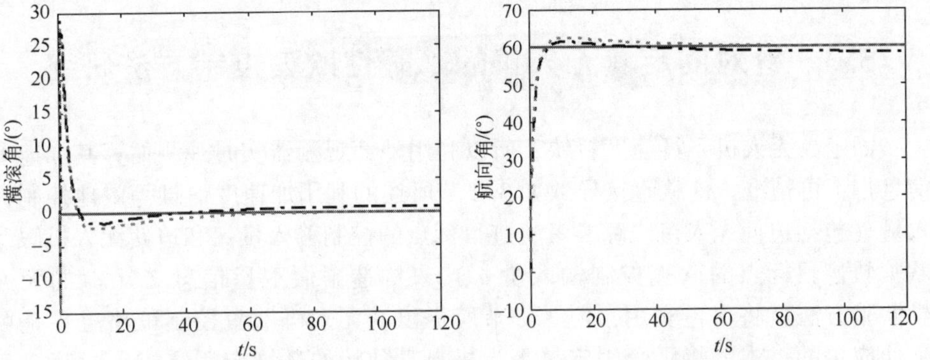

(c) 横滚角　　(d) 航向角

图 5.4　速度、高度、横滚角、航向角在战术级 IMU 和飞行控制器作用下跟踪目标设定值的曲线图

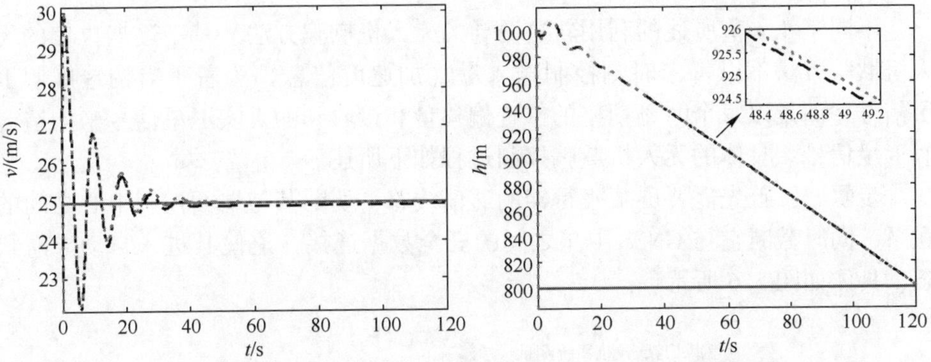

(a) 速度　　(b) 高度

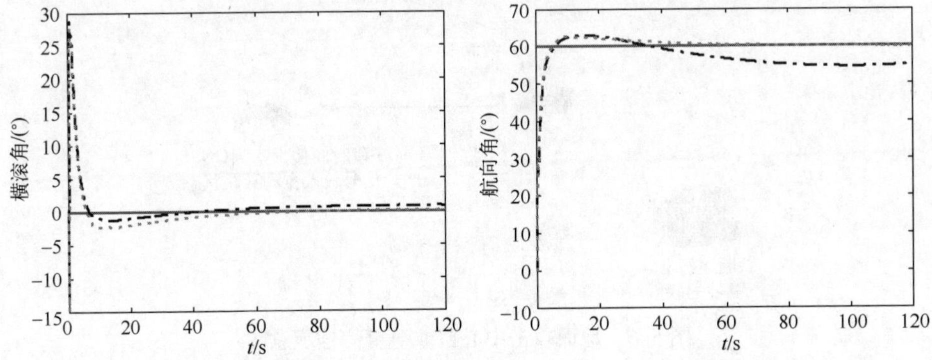

(c) 横滚角　　(d) 航向角

图 5.5　速度、高度、横滚角、航向角在消费级 IMU 和飞行控制器作用下跟踪目标设定值的曲线图

5.3　针对固定翼无人机的隐蔽性欺骗控制方法研究

固定翼无人机飞行速度较快，所以利用外部观测器实时观测估算其加速度信息将不再精准，这就直接导致如 3.2 节所述的利用加速度信息等效地控制输入量（包括迫使无人机跟踪参考轨迹目标点的控制输入量 $\boldsymbol{a}$ 和迫使无人机跟踪欺骗轨迹目标点的欺骗控制输入量 $\boldsymbol{a}^s$）来构造虚假卫星信息 $\boldsymbol{Z}^*(k)$ 的无人机欺骗方法就将不再实用，但 3.2 节所提出的无人机欺骗控制策略思想是可延伸应用的。本节将结合固定翼无人机自身独特的环境应用需求，对第 3 章的质点无人机欺骗方法原理进行优化设计以构造适应于固定翼无人机的欺骗方法。

5.3.1　基于逐点拉偏的无人机隐蔽性欺骗控制方法

不同于 4.4 节所述的利用轨迹诱导的无人机欺骗方法，基于逐点拉偏的无人机欺骗方法不以每个时刻控制输入量（加速度信息）为着手点构造虚假卫星信号，而是以每个时刻期望的位置偏移量和接收到的真实卫星信号来构造虚假卫星信号。具体的无人机欺骗控制过程如下所述。

步骤一： 首先需要屏蔽飞行器的通信线路，切断其与地面控制中心之间的联系，同时截断它与 GNSS 卫星之间的安全数据连接，迫使其进入自动导航状态，具体如图 5.6 所示。

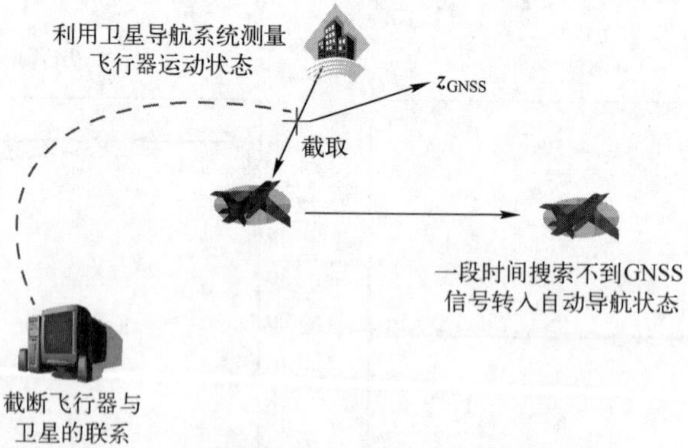

图 5.6　地面攻击中心截取卫星信号示意图

步骤二： 进入自动驾驶状态后，飞行器会根据预定返航目标点规划出一条参考轨迹 $\overline{\boldsymbol{x}}(t)$；同时，欺骗跟踪控制器也会根据欺骗目标终止点 $\overline{\boldsymbol{x}}^s(t_f)$ 规划出一条欺骗轨迹 $\overline{\boldsymbol{x}}^s(t)$，如图 5.7 所示。

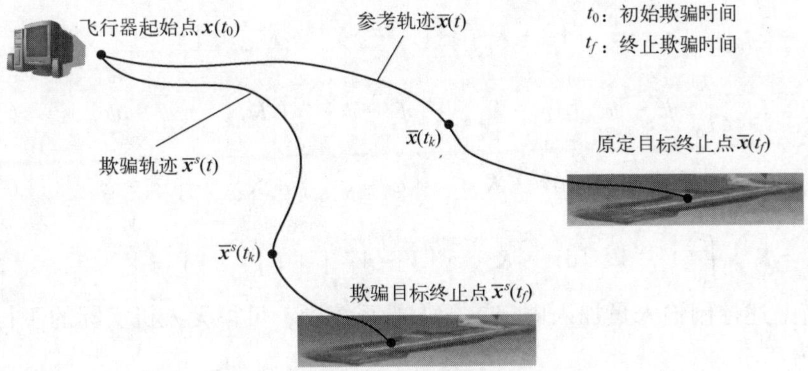

图 5.7　参考轨迹和欺骗轨迹示意图

步骤三： 设计构造 k 时刻理想最优的虚假卫星信号 $\boldsymbol{Z}_{\text{GNSS}}^*$，如图 5.8 所示。

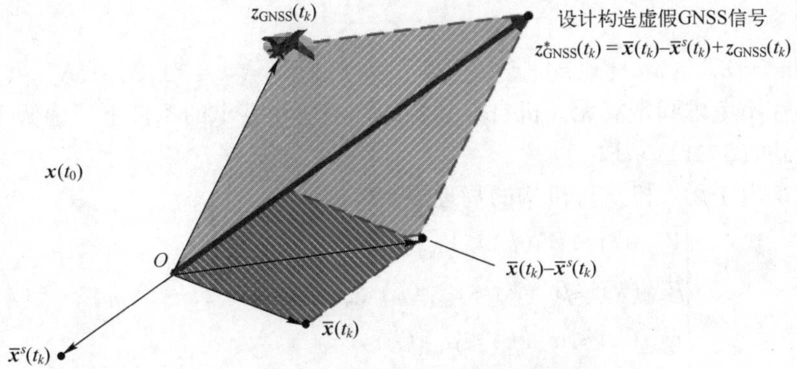

图 5.8　虚假卫星信号的设计构造图

从图 5.8 中可以看出，k 时刻理想最优的虚假 GNSS 信号 $\boldsymbol{Z}_{\text{GNSS}}^*$ 为

$$\boldsymbol{Z}_{\text{GNSS}}^*(k)=\overline{\boldsymbol{x}}(k)-\overline{\boldsymbol{x}}^s(k)+\boldsymbol{Z}_{\text{GNSS}}(k) \tag{5.21}$$

式中：$\overline{\boldsymbol{x}}(k)$ 为 k 时刻无人机参考轨迹上的目标状态点；$\overline{\boldsymbol{x}}^s(k)$ 为 k 时刻欺骗轨迹 i 上的目标状态点；$\boldsymbol{Z}_{\text{GNSS}}(k)$ 为 k 时刻截断且接收到的真实卫星信号。

步骤四： 根据固定翼无人机自身独特的环境应用需求，即无人机的物理极限及其反欺骗干扰设备的检测，实时调整理想最优的虚假卫星信号 $\boldsymbol{Z}_{\text{GNSS}}^*$。将 k 时刻攻的虚假卫星信号 $\boldsymbol{Z}_{\text{GNSS}}^*(k)$ 与自身携带的惯性导航系数进行融合，可得

$$\hat{\boldsymbol{X}}^*(k)=\boldsymbol{A}\hat{\boldsymbol{X}}^*(k-1)+\boldsymbol{K}(k)\left[\boldsymbol{Z}_{\text{GNSS}}^*(k)-\boldsymbol{H}\boldsymbol{A}\hat{\boldsymbol{X}}^*(k-1)\right] \tag{5.22}$$

式中：$\hat{\boldsymbol{X}}^*(k)$ 为收到虚假欺骗信号后的无人机卫星/惯性组合导航滤波估计结果，且由于选用的控制通道都是利用 PID 算法，因此有

$$\delta_e = K_{i,\delta_e}\int_0^t [\bar{z}_g - z_g^*]\mathrm{d}\tau + K_{p,\delta_e}\cdot[\bar{z}_g - z_g^*] + K_{d,\delta_e}\cdot[\dot{\bar{z}}_g - \dot{z}_g^*] \tag{5.23}$$

$$\delta_r = K_{i,\delta_r}\int_0^t [\bar{\psi} - \psi^*]\mathrm{d}\tau + K_{p,\delta_r}\cdot[\bar{\psi} - \psi^*] + K_{d,\delta_r}\cdot[\dot{\bar{\psi}} - \dot{\psi}^*] \tag{5.24}$$

$$\delta_a = K_{i,\delta_a}\int_0^t [\bar{\varphi} - \varphi^*]\mathrm{d}\tau + K_{p,\delta_a}\cdot[\bar{\varphi} - \varphi^*] + K_{d,\delta_a}\cdot[\dot{\bar{\varphi}} - \dot{\varphi}^*] \tag{5.25}$$

$$\delta_t = K_{i,\delta_t}\int_0^t [\bar{V} - V^*]\mathrm{d}\tau + K_{p,\delta_t}\cdot[\bar{V} - V^*] + K_{d,\delta_t}\cdot[\dot{\bar{V}} - \dot{V}^*] \tag{5.26}$$

将上述控制输入量加入固定翼无人机系统中，可得无人机实际的飞行状态 $\boldsymbol{X}(k)$ 为

$$\boldsymbol{X}(k)=f(\boldsymbol{X}(k-1),u(k-1)) \tag{5.27}$$

其中，$u(k-1)=[\delta_e \quad \delta_r \quad \delta_a \quad \delta_t]^{\mathrm{T}}$。

根据3.2节的无人机欺骗方法思想，本书期望 k 时刻的虚假GNSS信号 $\boldsymbol{Z}_{\mathrm{GNSS}}^*$ 可由式（5.21）求得，因此欺骗问题的数学模型中存在一个目标函数，即

$$\min \quad \|\boldsymbol{Z}_{\mathrm{GNSS}}^*(k)-[\bar{\boldsymbol{x}}(k)-\bar{\boldsymbol{x}}^s(k)+\boldsymbol{Z}_{\mathrm{GNSS}}(k)]\|_2, \quad \forall k\in\{1,2,\cdots,N\} \tag{5.28}$$

即期望在不考虑固定翼无人机自身独特的环境应用需求的条件下，虚假卫星信号可由式（5.21）求取。

但是由于无人机执行机构的物理限制，即

$$\begin{cases} V_{\min}(k)\leqslant V^*(k)\leqslant V_{\max}(k) \\ \beta_{\min}(k)\leqslant\beta^*(k)\leqslant\beta_{\max}(k), \quad \forall k\in\{1,2,\cdots,N\} \\ \alpha_{\min}(k)\leqslant\alpha^*(k)\leqslant\alpha_{\max}(k) \end{cases} \tag{5.29}$$

根据式（5.27）求解出的经过欺骗式干扰得到的无人机飞行状态 $\boldsymbol{X}(k)$，需要满足式（5.29）所述的约束条件。

另外，对于固定翼无人机一般存在简易的检测设备，其中基于新息检测的算法是最常见的利用组合导航信息实现欺骗检测的算法。此时，对于攻击方存在一个约束条件：

$$(\boldsymbol{r}^*(k))^{\mathrm{T}}\boldsymbol{P}_k^{-1}\boldsymbol{r}^*(k)\leqslant h_0 \tag{5.30}$$

式中：$\boldsymbol{r}^*(k)$ 为受到欺骗干扰之后的无人机组合导航过程中新息矢量，且

$$\boldsymbol{r}^*(k)=\boldsymbol{Z}^*(k)-\boldsymbol{HA}\hat{\boldsymbol{X}}^*(k-1)$$

式中：h_0 为检测器设置的阈值；$\boldsymbol{P}_k$ 为 k 时刻预测误差协方差矩阵。

综合上述内容可知，在此条件下欺骗的数学问题可以描述为一个约束条件下求极值的问题，即在满足式（5.29）和式（5.30）限定条件的情况下，选取最优的虚假卫星信号 $\boldsymbol{Z}_{\mathrm{GNSS}}^*(k)$ 使得式（5.28）最优。

利用数学公式表达无人机欺骗问题为

$$
\begin{aligned}
&\min \quad \|\boldsymbol{Z}_{\text{GNSS}}^{*}(k)-[\bar{\boldsymbol{x}}(k)-\bar{\boldsymbol{x}}^{s}(k)+\boldsymbol{Z}_{\text{GNSS}}(k)]\|_{2}, \quad \forall k\in\{1,2,\cdots,N\}\\
&\text{s.t.} \quad \begin{cases}
V_{\min}(k)\leqslant V^{*}(k)\leqslant V_{\max}(k)\\
\beta_{\min}(k)\leqslant \beta^{*}(k)\leqslant \beta_{\max}(k)\\
\alpha_{\min}(k)\leqslant \alpha^{*}(k)\leqslant \alpha_{\max}(k), \quad \forall k\in\{1,2,\cdots,N\}\\
(\boldsymbol{r}^{*}(k))^{\mathrm{T}}\sum_{p}^{-1}\boldsymbol{r}^{*}(k)\leqslant h_{0}
\end{cases}
\end{aligned}
\tag{5.31}
$$

解决式（5.31）问题的最有效方法是拉格朗日乘数法，但是这里并不适用这是因为拉格朗日乘数法需要对增广代价函数中每个未知参数求偏导，但是固定翼无人机系统是非线性的，各个参数之间都是相互耦合的，且与控制输入量之间存在复杂的函数关系，因此无法求出各个偏导的准确函数表达式。

针对此，本节选择利用常见的深度优先搜索算法，利用计算机的高性能来有目的地穷举式（5.31）解空间的部分或是所有解并从中选取最优解。这个最优解就是可以使每个时刻无人机能无限靠近目标欺骗位置点$\bar{\boldsymbol{X}}^{s}(k)$的虚假卫星信号$\boldsymbol{Z}_{\text{GNSS}}^{*}(k)$，且能满足执行机构的物理限制以及避免反欺骗检测的预警。

5.3.2　欺骗仿真系统模块介绍与分析

本章根据设计的隐蔽性欺骗方案，给出欺骗方法流程（图5.9），并在此基础上研制利用Aerosim搭建的导航欺骗地面控制软件（模块），如图5.10所示。整个仿真系统主要包括两大部分，即欺骗器系统和无人机系统。其中，欺骗器系统包括外部状态观测器、轨迹发生器模块、无人机控制器模块和信号模拟器模块，无人机系统包括无人机动力学模块、惯导解算模块、组合导航模块、滤波反馈模块、无人机控制器模块以及轨迹发生器模块。在此基础上，本章还对欺骗方案的可行性和有效性进行验证。

从图5.9和图5.10中可以看出，整个欺骗实验的输入包括以下内容。

（1）无人机的初始位置信息、速度信息以及姿态信息；

（2）无人机的原定终止点位置信息、速度信息以及姿态信息；

（3）无人机的欺骗终止点位置信息、速度信息以及姿态信息；

（4）初始时间和终止时间。

整个欺骗实验的输出为：

（1）无人机真实输出位置信息、速度信息以及姿态信息；

（2）滤波估计之后的位置信息、速度信息以及姿态信息；

（3）各个时刻参考轨迹上的位置信息、速度信息以及姿态信息；

（4）各个时刻欺骗轨迹上的位置信息、速度信息以及姿态信息。

下面将介绍整个欺骗实验的几个功能模型。

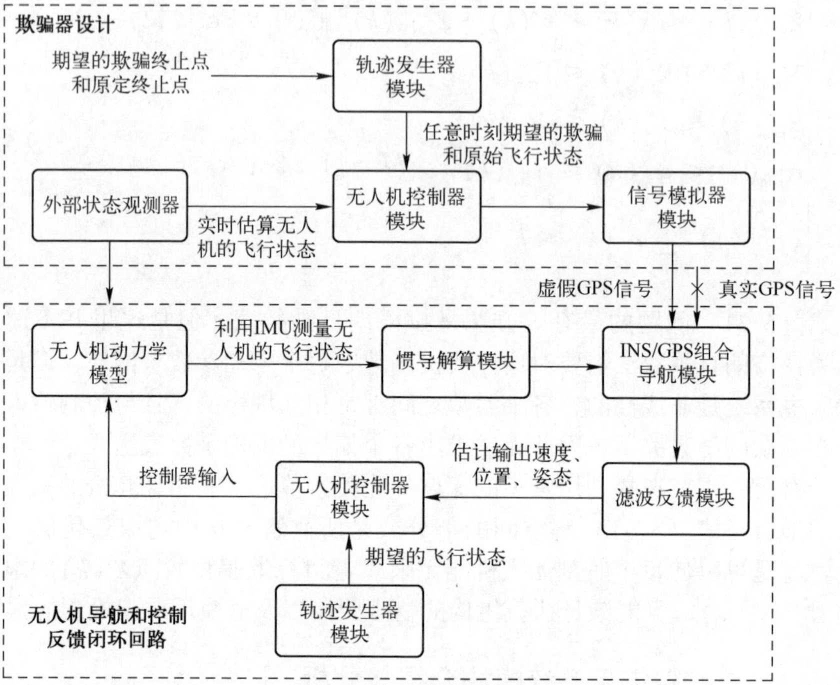

图 5.9　固定翼无人机的欺骗方法流程图

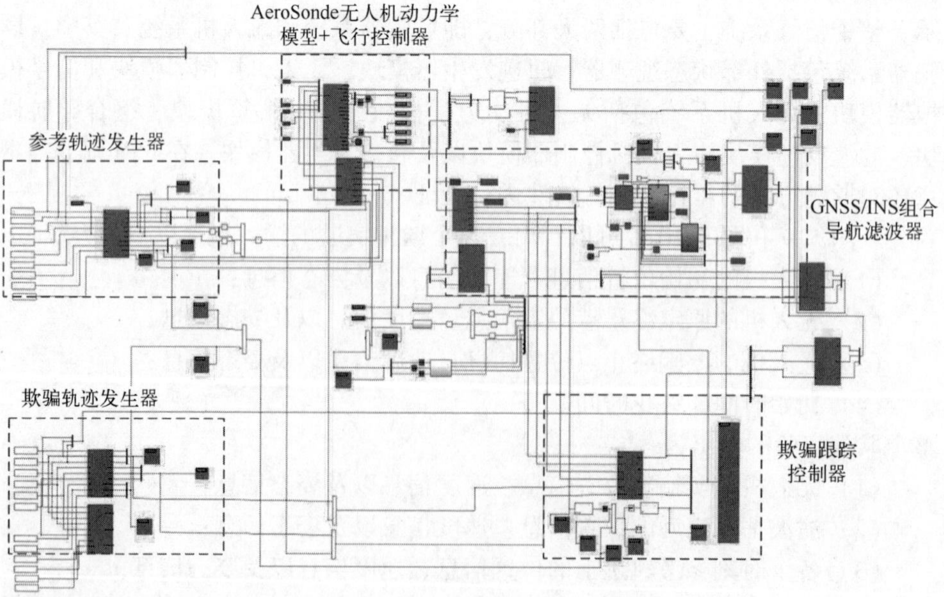

图 5.10　利用 Aerosim 搭建的固定翼无人机欺骗实验系统

（1）无人机控制器模块。根据滤波估计状态信息、参考轨迹上的状态信息以及欺骗轨迹上的状态信息，基于 PID 控制算法设计无人机控制器。同时为实现无人机的闭环系统，需要将控制器产生的控制参数作为输入加载到六自由度无人机模型中。

（2）轨迹发生器模块。轨迹发生器模块，可根据初始速度、位置、姿态信息，终止速度、位置、姿态信息，以及初始时间与终止时间，规划出一条圆滑的轨迹曲线。同时，可通过实时调整轨迹曲线的参数，实现避障等附加功能。本章采用多项式拟合曲线的方法，对无人机的轨迹进行实时规划。

（3）欺骗器模块。欺骗器模块，可根据利用轨迹发生器规划的参考轨迹和欺骗轨迹，以及截取并接收到的真实卫星信号，依据 5.3.1 节的欺骗原理，实时构造能使无人机发生精确位置偏移且满足无人机自身应用环境需求（包括无人机飞行的物理极限及其反欺骗干扰设备的检测）的虚假卫星信号。

（4）其他模块。信号模拟器的主要作用是模拟产生如六自由度无人机模块得到的真实状态信息所应该生成的 IMU 数据以及卫星数据（模拟了 4 颗卫星数据信息）。可在此处设置所用 IMU 和卫星的导航定位精度。

惯导解算模块可将信号模拟器产生的 IMU 数据通过惯导解算成速度、位置以及姿态等。组合导航模块紧接着利用滤波手段将惯导解算的状态信息与卫星信息进行组合导航，得到较为准确的各状态估计误差值。最后利用滤波反馈模块将滤波后的状态估计误差值反馈到 IMU 数据中，得到 INS/GNSS 组合导航滤波器估计输出的状态信息。

5.3.3 仿真验证与分析

本章将进行以下实验：攻击方设定欺骗目标位置点，根据 5.3 节研究的针对固定翼无人机的欺骗方法构造虚假卫星信号，施加到 5.2.2 节搭建的固定翼无人机系统中，研究分析虚假卫星信号对无人机飞行状态的影响。针对导航级、战术级和消费级的惯性器件精度分别做 4 次实验，导航级、战术级和消费级惯性器件精度条件下的实验结果分别如表 5.6～表 5.9、表 5.10～表 5.13 和表 5.14～表 5.17 所列。

1. 导航级

表 5.6 导航级惯性器件精度条件下第一次仿真结果 单位：m

参数名称	无人机设定的最终目标点	攻击方设定的最终欺骗目标点	无人机受到欺骗攻击后实际达到的位置点	无人机实际位置点与欺骗目标点之间的偏差
X 轴方向	9000	6000	6083	83
Y 轴方向	9000	12600	12580	20
Z 轴方向	800	800	796.3	3.7

表5.7 导航级惯性器件精度条件下第二次仿真结果 单位：m

参数名称	无人机设定的最终目标点	攻击方设定的最终欺骗目标点	无人机受到欺骗攻击后实际达到的位置点	无人机实际位置点与欺骗目标点之间的偏差
X轴方向	9000	6000	6100	100
Y轴方向	9000	12600	12680	80
Z轴方向	800	800	796.4	3.6

表5.8 导航级惯性器件精度条件下第三次仿真结果 单位：m

参数名称	无人机设定的最终目标点	攻击方设定的最终欺骗目标点	无人机受到欺骗攻击后实际达到的位置点	无人机实际位置点与欺骗目标点之间的偏差
X轴方向	9000	6000	5870	130
Y轴方向	9000	12600	12550	50
Z轴方向	800	800	795.5	4.5

表5.9 导航级惯性器件精度条件下第四次仿真结果 单位：m

参数名称	无人机设定的最终目标点	攻击方设定的最终欺骗目标点	无人机受到欺骗攻击后实际达到的位置点	无人机实际位置点与欺骗目标点之间的偏差
X轴方向	9000	6000	6076	76
Y轴方向	9000	12600	12570	30
Z轴方向	800	800	796.2	3.8

2. 战术级

表5.10 战术级惯性器件精度条件下第一次仿真结果 单位：m

参数名称	无人机设定的最终目标点	攻击方设定的最终欺骗目标点	无人机受到欺骗攻击后实际达到的位置点	无人机实际位置点与欺骗目标点之间的偏差
X轴方向	9000	6000	6028	28
Y轴方向	9000	12600	12650	50
Z轴方向	800	800	794.9	5.1

表5.11 战术级惯性器件精度条件下第二次仿真结果 单位：m

参数名称	无人机设定的最终目标点	攻击方设定的最终欺骗目标点	无人机受到欺骗攻击后实际达到的位置点	无人机实际位置点与欺骗目标点之间的偏差
X轴方向	9000	6000	6112	112
Y轴方向	9000	12600	12610	10
Z轴方向	800	800	796.6	3.4

表 5.12　战术级惯性器件精度条件下第三次仿真结果　单位：m

参数名称	无人机设定的最终目标点	攻击方设定的最终欺骗目标点	无人机受到欺骗攻击后实际达到的位置点	无人机实际位置点与欺骗目标点之间的偏差
X 轴方向	9000	6000	6105	105
Y 轴方向	9000	12600	12630	30
Z 轴方向	800	800	796.2	3.8

表 5.13　战术级惯性器件精度条件下第四次仿真结果　单位：m

参数名称	无人机设定的最终目标点	攻击方设定的最终欺骗目标点	无人机受到欺骗攻击后实际达到的位置点	无人机实际位置点与欺骗目标点之间的偏差
X 轴方向	9000	6000	6101	101
Y 轴方向	9000	12600	12590	10
Z 轴方向	800	800	796.5	3.5

3. 消费级

表 5.14　消费级惯性器件精度条件下第一次仿真结果　单位：m

参数名称	无人机设定的最终目标点	攻击方设定的最终欺骗目标点	无人机受到欺骗攻击后实际达到的位置点	无人机实际位置点与欺骗目标点之间的偏差
X 轴方向	9000	6000	6101	101
Y 轴方向	9000	12600	12620	20
Z 轴方向	800	800	796.2	3.8

表 5.15　消费级惯性器件精度条件下第二次仿真结果　单位：m

参数名称	无人机设定的最终目标点	攻击方设定的最终欺骗目标点	无人机受到欺骗攻击后实际达到的位置点	无人机实际位置点与欺骗目标点之间的偏差
X 轴方向	9000	6000	6123	123
Y 轴方向	9000	12600	12640	40
Z 轴方向	800	800	796.4	3.6

表 5.16　消费级惯性器件精度条件下第三次仿真结果　单位：m

参数名称	无人机设定的最终目标点	攻击方设定的最终欺骗目标点	无人机受到欺骗攻击后实际达到的位置点	无人机实际位置点与欺骗目标点之间的偏差
X 轴方向	9000	6000	6100	100
Y 轴方向	9000	12600	12590	90
Z 轴方向	800	800	796.6	3.4

表5.17 消费级级惯性器件精度条件下第四次仿真结果 单位：m

参数名称	无人机设定的最终目标点	攻击方设定的最终欺骗目标点	无人机受到欺骗攻击后实际达到的位置点	无人机实际位置点与欺骗目标点之间的偏差
X轴方向	9000	6000	5994	6
Y轴方向	9000	12600	12630	30
Z轴方向	800	800	794.7	5.3

由表5.6~表5.17的结果可得，利用Aerosim搭建的无人机欺骗系统产生的虚假卫星信号能使AeroSonde固定翼无人机不再缓慢靠近原始的期望最终目标点（9000m，9000m，800m），而向攻击方设置的欺骗目标点（6000m，12600m，800m）偏移，其中在导航级、战术级和消费级等不同惯性器件精度条件下最好的欺骗效果分别是无人机真实到达的位置终止点与攻击方设定的最终欺骗目标点相隔（83m，20m，3.7m），（28m，50m，5.1m）和（6m，30m，5.3m）。从该结果可分析推断出，无人机欺骗效果与组合导航系统中惯性器件精度有关，即惯性器件精度越低，无人机真实到达的位置终止点与攻击方设定的最终欺骗目标点相隔距离越短，无人机被欺骗的位置偏差精度越高。

5.4 小 结

本章考虑作用在无人机上的空气动力和力矩、发动机提供的推力和推力矩，构建非线性六自由度无人机模型，设计研究其飞行跟踪控制器，并仿真验证该固定翼无人机控制器的有效性和正确性；然后参考质点无人机模型的欺骗与控制核心思想，将参考轨迹和欺骗轨迹之间的偏差位置点作为突破口，依据获取的真实卫星信号设计构造最优的虚假卫星信号，进而根据无人机飞行存在的物理极限以及常见INS/GNSS组合导航的信息检测反欺骗方法，设置约束条件来实时调整虚假卫星信号以使每个时刻无人机在无限靠近目标欺骗位置点的同时，也能满足执行机构的物理限制以保证无人机安全的飞行，同时避免反欺骗检测的预警以保持欺骗攻击的隐蔽性；最后利用Aerosim模块搭建整个导航欺骗地面控制模块，其主要包括轨迹发生器模块、外部状态观测器模块、虚拟无人机控制器模块、信号模拟器等，针对不同惯性器件精度（包括导航级、战术级、消费级）的INS/GNSS组合导航系统分析验证了针对固定翼无人机欺骗控制策略的有效性和正确性，即在接收虚假卫星信号后固定翼无人机最终将靠近欺骗目标终止点，且偏离原定期望目标终止点。

第6章　无人机欺骗原理系统实验验证

为验证无人机欺骗方法在实际应用中的可行性，本章基于 GPS 卫星信号接收器、卫星信号模拟器和功率放大器的集成箱、信号发射器搭建虚假卫星信号生成器，构建无人机的 INS/GNSS 组合导航系统终端欺骗实验验证环境，开展相关实验验证无人机欺骗方法的有效性和隐蔽性，同时根据实验结果提出 INS/GNSS 组合导航以无人机为背景的军民应用的欺骗干扰措施与建议，进一步进行有关成果的后续应用推广工作。

6.1　无人机欺骗实验方案设计

根据无人机欺骗原理，给出图 6.1 所示的无人机欺骗实验方案设计原始和流程。

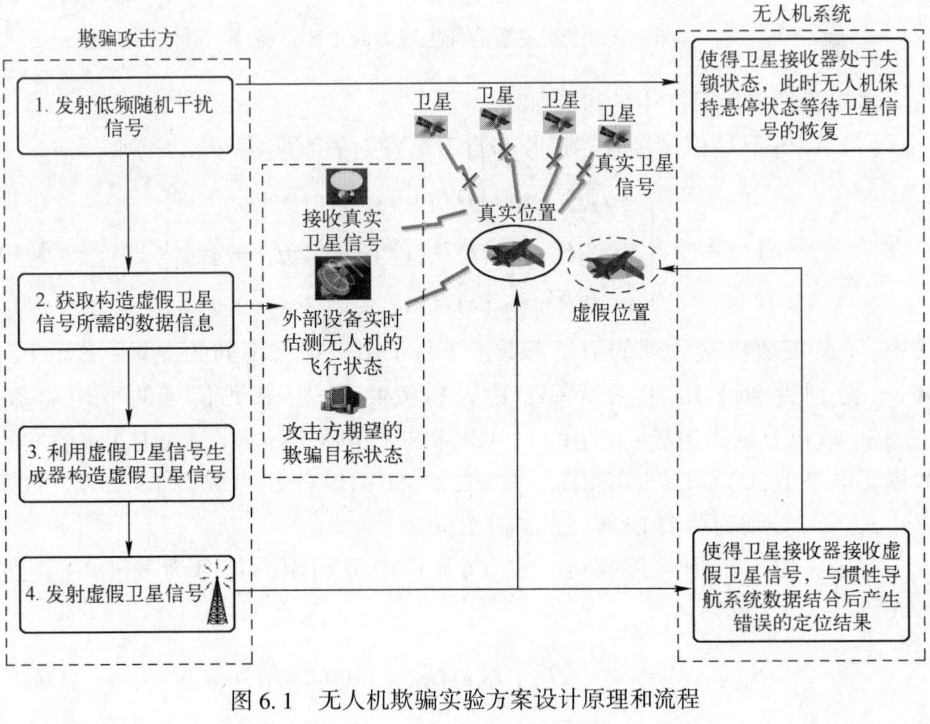

图 6.1　无人机欺骗实验方案设计原理和流程

从图 6.1 中可以看出，构造的虚假卫星信号性能极大决定了无人机被欺骗效果。因此，搭建一个性能优越的虚假卫星信号生成器是无人机欺骗原理系统实验验证的第一个关键部分。

6.2 虚假卫星信号生成器

6.2.1 虚假卫星信号生成

虚假卫星信号生成器如图 6.2 所示，其主要设备包括 GPS 卫星信号接收器、卫星信号模拟器和功率放大器的集成箱、信号发射器。

(a) GPS卫星信号接收器　(b) 卫星信号模拟器和功率放大器的集成箱　(c) 信号发射器

图 6.2　虚假卫星信号生成器的主要设备

本实验虚拟信号产生的过程如下。

（1）GPS 卫星信号接收器接收来自卫星发射的真实信号 $S(t)$ 为

$$S(t)=\sum_{i=1}^{L}\begin{pmatrix}\sqrt{2P_C}\,[x_i(t)D_i(t)]\sin(2\pi f_1 t+\varphi_1)\\+\sqrt{2P_{Y,1}}\,[y_i(t)D_i(t)]\cos(2\pi f_1 t+\varphi_1)\\+\sqrt{2P_{Y,2}}\,[y_i(t)D_i(t)]\cos(2\pi f_2 t+\varphi_2)\end{pmatrix}\tag{6.1}$$

式中：L 为接收机接收到的卫星总数；下标 i 用来指代不同的卫星；P_C、$P_{Y,1}$ 和 $P_{Y,2}$ 分别为载波 L1 上 C/A 码、P 码和载波 L2 上 P 码信号的平均功率；$x_i(t)$ 和 $y_i(t)$ 分别为卫星 i 产生的 C/A 码和 P 码电平值；$D_i(t)$ 为卫星 i 播发的数据码电平值；$f_1=1575.42\text{MHz}$、$f_2=1227.60\text{MHz}$ 分别为载波 L1 和 L2 的频率；φ_1、φ_2 分别为载波 L1 和 L2 的初相位。

对于民用卫星信号接收机，式（6.1）中可利用的信息为载波 L1 上的 C/A 码：

$$S_{\mathrm{L1,CA}}(t)=\sum_{i=1}^{L}\sqrt{2P_C}\,[x_i(t)D_i(t)]\sin(2\pi f_1 t+\varphi_1)\tag{6.2}$$

（2）根据公开的卫星星历数据，信号模拟器产生虚假卫星信号，即

$$S^{s}_{L1,CA}(t)=\sum_{i=1}^{L}\sqrt{2P^{s}_{C}}\left[x^{s}_{i}(t)D^{s}_{i}(t)\right]\sin(2\pi f_{1}t+\varphi^{s}_{1}) \tag{6.3}$$

式中：上标 s 表示虚假卫星信号。

相对于真实卫星信号，构造的虚假卫星信号要更容易被无人机所接收，因此需要利用功率放大器来提高原来真实卫星信号的功率，即

$$P^{s}_{C}>P_{C} \tag{6.4}$$

（3）利用信号发射器传播虚假卫星信号。

6.2.2　纯卫星导航终端的实验

静态实验指的是对静止目标提供虚假卫星信号，使其能在极短的时间内发生定位错误，或使其能以指定的速度和指定的方向偏离原始位置点。对于纯卫星导航终端（包括低精度的 STA8090 板卡和高精度的 Novetal 板卡），下面通过静态实验来分析虚假卫星信号生成器的性能。

图 6.3 和图 6.4 分别给出了低精度的 STA8090 板卡的实验设备环境及其界面显示图。

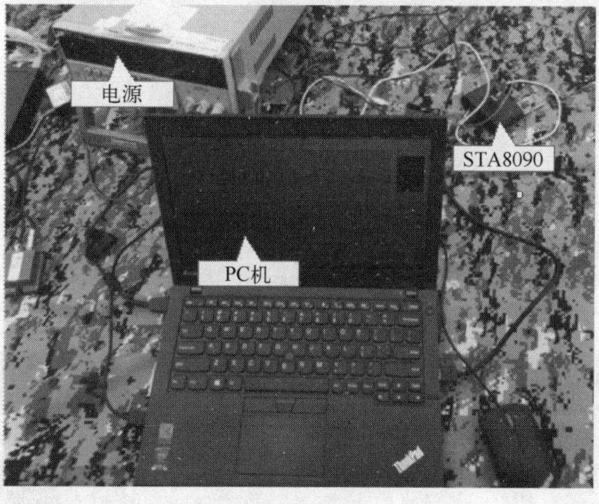

图 6.3　STA 8090 板卡的实验设备环境

图 6.5 和图 6.6 分别给出了高精度的 Novetal 板卡的实验设备环境及其界面显示图。

在室外条件下，利用 ST8090 板卡或 Novetal 接收机板卡接收正常卫星导航信号进行定位，定位结果 P1。待位置输出稳定后，利用待测设备向板卡发送固定点位置欺骗信号 P2。

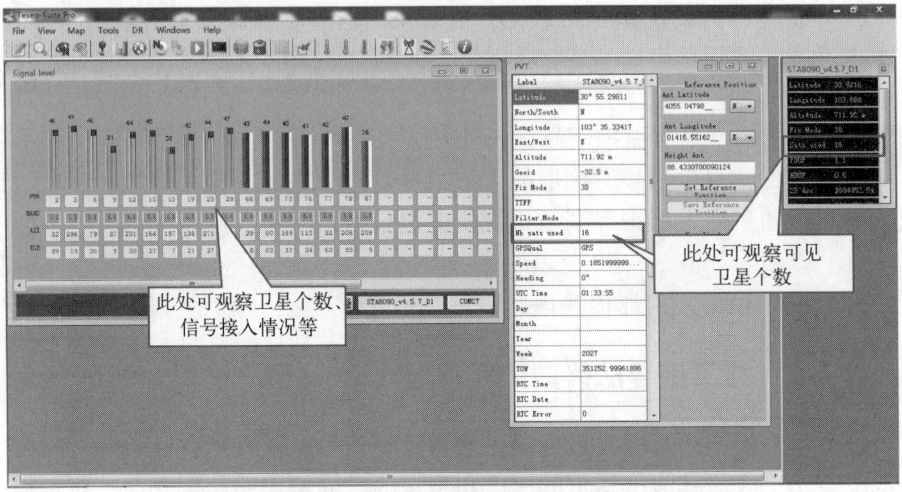

图 6.4　STA 8090 板卡的实验界面

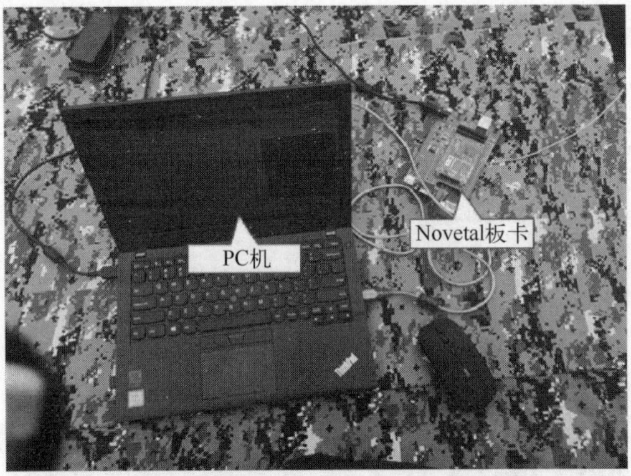

图 6.5　Novetal 板卡的实验设备环境

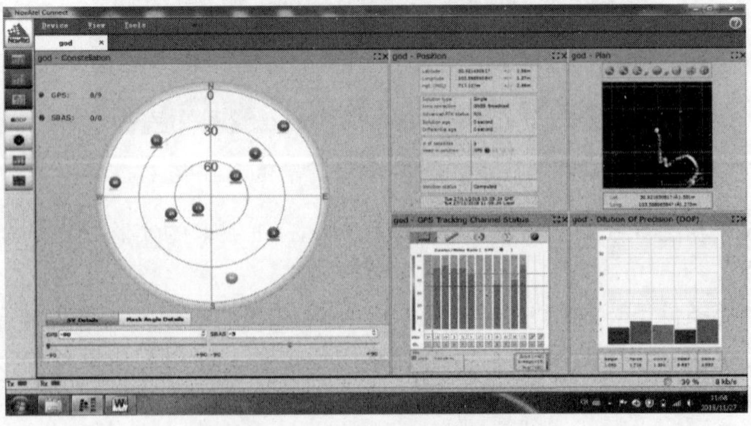

图 6.6　Novetal 板卡的实验界面

ST8090 接收板卡的测试结果如图 6.7 和图 6.8 所示。从测试结果可以看出固定点位置欺骗信号能在 1s 后被 STA8090 板卡接收，且稳定输出。

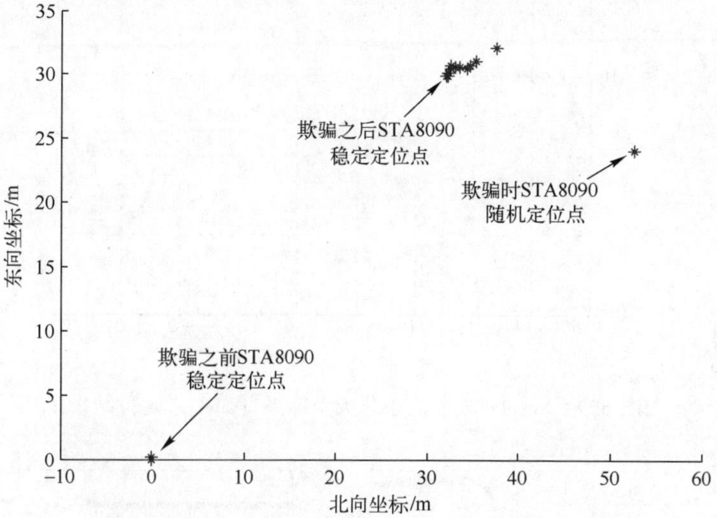

图 6.7 STA8090 板卡的东北天坐标系（ENU）定位结果

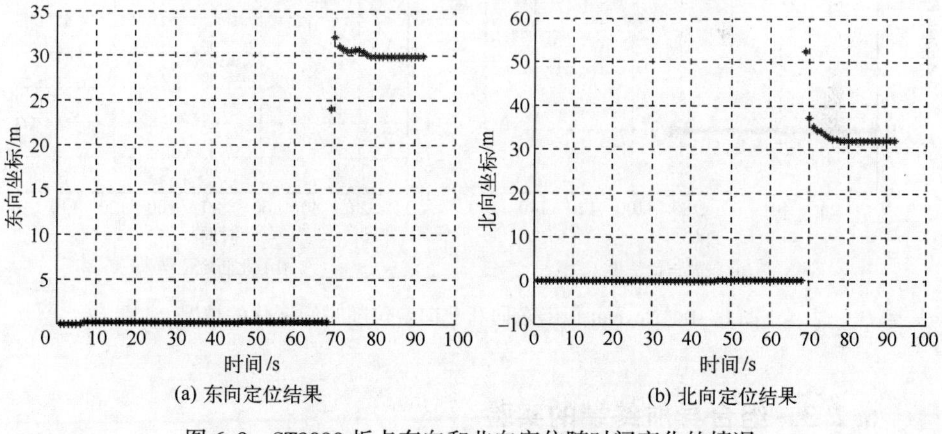

图 6.8 ST8090 板卡东向和北向定位随时间变化的情况

Novetal 接收机板卡测试结果如图 6.9 和图 6.10 所示。

从测试结果可以看出相对于低精度的 STA8090 板卡来说，高精度 Novetal 板卡对位置欺骗信号的接收反应时间较长，大概需要 20s 板卡才能稳定输出，且输出的结果是位置欺骗信号所期望的结果。

综合上述两组实验结果分析可知对于纯卫星导航终端，虚假卫星信号都可以成功地迅速接入，而且使得纯卫星导航结果发生变化。同时，虚假卫星信号的接入速率与惯性导航系统的精度呈反比例关系。

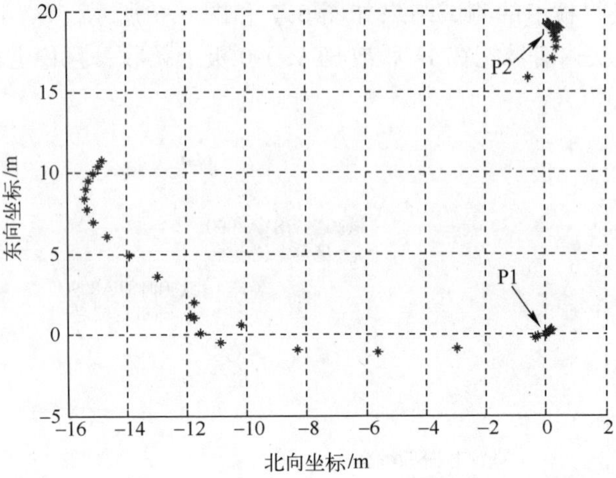

图 6.9　Novetal 板卡的东北天坐标系（ENU）定位结果

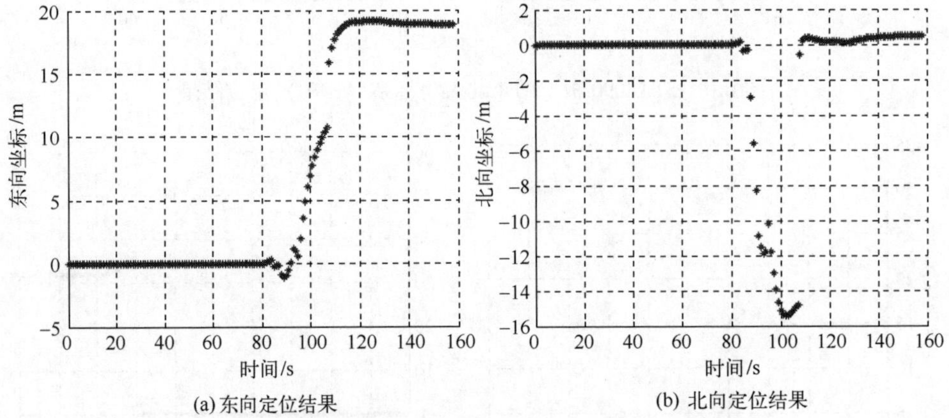

图 6.10　Novetal 板卡东向和北向定位随时间变化的情况

6.2.3　组合导航终端的实验

对于组合导航终端，同样通过静态实验来分析虚假卫星信号生成器的性能。图 6.11 给出组合导航 MTI 板卡的欺骗测试试验环境。

图 6.12 和图 6.13 给出了 MTI 板卡的测试结果。从测试结果中可以看出在虚假卫星信号切入 MTI 导航终端的过程中虽然存在一帧数据的输出异常，但是随后就能稳定地输出错误的定位结果。

综合上述分析可知，搭建的虚假卫星信号生成器性能优越，且产生的虚假卫星信号可迅速切入纯卫星导航终端和组合导航终端中。

图 6.11　MTI 板卡的欺骗测试试验环境

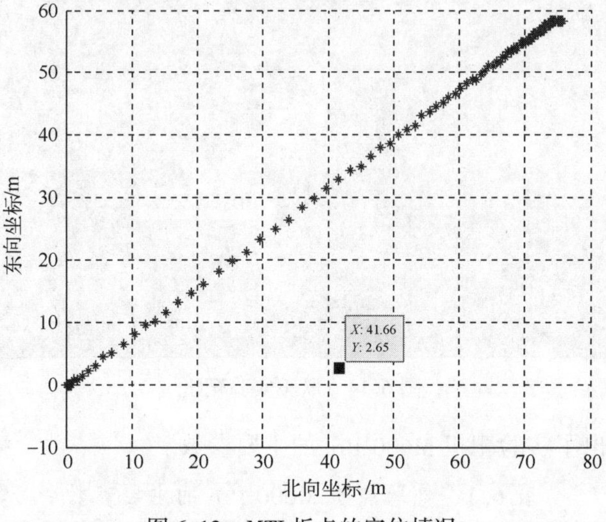

图 6.12　MTI 板卡的定位情况

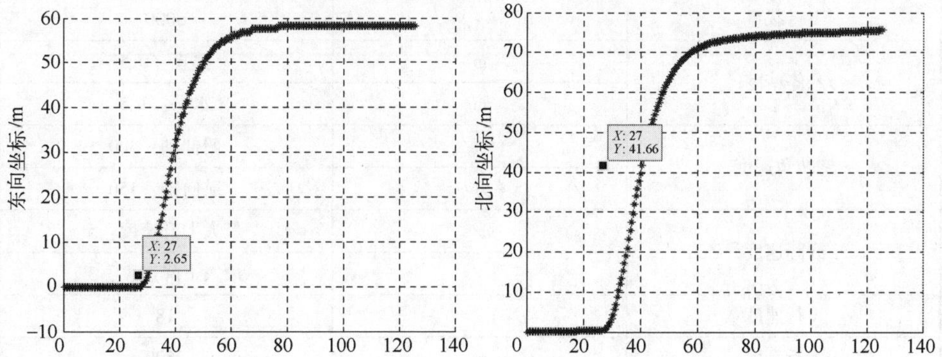

图 6.13　MTI 板卡的东向和北向定位结果随时间变化的情况

6.3 无人机欺骗验证系统构建

除虚假卫星信号生成器外，对无人机欺骗实验环境的搭建仍然需要其他设备的配合。下面将分别进行详细介绍。

6.3.1 实验靶机

本章选用的实验靶机是大疆公司生产的M600 Pro，如图6.14所示。

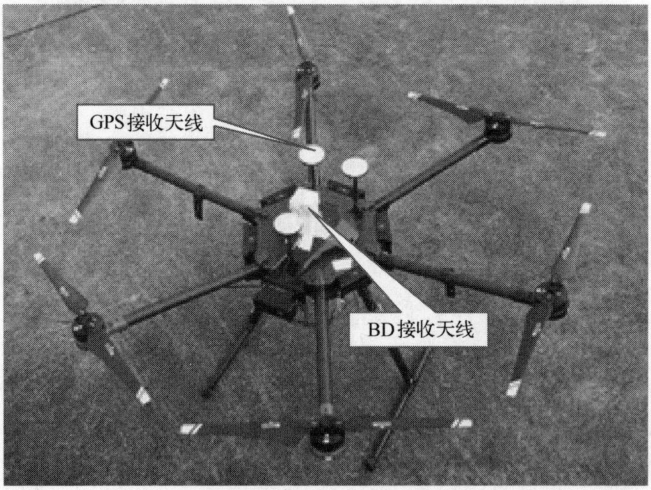

图6.14 欺骗实验靶机

表6.1给出了实验靶机M600 Pro的主要参数。

表6.1 实验靶机M600 Pro的主要参数

参数名称	单　位	参数设置
飞行载重	g	6000
悬停精度	m	垂直：0.5
	m	水平：1.5
旋转角速度	(°)/s	俯仰轴：300
	(°)/s	航向轴：150
升降速度	m/s	最大上升速度：5
	m/s	最大下降速度：3
飞行速度	m/s	18
飞行高度	m	2500
轴距	m	1133

6.3.2　无人机飞行状态的测量设备

根据本书研究的无人机欺骗方法，需要实时观测估算无人机的飞行状态（包括位置、速度和加速度等信息），在真实的战场环境中攻击方一般采用窃听方式或第三方地面雷达设备实现。为了降低实验成本，本次欺骗实验利用没有收到欺骗干扰的北斗（beidou，BD）导航数据来替代。

（1）在无人机上装备 BD 接收天线，由于欺骗只针对 GPS 卫星信号，因此可以将 BD 解算出的导航信息作为真实的无人机飞行信息；

（2）在无人机和地面控制平台上装备用于数据传输的电台，可将 BD 导航数据实时回传至信号模拟器中，用于构造虚假的卫星信号。

本次实验利用安装在无人机上的 BD 接收机及其与地面之间的数据传输电台来实现，如图 6.15 所示。

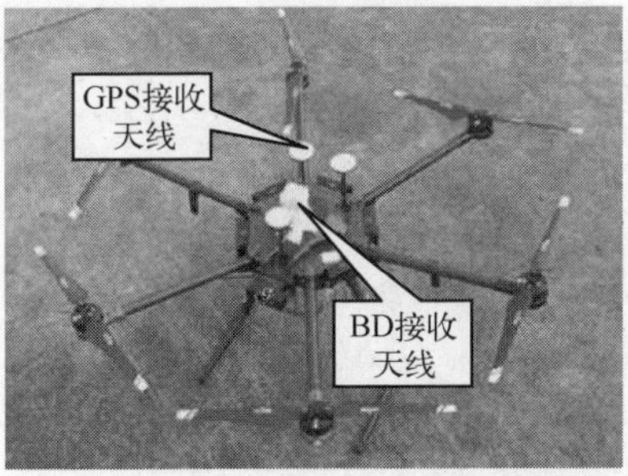

(a) 装备在无人机上的GPS接收天线和BD接收天线

(b) 装备在无人机上的数据传输电台

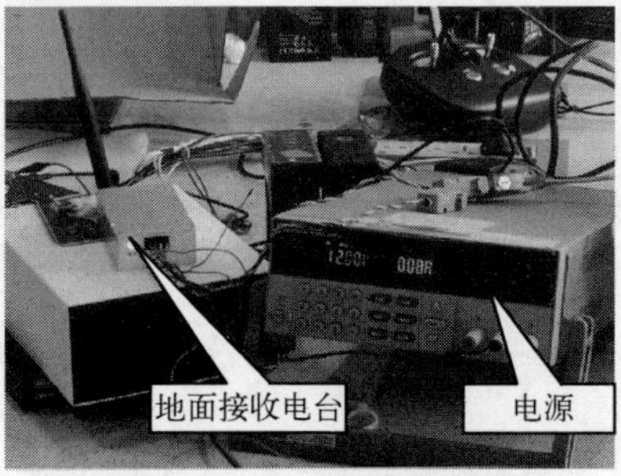

(c) 地面控制平台的数据传输电台

图 6.15　无人机飞行状态的测量设备

6.4　无人机欺骗测试试验与分析

为了验证利用本书欺骗原理设计的虚假卫星信号能实现无人机精确定点偏移，本节将进行以下实验：

将无人机置于室外空旷环境中，开机后起飞至一定高度，保持悬停状态(前期经过大量实验发现，当无人机无法接收到卫星信号时会停止飞行动作而保持悬停状态)。选定指定的目标欺骗偏移位置区域，利用搭建的欺骗验证系统向无人机发送虚假卫星信号，测试并记录实验结果。

6.4.1 总的无人机欺骗效果分析

图6.16给出了利用虚假卫星信号欺骗无人机的过程。可以看出，无人机在虚假卫星信号的诱导下慢慢地靠近指定的目标欺骗偏移位置区域，这一结果是在输出电台中由BD导航解算结果分析得到的。而无人机的虚假位置信息是虚假卫星信号的解算结果，这说明虽然无人机的实际位置已经发生偏移，但是其卫星导航的输出结果仍在悬停点附近徘徊，进而说明该欺骗对于无人机来说是无意识的，达到了隐蔽性效果。

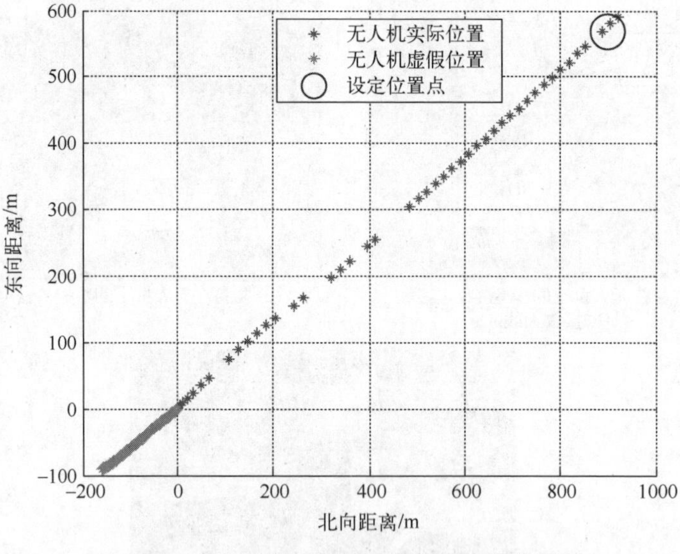

图6.16 利用虚假卫星信号欺骗无人机的过程

进一步根据无人机欺骗方法的原理可知图6.16这种欺骗效果的产生是因为，虚假卫星信号虽然会一直定位在悬停点附近，但是会存在偏差。无人机的内部控制器会通过产生控制效果来削弱这种偏差，然而这种控制效果不是作用在无人机虚假位置点上的，而是作用在无人机的实际位置上，产生迫使无人机跟踪设定的目标位置偏移点的控制效果，实现无人机的精确位置欺骗偏移。

图6.17给出了欺骗过程中无人机实际位置与设定的目标位置偏移点之间的距离随时间变化的情况。可以看出，无人机在虚假卫星信号的诱导下不

仅在缓慢地靠近设定的目标位置偏移点，而且能够实现精确的定点偏移，即无人机最终的实际位置点与设定的期望目标偏移点仅仅相隔 17m（总的欺骗距离 1020m）。

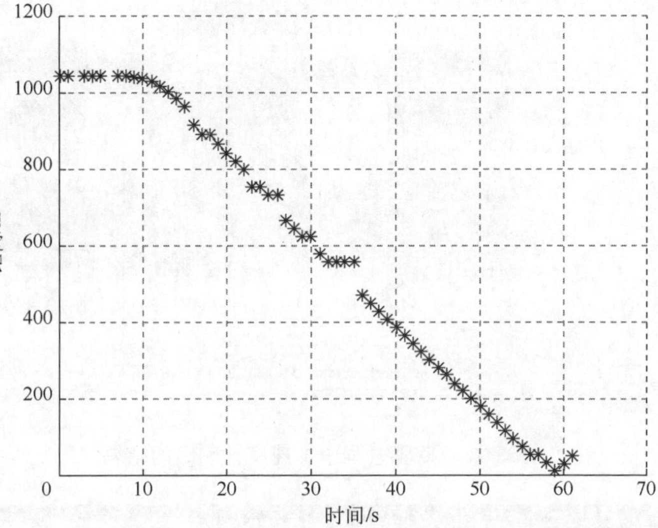

图 6.17　无人机实际位置与设定位置点的距离随时间变化的情况

6.4.2　欺骗对无人机惯导输出的影响

图 6.18 和图 6.19 给出了整个欺骗过程中无人机惯性器件（包括加速度计和陀螺仪）的输出结果。由于加入了虚假卫星信号，无人机的实际位置点发生了变化，用于测量无人机飞行状态的惯性测量设备输出结果也会不可避免地发生变化。但是这种变化不是跳跃式的或间断式的，而是缓慢的、逐步的，即每次变化的幅度很小而不易被无人机的检测设备所捕获。

6.4.3　欺骗对无人机姿态的影响

为了研究欺骗过程中的稳定性，图 6.20 和图 6.21 给出了在整个欺骗过程中无人机的姿态变化情况。分析可知，无人机上的 IMU 测量数据和虚假 GPS 数据进行融合后，会使得俯仰角和横滚角发生变化，幅度分别在（−25°，25°）和（−20°，20°）。这种程度的姿态抖动是被允许的，那是因为自动返航状态转化到悬停状态之间，俯仰角和横滚角也发生了类似于情况的较大范围角度变动。本书作者认为这种情况的欺骗不会引起无人机的注意，也不会导致坠机事故发生。

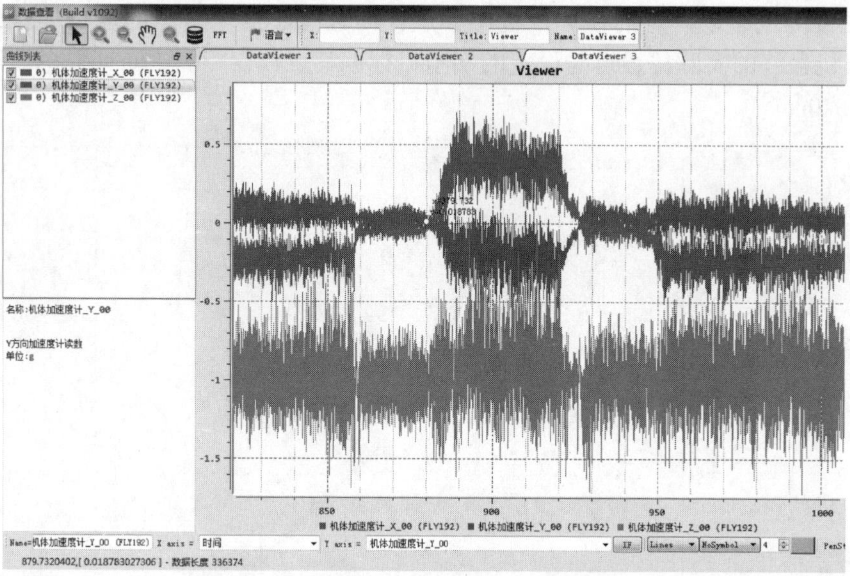

图 6.18　欺骗过程中加速度计输出的结果

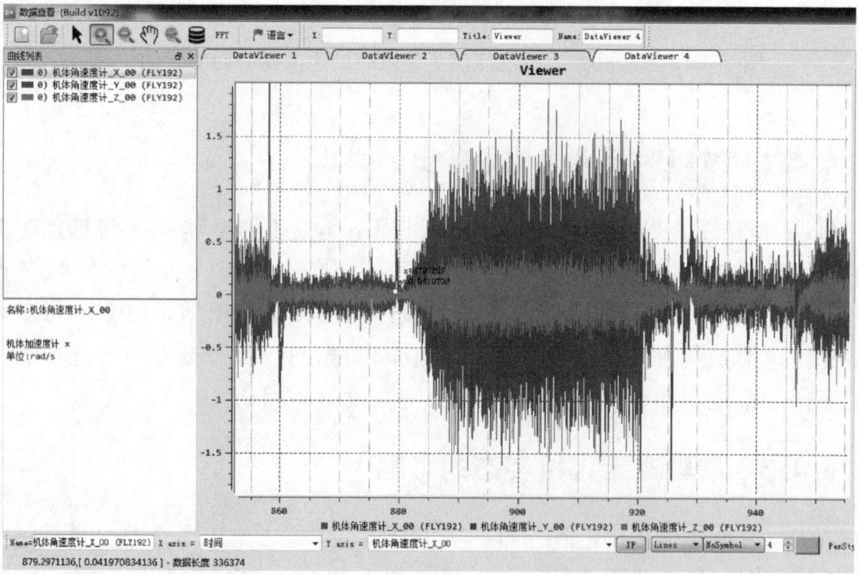

图 6.19　欺骗过程中陀螺仪输出的结果

图 6.22 给出了整个欺骗过程中无人机航向角的变化。分析可知，相对于俯仰角和横滚角，欺骗过程中航向角几乎没有变化，能尽量与欺骗之前的航向角保持一致，这就更不利于无人机发现自身被欺骗控制而发生位置的偏移，对于欺骗的隐蔽性来说这也是至关重要的。

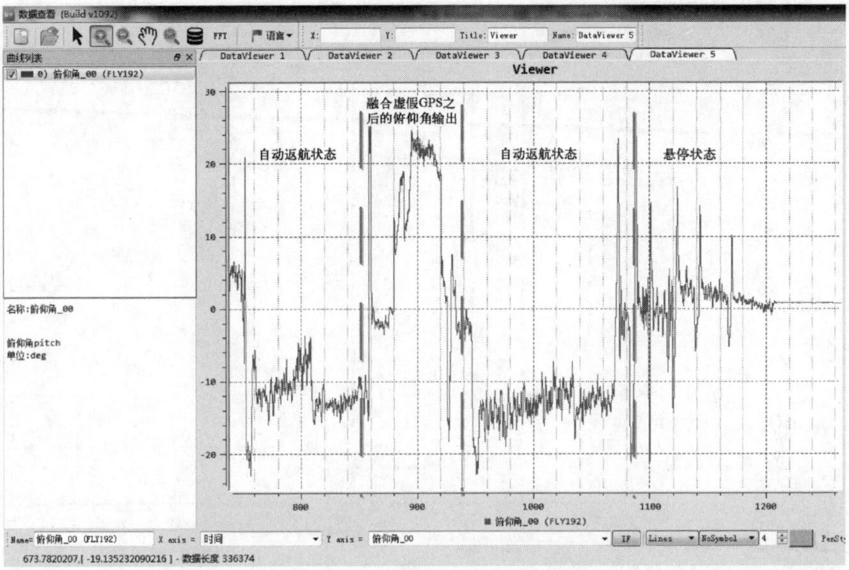

图 6.20　欺骗过程中俯仰角的变化

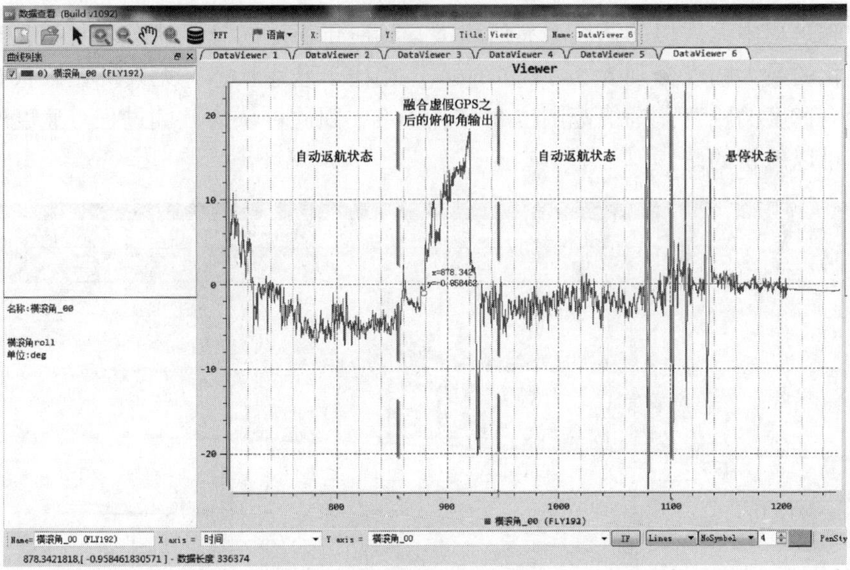

图 6.21　欺骗过程中横滚角的变化

6.4.4　欺骗对无人机速度的影响

图 6.23 给出了整个欺骗过程中无人机速度（包括东向速度和北向速度）的变化。分析可知，因为要发生无人机靠近设定的目标位置偏移点的动作，故

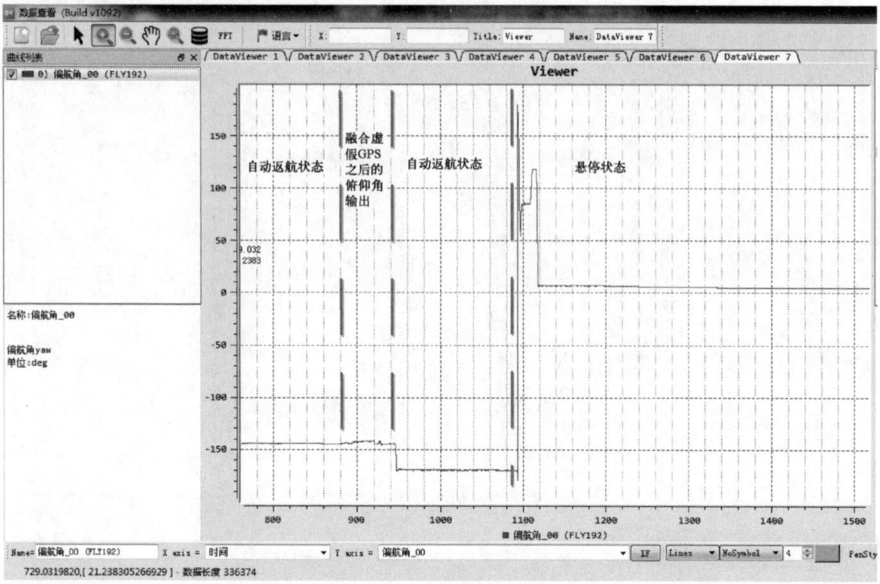

图 6.22　欺骗过程中航向角的变化

在欺骗过程中无人机的速度会有所增大，相对于稳定的悬停状态东向和北向速度变化的最大幅度分别为 5m/s 和 1m/s。相比于悬停状态，无人机在该状态下也会有速度的跳变，幅值范围也在-5~5m/s，因此可认为欺骗过程对速度的影响是可以忽视的。

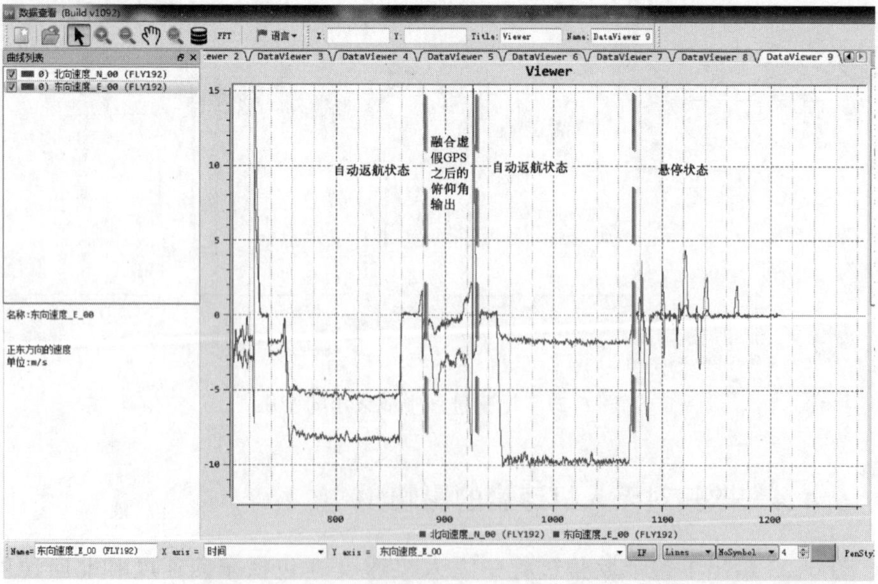

图 6.23　欺骗过程中北向速度和东向速度的变化

6.4.5　虚假卫星信号接入接出性能分析

图 6.24 反映了在欺骗前后无人机 GPS 接收到卫星数量的变化。可以看出，欺骗开始时刻屏蔽了所有的卫星信号，使无人机接收到的卫星数量为零，但是虚假卫星信号的瞬间接入使得无人机能立刻恢复卫星和惯导组合的定姿和定位状态。同时，在关闭虚假卫星信号后，无人机也可以瞬间接入真实的卫星信号。这一结果充分说明了利用欺骗器原理样机构造的虚假卫星信号具有快速且有效接入接出无人机 GPS 接收天线的性能，该性能保障了欺骗实验的成功，可作为未来欺骗设备测试验证的一个重要评价指标。

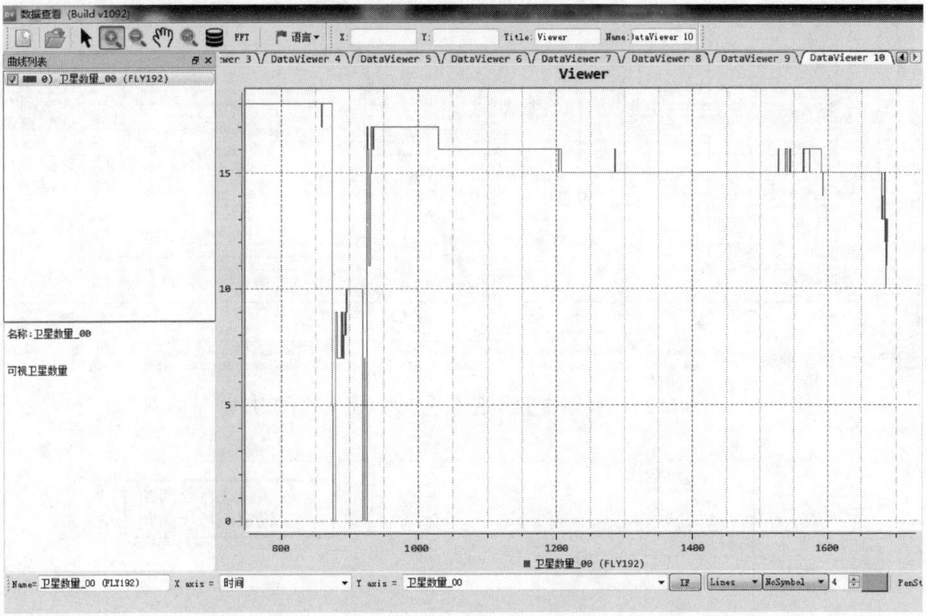

图 6.24　欺骗过程中接收到卫星数量的变化

6.5　无人机应用性欺骗测试试验与分析

为特定区域构建全天候电子防护区，以及对“黑飞”无人机进行电子驱离和迫降捕获，是欺骗式干扰在军事/民事领域的经典应用。本节为了验证利用本书欺骗原理设计的虚假卫星信号能完成以上应用，将进行无人机定向驱离的实验。

将无人机置于室外空旷环境，开机后起飞至一定高度并保持悬停状态，设置指定驱离角度（15°），利用搭建的欺骗验证系统向无人机发送虚假卫星信号，测试并记录实验结果。

图 6. 25 和图 6. 26 给出了利用虚假卫星信号欺骗无人机的过程，以及在此过程中无人机的航向角随时间变化的情况。可以看出，无人机在虚假卫星信号的诱导下会以设置的驱离角度（15°）缓慢地偏离原始的悬停点位置，但是其 INS/GNSS 组合导航的输出结果仍在悬停点附近徘徊，进而说明了该欺骗攻击对于无人机来说也是无意识的，达到了隐蔽性效果。

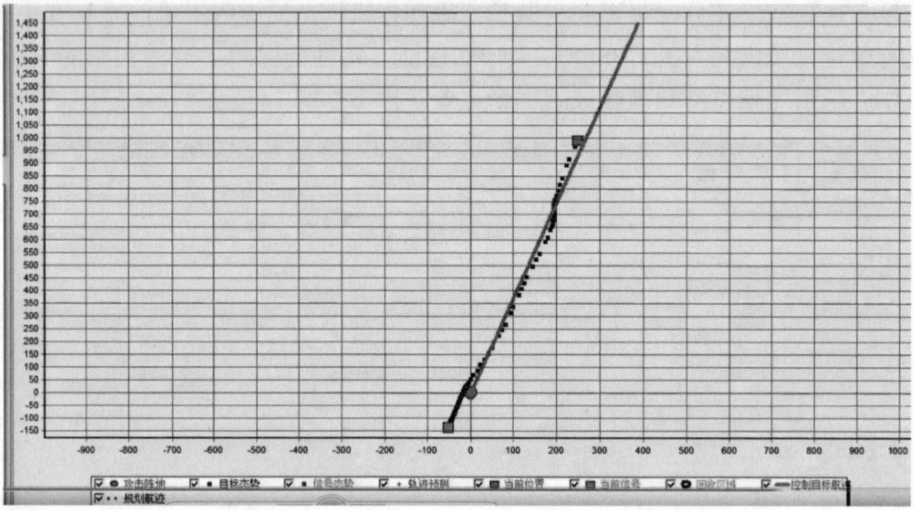

图 6. 25　利用虚假卫星信号欺骗无人机的过程

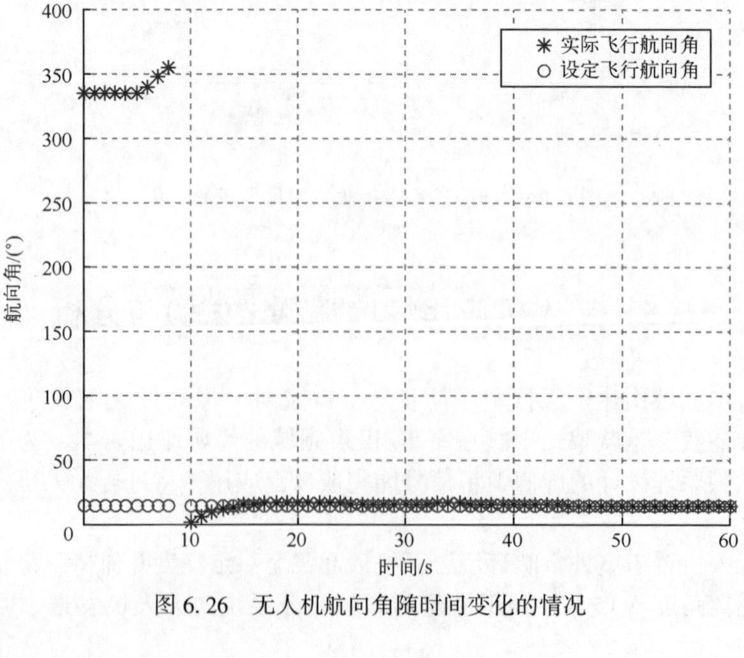

图 6. 26　无人机航向角随时间变化的情况

6.6 小　结

本章首先利用GPS卫星信号接收器、卫星信号模拟器和功率放大器的集成箱、信号发射器搭建虚假卫星信号生成器，并通过静态实验来验证该虚假卫星信号生成器的有效性，然后利用BD接收天线和数据传输电台模拟欺骗器实时获取无人机飞行状态的任务环境，最后以大疆公司生产的M600 Pro作为实验靶机，研究测试设计的无人机欺骗方案。分析结果表明：虚假卫星信号被无人机接收后，能实现位置的精确偏移，且不会引起较大范围的组合导航输出结果的变化。样机试验的成功，对欺骗式干扰技术在实际场景中的大范围应用具有重大意义。

第7章　研究结论与展望

7.1 研究结论

全球卫星导航系统为全球用户提供高质量、免费的定位服务，但是其到达地面的信号非常微弱，因此极易受到干扰。相对于压制式干扰，欺骗式干扰具有极高的隐蔽性，且简单的欺骗装置制作快捷、造型小巧，对不具有任何对抗措施的军民用导航设备影响更大。但是，欺骗式干扰技术的应用不都是有害的，可利用该技术对非法进入我国边界领域的敌方无人机进行无意识的定点偏移捕获。因此，本书开展的针对各类型无人机的欺骗防范不仅为攻击方提供了一套完整的利用虚假卫星信号捕获无人机的作战方案，也将为检测或抑制该种欺骗式干扰技术的手段提供新的理论依据和技术途径。具体内容如下。

（1）本书研究欺骗式干扰对无人机系统的影响机理分析。从滤波稳态增益着手，首先根据卫星/惯性组合导航滤波估计状态结果，仿真设计参数计算得到与位置、速度与姿态相关的增益矩阵元素，并通过对比增益矩阵元素的大小，找出各种不同导航精度、组合导航方式下影响组合导航输出结果的主要观测量，继而确定无人机组合导航各个状态参数之间的耦合关系，理论分析出决定欺骗干扰信号对组合导航输出结果影响的主要因素，继而分析该影响程度的可操纵性和稳定性。仿真实验验证分析，欺骗式干扰能使组合导航输出结果发生稳定的、无误差的偏移，即证明了在组合导航模式下利用虚假卫星信号可实现无人机精确位置拉偏的可行性。

对于无人机系统来说，不只存在导航系统，而且存在飞行控制系统。导航系统和控制系统是闭环反馈的，虚假卫星信号的加入不仅会使无人机的组合导航输出结果发生变化，也会使无人机的控制输入量发生变化。因此，在对各种类型无人机的欺骗方法进行研究和分析的过程中，不仅需要考虑无人机的卫星/惯性组合导航系统，而且需要考虑飞行控制系统。

（2）本书首先针对质点类型无人机，在综合考虑其INS/GNSS组合导航系统和轨迹跟踪飞行控制系统的基础上，设计了一种在INS/GNSS组合导航模式下的无人机隐蔽性欺骗方法。该欺骗方法结合第三方测量设备实时观测估算无人机的飞行状态信息，规划的欺骗轨迹信息以及预测的无人机控制效果实时获取虚假卫星信号的加速度信息，并通过积分运算求得各个时刻虚假卫星信号。

面对简单的质点类型无人机，欺骗方法的有效性和隐蔽性指的是：无人机在接收到虚假卫星信号后虽然其真实的飞行状态已经跟踪欺骗轨迹航行（有效性），但是其INS/GNSS组合导航的输出结果仍然接近参考轨迹（隐蔽性）。本书通过对无人机整个欺骗过程的研究和探讨，分别进行理论推导，验证了针对质点类型无人机的欺骗方法的有效性和隐蔽性。仿真实验验证了质点类型无人机在该欺骗跟踪控制器的作用下能够在任何方向上跟踪三维曲线类型或折线类型的欺骗轨迹运动，且无人机INS/GNSS组合导航滤波器估计轨迹仍输出无人机原定的参考轨迹，达到了隐蔽性欺骗的目的。

同时，本书从无人机欺骗跟踪控制系统的运动规律分析着手，对该欺骗跟踪控制器的误差特性进行了分析，进而讨论了该欺骗跟踪控制器的适用环境以及其关键参数选择。在仿真实验中当设置的关键参数使得系统矩阵是非奇异矩阵时，估计初始误差的加入虽然会使无人机的真实起始位置发生变化，且在初始跟踪欺骗轨迹时真实飞行轨迹会产生较大的位置抖动偏差，但是不会影响无人机被欺骗的整个飞行趋势。相对应地，不合理的参数设置不会使欺骗跟踪控制器估计初始误差的影响会消失，反而会随着时间的推移而发散。综合上述实验结果分析可知通过设置合理的欺骗跟踪控制器中关键参数，可降低估计无人机飞行状态的初始误差对无人机欺骗效果的影响。这从另一方面说明本书设计的欺骗跟踪控制器在实际应用中具有一定的可调性，可允许有小量初始状态估计误差存在。

（3）本书依据四旋翼无人机的非线性欠驱动动力学特性，提出利用基于积分反步法的PID算法来设计姿态跟踪控制器和位置跟踪控制器，并通过仿真实验验证了设计的四旋翼飞行控制器能实现其位置和姿态的有效控制；然后通过分析姿态控制器中中间直接控制量与期望姿态角之间的代数关系，搭建两个子控制器之间的桥梁，实现整个控制系统的闭环设计。在此基础上，本书研究位置的欺骗偏移对姿态控制器以及姿态的影响，发现欺骗轨迹的规划会显著影响无人机的欺骗效果。由仿真实验结果可知在欺骗式干扰情况下的横滚角和俯仰角会呈现与无欺骗式干扰情况下几乎完全不相同的变化趋势，这种巨大的变化趋势差异对无人机欺骗方法的隐蔽性是致命的，反欺骗装置可通过对比捕获这种姿态的变化而识别欺骗式干扰的存在。

进一步分析可知，欺骗跟踪控制器规划的欺骗轨迹是依据无人机原始参考轨迹缓慢常值拉偏变化时，无人机在整个欺骗过程中可保证真实飞行轨迹的平滑（对应创新点三）。因此，本书提出一种利用轨迹诱导的无人机欺骗方法，即规划欺骗轨迹是依据无人机原始参考轨迹缓慢拉偏变化，利用轨迹诱导来避免虚假卫星信号引起的位置突变，避免姿态的巨大差异变化。这一优化设计既增强了欺骗方法的隐蔽性又确保了欺骗过程中无人机飞行的稳定性。仿真实验结果说明由于考虑了无人机设定的参考轨迹，无人机姿态变化过程在有无欺骗式干扰情况下无论是在变化趋势上，还是在变化范围上都相对一致，这说明欺骗信号的加入不会引起太大的姿态差异变化，即可说明考虑欺骗轨迹规划的利用轨迹诱导方法的欺骗方法具有更好的隐蔽性。同时，以 RMSE 的位置和速度为评价指标，考虑欺骗轨迹的无人机欺骗方法性能更优化。

（4）针对数学模型及飞行控制率更加复杂的固定翼无人机，本书根据作用在无人机上的空气动力和力矩、发动机提供的推力和推力矩，构建了非线性六自由度无人机模型，设计研究其飞行跟踪控制器。仿真实验结果验证了飞行跟踪控制器和 INS/GNSS 组合导航滤波系统的有效性，即无人机的速度、高度、横滚角和航向角等飞行参数都能在控制器的作用下达到设定的目标状态，且 INS/GNSS 组合导航的滤波输出结果与无人机真实飞行状态相近。

固定翼无人机的飞行速度较快，因此利用外部观测器实时观测估算其加速度信息将不再精确，这就直接导致利用加速度信息等效的控制输入量来构造虚假卫星信息的无人机欺骗方法将不再实用，但是本书所提出的无人机欺骗控制策略思想是可延伸应用的。针对此，本书依据质点无人机模型的欺骗与控制核心思想，提出一种基于逐点拉偏的无人机隐蔽性欺骗方法。该方法不以每个时刻控制输入量为着手点构造虚假卫星信号，而是根据每个时刻参考轨迹和欺骗轨迹之间的偏差位置点以及真实卫星信号来设计构造最优的虚假卫星信号，并根据无人机飞行存在的物理极限（确保飞行的稳定性）以及常见 INS/GNSS 组合导航的信息检测反欺骗方法（保证欺骗的隐蔽性），设置相对应的约束条件来实时调整虚假卫星信号以使无人机在每个时刻尽可能地靠近目标欺骗位置点的同时也能确保无人机飞行的稳定性和欺骗干扰的隐蔽性。

最后，本书利用 Aerosim 模块搭建整个无人机欺骗仿真测试平台，其中欺骗器系统包括外部状态观测器、轨迹发生器模块、无人机控制器模块和信号模拟器模块，无人机系统包括无人机动力学模块、惯导解算模块、组合导航模块、滤波反馈模块、无人机控制器模块以及轨迹发生器模块。由仿真实验结果可知在导航级、战术级和消费级等不同的惯性器件精度条件下，利用 Aerosim 搭建的无人机欺骗系统能使无人机拉离原始的期望最终目标点，而向攻击方设置的欺骗目标点偏移。这说明将设计的欺骗方案应用在考虑空气动力学的中、大型固定翼无人机系统中是可行的。

（5）为了验证针对各类型无人机的欺骗方法在实际应用场景中的可行性，本书利用基于 GPS 卫星信号接收器、卫星信号模拟器和功率放大器的集成箱、信号发射器搭建虚假卫星信号生成器。实验结果表明，搭建的虚假卫星信号生成器性能优越，且产生的虚假卫星信号可迅速切入纯卫星导航终端和组合导航终端中。

在此基础上，本书构建针对大疆公司生产的 M600 Pro 无人机的 INS/GNSS 组合导航系统终端欺骗实验验证环境，并开展相关实验验证无人机欺骗方法的有效性和隐蔽性。实验结果说明虚假卫星信号被无人机接收后，能实现位置的精确偏移，且不会引起较大范围的组合导航输出结果的变化。样机试验的成功，对欺骗式干扰技术在实际场景中的大范围应用具有重大意义。

7.2 研究展望

本书还存在一些问题和不足，下面指出将来的工作和有待完善的地方。

（1）本书涉及的欺骗方法及其演示验证实验都是针对合作无人机，即在欺骗过程中合作无人机可以为攻击方提供所需的一切数据（包括无人机实时的飞行状态，以及飞行器的结构参数）。对飞行结构参数完全未知的非合作无人机欺骗方法的关键技术研究需要进一步研究和探索。

（2）本书主要研究利用窃取的飞行参数来构造虚假卫星信号以实现无人机的精确位置偏移，但如何使虚假卫星信号能快速且有效地接入目标系统是需要进一步研究和探讨的问题。

参 考 文 献

[1] HARTMANN K, GILLES K. UAV exploitation: A new domain for cyber power [C]. 2016 8th International Conference on Cyber Conflict (CyCon), Tallinn, Estonia, 2016: 205-221.

[2] HARTMANN K, STEUP C. The Vulnerability of UAVs to Cyber Attacks-An Approach to the Risk Assessment [C]. 2013 5th International Conference on Cyber Conflict (CyCon), Tallinn, Estonia, 2013: 1-23.

[3] LEAH J. RUCKLE. The Dragon Lady and the Beast of Kandahar: Bush and Obama-era US Aerial Drone Surveillance Policy Based on a Case Study Comparison of the 1960 U-2 Crash with the 2011 RQ-170 Crash [J]. Technology and the Intelligence Community, 2018: 83-113.

[4] BAO L, WU R, WANG W, et al. Spoofing mitigation in Global Positioning System based on C/A code self-coherence with array signal processing [J]. Journal of Communications Technology and Electronics, 2017, 62 (1): 66-73.

[5] LIU Y, LI S H, FU QW, et al. Impart Assessment of GNSS Spoofing Attacks on INS/GNSS Integrated Navigation System [J]. Sensors, 2018, 18 (5): 1433-1453.

[6] PSIAKI M L, POWELL S P, O'HANLON B W. GNSS spoofing detection using high-frequency antenna motion and carrier-phase data [J]. Proceedings of International Technical Meeting of the Satellite Division of the Institute of Navigation, 2013, 4 (1): 2949-2991.

[7] FARNAZ F, BARBES J E. Iran Says It Captured American Drone, to U. S. Denials [J]. Wall Street Journal-Eastern Edition, 2012, 260 (135): 10.

[8] THOMAS E. U. S. Iranians' Claim of a Capture Drone [J]. New York Times, 2012, 162 (55976): 14-18.

[9] LAFRANCHI H. Covert US-Iran war bubbles over with claims of drone capture [J]. The Christian Science Monitor (1983), 2012: 1.

[10] MOUNDI S. Conspiracy Theories: Psychology Behind Flight MH370 [J/OL]. 2015, http://www.csustan.edu/sites/default/ files/groups/Univeristy%20Honors%20Program/Journals/psychology_behind_mh370_s._moundi.pdf.

[11] BIVENS S. A. Attributional biases and the inability to ignore retracted information [J/OL]. 2015: https://minds.wisconsin.edu/handle/1793/72915.

[12] THE WEEKDAY NEWSLETTER. MH370 five years on: top conspiracy theories about missing Malaysia Airlines flight [J/OL]. 2019, https://www.theweek.co k/mh370/58037/mh370-conspiracy-theories-what-happened-to-the-missing-plane.

[13] PSIAKI M, HUMPHREYS T E, STAUFFER B. Attackers can spoof navigation signals without our knowledge, here's how to fight back GPS lies [J]. IEEE Spectrum, 2016, 53 (8): 26-53.

[14] GOWARD D A. Now Hear This- "Misnavigation" or Spoofing? [J] U. S. Naval Institute Proceedings, 2016, 142 (10): 10.

[15] 博文社. 印度无人机坠毁中国国情 [J/OL]. 2017, https://mp.weixin.qq.com/s? __biz =

MjM5NDUwNjkwMw%3D%3D&idx=1&mid=2650721505&sn=991daa4f32a43247ee372b74de14c8e4.

[16] 西陆网．印度无人机坠毁事件：中国隐瞒了重大事实［J/OL］．2017，http://www.xilu.com/20171212/1000010001019266.html.

[17] 新浪网．印度无人机入侵中国坠毁我国反无人机系统或立头功［J/OL］．2017，http://k.sina.com.cn/article_6401301323_17d8c1b4b001002a6e.html.

[18] SHIN H，LEE J，SHIM D H. Design of a Virtual Fighter Pilot and Simulation Environment for Unmanned Combat Aerial Vehicles［J］. AIAA Guidance Navigation，and Control Conference. Texas，USA，2017：1-22.

[19] MAYER M. The new killer drones：understanding the strategic implications of next-generation unmanned combat aeial vehicles［J］. Inertnational Affairs，2015，91（4）：765-780.

[20] 李风雷，卢昊，宋闯．智能化战争与无人系统技术的发展［J］．无人系统技术，2018，1（2）：20-29.

[21] BIRNBAUM Z，DOLGIKH A，SKORMIN V，et al. Unmanned Aerial Vehicle Security Using Recursive Parameter Estimation［J］. Journal of Intelligent & Robotic Systems，2016，84（1/2/3/4）：107-120.

[22] LU B，COOMBES M，LI B，et al. Improved Situation Awareness for Autonomous Taxiing Through Self-Learning［J］. IEEE Transactions on Intelligent Transportation Systems，2016，17（12）：3553-3564.

[23] ALEXIS K，PAPACHRISTOS C，Siegwart R，et al. Robust Model Predictive Flight Control of Unmanned Rotorcrafts［J］. Journal of Intelligent & Robotic Systems，2016，81（3/4）：443-469.

[24] GRIP H F，FOSSEN T I，JOHANSEN T A，et al. Globally exponentially stable attitude and gyro bias estimation with application to INS/GNSS integration［J］. Automatica，2015，51（1）：158-166.

[25] ZHANG X，ZHU F，TAO X，et al. New optimal smoothing scheme for improving relative and absolute accuracy of tightly coupled GNSS/SINS integration［J］. GPS Solutions，2017，21（3）：861-872.

[26] KASTELAN D. R. Design and implementation of a GPS-aided inertial navigation system for a helicopter UAV［M］. Canada：University of Alberta，2009.

[27] 赵博欣．无人机低成本微小型自主定位系统技术研究［M］．长沙：国防科技大学，2016.

[28] V HINÜBER E L，REIMER C，SCHNEIDER T，et al. INS/GNSS Integration for Aerobatic Flight Applications and Aircraft Motion Surveying［J］. Sensors，2017，17（5）：941.

[29] LIM C H，LIM T S，KOO V C. A MEMS based，low cost GPS-aided INS for UAV motion sensing［C］. IEEE/ASME International Conference on Advanced Intelligent Mechatronics，Besacon，France，2014：576-581.

[30] TAREG M. Integrated INS/GPS Navigation Systems［J］. International Journal on Eletrical Enguneering and Information，2018，10（3）：491-512.

[31] MOSAVI M R，NASRPOOYA Z，MOAZEDI M. Advanced Anti-Spoofing Methods in Tracking Loop［J］. Journal of Navigation，2016，69（4）：883-904.

[32] FAN X，DU L，DUAN D. Synchrophasor Data Correction under GPS Spoofing Attack：A State Estimation Based Approach［J］. IEEE Transactions on Smart Grid，2018，9（5）：4538-4546.

[33] TROGLIA G M，TRUONG M D，MOTELLA B，et al. Hypothesis testing methods to detect spoofing attacks：a test against the TEXBAT datasets［J］. GPS Solutions，2017，21（2）：577-589.

[34] 李武涛，黄智刚，肖宏．干扰对卫星导航接收机跟踪性能的影响分析［J］．电子设计工程，2019，27（8）：119-123.

[35] 施君宇，彭美璇，丁雪雯．一种无人机群网络安全通信实现及验证方法［J］．通信技术，2018，51（10）：206-211.

[36] VAN DEN BERGH B, POLLIN S. Keeping UAVs Under Control During GPS Jamming [J]. IEEE Systems Journal, 2019, 13 (2): 2010-2021.
[37] GRANT A, WILLIAMS P, WARD N, et al. GPS Jamming and the Impact on Maritime Navigation [J]. The Journal of Navigation, 2009, 62 (2): 173-187.
[38] GAO G X, SGAMMINI M, LU M, et al. Protecting GNSS Receivers From Jamming and Interference [J]. Proceedings of the IEEE, 2016, 104 (6): 1327-1338.
[39] 张月霞, 王苏. GPS 最优压制式干扰信号研究 [J]. 计算机测量与控制, 2016, 24 (4): 257-260.
[40] 赵新曙, 王前. 压制式干扰对 GNSS 接收机的影响及应对策略 [J]. 全球定位系统, 2014, 39 (6): 47-51.
[41] 郑建生, 潘杨. GPS 伪码瞄准式干扰及硬件实现 [J]. 现代防御技术, 2017, 45 (4): 143-148.
[42] 姬红兵, 李鹏. 跟踪及数据中继卫星系统瞄准式干扰的最佳干扰波形 [J]. 西安电子科技大学学报, 2005, 32 (3): 435-438.
[43] 陈天富. GPS 瞄准式干扰机的设计与实现 [D]. 哈尔滨: 哈尔滨工程大学, 2016.
[44] 张耀广. 非对称作战思维在 GPS 对战中的应用 [J]. 中国高新技术企业, 2008, 14: 140-141.
[45] 王启玮. GNSS 阻塞干扰模拟及其缓解技术研究 [D]. 上海: 上海交通大学, 2013.
[46] 冯永新, 高瑜, 潘成胜. 宽带均匀频谱干扰对 GPS 接收机的影响分析 [J]. 计算机仿真, 2008, 25 (1): 27-30.
[47] 万瑞. GPS 接收机天线阵列抗干扰算法研究及其 FPGA 实现 [D]. 成都: 电子科技大学, 2008.
[48] 喻红婕, 潘成胜. GPS 阻塞式压制干扰技术的分析与实现 [J]. 沈阳理工大学学报, 2006, 25 (1): 65-67.
[49] 冯永新. GPS 相干干扰系统中序列捕获单元的设计与实现 [D]. 沈阳: 沈阳理工大学, 2008.
[50] 张月霞, 杨瑞琪, 张玉宣. 多模 GNSS 伪码相关干扰机设计 [J]. 火控雷达技术, 2018, 47 (183): 8-12.
[51] ZHANG J, CUI X, XU H, et al. Efficient Signal Separation Method Based on Antenna Arrays for GNSS Meaconing [J]. Tsinghua Science and Technology, 2019, 24 (2): 216-225.
[52] AXELL E, ALEXANDERSSON M, LINDGREN T. Results on GNSS meaconing detection with multiple COTS receiver [C]. 2015 International Conference on Lacalization and GNSS (ICL-GNSS), Gothenburg, Sweden, 2015: 1-6.
[53] BULL T. A new high performance way of detecting and mitigating the jamming meaconing and spoofing of commercial GNSS signals [C]. 2010 5th ESA Workshop on Satellite Navigation Technologies and European Workshop on GNSS Signals and Signal Processing (NAVITEC), Noordwijk, Netherlands, 2010: 1-5.
[54] NG Y, GAO GX, Mitigating jamming and meaconing attacks using direct GPS positioning [J]. GPS World, 2016, 27 (8): 49.
[55] JAFARNIA-JAHROMI A, et al. Pre-Despreading Authenticity Verification for GPS L1 C/A Signals [J]. Navigation-Journal of the Institute of Navigation, 2014, 61 (1): 1-11.
[56] WANG F, LI H, LU M, et al. GNSS Spoofing Detection and Mitigation Based on Maximum Likeihood Estimation [J]. Sensors, 2017, 17 (7): 1532.
[57] BROUMANDAN A, SIDDAKATTE R, LACHAPELLE G. An approach to detect GNSS spoofing [J]. IEEE Aerospace and Electronic Systems Magazine, 2017, 32 (8): 64-75.
[58] LIU Y, LI S, FU Q, et al. Analysis of Kalman Filter Innovation-Based GNSS Spoofing Detection Method for INS/GNSS Integrated Navaigtion System [J]. IEEE Sensors Journal, 2019, 19 (13): 5167-5178.
[59] LIU Y, LI S, LIU Z. Impact Assessment of GNSS Spoofing Attacks on INS/GNSS Integrated Navigation

System [J]. Sensors, 2018, 18 (5): 1433.

[60] HU Y, BIAN S, CAO K, et al. GNSS spoofing detection based on new signal quality assessment model [J]. GPS Solutions, 2018, 22 (1): 1-13.

[61] WANG F, LI H, LU M. GNSS Spoofing Countermeasure with a Single Rotating Antenna [J]. IEEE Access, 2017, 5: 8039-8047.

[62] JEONG S, LEE J. Synthesis Algorithm for Effective Detection of GNSS Spoofing Attacks [J]. International Journal of Aeronautical and Space Sciences, 2019, 1 (1): 1-14.

[63] HE L, LI H, LU M. Dual-antenna GNSS spoofing detection method based on Doppler frequency difference of arrival [J]. GPS Solutions, 2019, 23 (3): 1-14.

[64] HU Y, BIAN S, JI B, et al. GNSS Spoofing Detection Technique Using Fraction Parts of Double-difference Carrier Phases [J]. Journal of Navigation, 2018, 71 (5): 1111-1129.

[65] 庞晶，倪少杰，聂俊伟，等. GNSS欺骗干扰技术研究 [J]. 火力与指挥控制，2016，41 (7): 1-4.

[66] 黄龙，龚航，朱祥维，等. 针对GNSS授时接收机的转发式欺骗干扰技术研究 [J]. 国防科技大学学报，2015，35 (4): 93-96.

[67] 李晓强，肖飞，胡东亮，等. 基于导航战的GPS干扰战术分析 [J]. 探测与定位，2011，4 (1): 1-5.

[68] 刘延斌，苏星，闫抒升. 转发式欺骗信号干扰GPS接收机的效能分析 [J]. 空军预警学院学报，2004，18 (4): 4-6.

[69] TANG B, DAI W, XIE W, et al. A New Method for the Esimation of GPS Repeater Jamming Based on Coloured Noise Kalman Filter [J]. The Journal of Navigation, 2011, 64 (S1): 141-150.

[70] LV H, WANG L, ZHAO Y, et al. Research on Beidou/INS integrated counter measures for repeater jamming [C]. 2016 IEEE Chinese Guidance, Navigation and Control Conference (CGNCC), Nanjing, China, 2016: 2187-2191.

[71] BIAN S F, HU Y F, CHEN C, et al. Research on GNSS repeater spoofing technique for fake Position, fake Time & fake Velocity [C]. 2017 IEEE International Conference on Advanced Intelligent Mechatronics, Munich, Germany, 2017: 1430-1434.

[72] Dai S G, Zhou H J. GNSS repeater detection based on channel difference [J]. Journal of computational methods in sciences and engineering, 2018, 18 (2): 491-498.

[73] 何亮，李炜，郭承军. 生成式欺骗干扰研究 [J]. 计算机应用研究，2016，33 (8): 2405-2408.

[74] 马克，孙迅，聂裕平. GPS生成式欺骗干扰关键技术 [J]. 航天电子对抗，2014，30 (6): 24-26.

[75] 陈碧，郭承军. GPS欺骗干扰过程研究 [J]. 科技通报，2016，32 (10): 164-169.

[76] Xiaogang X, Dazhi Z, Mingquan L. Research on GNSS generating spoofing jamming technology [C]. IET International Radar Conference 2015, Hangzhou, China, 2015: 5.

[77] CHEN X J, CAO K J, XU J N, et al. Analysis on Forgery Patterns for GPS Civil Spoofing Signals [C]. 2009 Fourth International Conference on Computer Sciences and Convergence Infrormation Technology, Seoul, Korea, 2009: 353-356.

[78] KEY E L. Techniques to Counter GPS Spoofing [M]. The MITRE Corporation, Bedord, Massachusetts, USA, 1995.

[79] Do Alexis Sanou, René Jr. Landry. Analysis of GNSS Interference Impact on Society and Evaluation of Spectrum Protection Strategies [J]. Scientific Research, 2013, 4 (2): 169-182.

[80] HUMPHREYS T E, LEDVINA B M, PSIAKI M L, et al. Assessing the Spoofing Threat: Development of a Portable GPS Civilian Spoofer [C]. 2008 Institute of Navigation (ION) Global Navigation Satellite System

(GNSS) Conference, Savanna, GA, 2008: 2314-2325.

[81] GERTEN G. Protecting the global positioning system [J]. IEEE Aerospace and Electronic System Magazine, 2005, 20 (11): 3-8.

[82] JAMES V. CARROLL. Vulnerability Assessment of the U. S. Transportation Infrastructure that Relies on the Global Positioning System [J]. Journal of Navigation, 2003, 56 (2): 185-193.

[83] WARNER J S, JOHNSTON R G. A Simple Demonstration that the Global Positioning Systems (GPS) is Vulnerable to Spoofing [J]. The Journal of Security Administration (in press), 2003.

[84] Benshoof P, Uptain N, Trunzo A. JAMFEST: A Cost-Effectuve Solution to GPS Vulnerability Testing [C]. U. S. Air Force T&E Day, Albuquerque, New Mexico, 2004: 1-5.

[85] CORNELL UNIVERSITY. Researchers raise uncomfortable questions by showing how GPS navigation devices can be duped [J/OL]. 2008, https://vtnews. vt. edu/articles/2008/09/2008-578. html.

[86] REVIEW T. "Spoofers" Use Fake GPS Signals to Knock a Yacht Off Course [J]. Psicol Estud, 2012, 17 (3): 383-391.

[87] 张乃千, 李章森, 陈方舟, 等. 俄罗斯应对导航战举措 [J]. 国防科技, 2018, 39 (5): 86-90.

[88] CAVALERI A, MOTELLA B, PINI M, et al. Detection of spoofed GPS signals at code and carrier tracking level [C]. 2010 5th ESA Workshop on Satellite Navigation Technologies and European Workshop on GNSS Signals and Signal Processing (NAVITEC), Noordwijk, Netherlands, 2010: 1-6.

[89] JIE H, PRESTI L L, MOTELLA B, et al. GNSS spoofing detection: Theoretical analysis and performance of the Ratio Test metric in open sky [J]. Ict Express, 2016, 2 (1): 37-40.

[90] TIPPENHAUER N O, PÖPPER C, RASMUSSEN K B, et al. On the Requirements for Successful GPS Spoofing Attacks [C]. Proceedings of the 18th ACM Conference on Computer and Communications Security, Chicago, USA, 2011: 75-86.

[91] JAFARNIA-JAHROMI A, BROUMANDAN A, NIELSEN J, et al. GPS Vulnerability to Spoofing Threats and a Review of Antispoofing Techniques [J]. International Journal of Navigation and Observation, 2012, 2012 (1): 1-16.

[92] BROUMANDAN A, JAFARNIA-JAHROMI A, LACHAPELLE G. Spoofing detection, classification and cancelation (SDCC) receiver architecture for a moving GNSS receiver [J]. GPS Solutions, 2014, 19 (3): 475-487.

[93] WESSON K D, SHEPARD D P, BHATTI J A, et al. An Evaluation of the Vestigial Signal Defense for Civil GPS Anti-Spoofing [C]. 2011 ION GNSS Conference, Portland, USA, 2011: 2646-2656.

[94] HUMPHREYS T E, LEDVINA B M, PSIAKI M L, et al. Assessing the Spoofing Threat: Development of a Portable GPS Civilian Spoofer [J]. 2008 ION GNSS Conference, Savanna, USA, 2008: 2314-2325.

[95] PSIAKI M L, HUMPHREYS T E. GNSS Spoofing and Detection [J]. Proceedings of the IEEE, 2016, 104 (6): 1258-1270.

[96] HUMPHREYS T E. GPS Spoofing and the Financial Sector [J/OL]. 2010, https://repositories. lib. utexas. edu/handle/2152/63513.

[97] SHEPARD D P, HUMPHREYS T E, FANSLER A A. Evaluation of the vulnerability of phasor measurement units to GPS spoofing attacks [J]. International Journal of Critical Infrastructure Protection, 2012, 5 (3/4): 146-153.

[98] KERNS A J, SHEPARD D P, BHATTI J A, et al. Unmanned Aircraft Capture and Control Via GPS Spoofing [J]. Journal of Field Robotics, 2014, 31 (4): 617-636.

[99] PSIAKI M L, O'HANLON B W, POWELL S P, et al. GNSS Spoofing Detection Using Two-Antenna Dif-

ferential Carrier Phase [C]. 2014 ION GNSS Conference, Tampa, USA, 2014: 2776-2800.

[100] KIM T H, SIN C S, LEE S. Analysis of effect of spoofing signal in GPS receiver [C]. 2012 12th International Conference on Control, Automation and Systems, Korea, 2012: 2083-2087.

[101] LARCOM J A, LIU H. Modeling and characterization of GPS spoofing [C]. 2013 IEEE International Conference on Technologies for Homeland Security, Waltham, MA, 2013: 729-734.

[102] BHATTI J, HUMPHREYS T E. Hostile Control of Ships via Counterfeited GPS Signals: Demonstration and Detection [J]. Navigation, 2017, 64 (1): 51-66.

[103] MOHAN S, YOON M K, PELLIZZONI R, et al. Integrating security constraints into fixed priority real-time schedulers [J]. Real-Time Systems, 2016, 52 (5): 644-674.

[104] TESO H. Aircraft hacking [C]. The Forth Annual HITB Security Conference, Europe, 2013.

[105] KHANAFSEH S , ROSHAN N , LANGEL S , et al. GPS spoofing detection using RAIM with INS coupling [C]. 2014 IEEE/ION Position, Location and Navigation Symposium-PLANS 2014, Monterey, CA, 2014: 1-7.

[106] BAZIAR A R, MOAZEDI M, MOSAVI M R. Analysis of Single Frequency GPS Receiver Under Delay and Combining Spoofing Algorithm [J]. Wireless Personal Communications, 2015, 83 (3): 1955-1970.

[107] SEO S H, LEE B H, IM S H, et al. Effect of Spoofing on Unmanned Aerial Vehicle using Counterfeited GPS Signal [J]. 2015, 4 (2): 57-65.

[108] 航空航天. 中国研制成功全球首套诱骗式民用无人机防空系统 [J/OL]. 2016, http://muchong.com/t-10733767-1.

[109] 网易. 神功三式专打黑飞无人机 [J/OL]. 2016, http://www.sohu.com/a/140720011_797513.

[110] SU J, HE J, CHENG P, et al. A Stealthy GPS Spoofing Strategy for Manipulating the Trajectory of an Unmanned Aerial Vehicle [J]. Ifac Papersonline, 2016, 49 (22): 291-296.

[111] MOSAVI M R, TABATABAEI A, ZANDI M J. Positioning improvement by combining GPS and GLONASS based on Kalman filter and its application in GPS spoofing situations [J]. Gyroscopy & Navigation, 2016, 7 (4): 318-325.

[112] ZENG K X, SHU Y C, LIU S N, et al. A Practical GPS Location Spoofing Attack in Road Navigation Scenario [C]. International Workshop on Mobile Computing Systems & Applications, Sonoma, CA, 2017: 1-6.

[113] JAVAID A Y, JAHAN F, SUN W Q. Analysis of Global Positioning System-based Attacks and a Novel Global Positioning System Spoofing Detection Mitigation Algorithm for Unmanned Aerial Vehicle Simulation [J]. Simulation: Transactions of the Society for Modeling and Simulation International, 2017, 93 (5): 427-441.

[114] COSTELLO P J. Identifying and Exploiting Vulnerabilities in Civilian Unmanned Aerial Vehicle Systems and Evaluating and Countering Potential Threats against the United States Airspace [C]. 2017 ACM SIGCSE Technical Symposium on Computer Science Education, Seattle, Washington, 2017: 761-762.

[115] BAO L N, WU R B, LU D, et al. A novel adaptive anti-interference algorithm based on negative diagonal loading for spoofing and jamming in Global Navigation Satellite System [J]. Journal of Communications Technology and Electronics, 2016, 61 (2): 157-164.

[116] PANICE G, LUONGO S, GIGANTE G, et al. A SVM-based detection approach for GPS spoofing attacks to UAV [C]. Proceedings of the 23rd International Conference on Automation & Computiong, Huddersfield, UK, 2017: 1-11.

[117] BONEBRAKE C, O'NEIL L R. Attacks on GPS Time Reliability [J]. IEEE Security & Privacy, 2014, 12 (3): 82-84.

[118] HUANG K W, WANG H M. Combating the Control Signal Spoofing Attack in UAV Systems [J]. IEEE Transactions on Vehicular Technology, 2018, 67 (8): 7769-7773.

[119] MOSAVI M R, BAZIAR A R, MOAZEDI M. De-noising and spoofing extraction from position solution using wavelet transform on stationary single-frequency GPS receiver in immediate detection condition [J]. Journal of Applied Research and Technology, 2017, 15 (4): 402-411.

[120] HORTON E, RANGANATHAN P. Development of a GPS spoofing apparatus to attack a DJI Matrice 100 Quadcopter [J]. The Journal of Global Positing Systems, 2018, 16 (1): 1446-1464.

[121] BITTL S, GONZALEZ A A, MYRTUS M, et al. Emerging Attacks on VANET Security based on GPS Time Spoofing [C]. 3rd 2015 IEEE Conference on Communications and Network Security (CNS), Florence, Italy, 2015: 344-352.

[122] SHEPARD D P, BHATTI J A, HUMPHREYS T E. Evaluation of Smart Grid and Civilian UAV Vulnerability to GPS Spoofing Attacks [C]. 25th International Technical Meeting of the Satellier Division of the Institute of Navigation, Nashville, TN, United state, 2012: 1-15.

[123] JAHROMI A J, BROUMANDAN A, NIELSEN J, et al. GPS spoofer countermeasure effectiveness based on signal strength, noise power, and C/N0 measurements [J]. International Journal of Satellier Communications and Networking, 2012, 30 (4): 181-191.

[124] WARNER J S, JOHNSTON R G. GPS Spoofing Countermeasurs [J]. Homeland Security Journal, 2003.

[125] KONSTANTINOU K, SAZOS M, MUSLEH A S, et al. GPS spoofing effect on phase angle monitoring and control in a real-time digital simulator-based hardware-in-the-loop environment [J]. IETCyber-Physical Systems: Theory & Applications, 2017, 2 (4): 180-187.

[126] TANIL C, KHANAFSEH S, PERVAN B. Impact of Wind Gusts on Detectability of GPS Spoofing Attacks Using RAIM with INS Coupling [C]. ION Pacific PNT Meeting, Honolulu, Hawaii, USA, 2015: 23-25.

[127] BORIO D, O' DRISCOLL C, FORTUNY J. Jammer Impact on Galileo and GPS Receivers [C]. 2013 International Conference on Localization and GNSS (ICL-GNSS), Turin, Italy, 2013: 1-6.

[128] JANSEN K, SCHAFER M, MOSER D, et al. Crowd-GPS-Sec: Leveraging Crowdsourcing to Detect and Localize GPS Spoofing Attacks [C]. 2018 IEEE Symposimu on Security and Privacy (SP), San Francisco, CA, USA, 2018: 1018-1031.

[129] OSHMAN Y, KOIFMAN M. Robust GPS Navigation in the Presence of jamming and spoofing [C]. AIAA Guidance, Navigation, and Control Conference and Exhibit, Austin, Texas, 2003: 1-11.

[130] OSHMAN Y, KOIFMAN M. Robust, IMM_Based, Tightly-Coupled INS/GPS in the Presence of Spoofing [C]. AIAA Guidance, Navigation, and Control Conference and Exhibit, Providence, Rhode Island, 2004: 1-26.

[131] JEONG S, LEE S, KIM J. Spoofing Detection Module Test of GPS Jamming Monitoring System [C]. 2014 14th International Conference on Control, Autimation and Systems (ICCAS 2014), Gyeonggi-do, Korea, 2014: 1010-1013.

[132] HUMPHREYS T E. Statement on the Vulnerability of Civil Unmanned Aerial Vehicles and other Systems to Civil GPS Spoofing [J]. Unmanned Drones and the National Airspace Systems: Challenges and Considerations, 2012, 1 (1): 105-127.

[133] SHEPARD D P, HUMPHREYS T E, FANSTER A A. Going Up Against Time: The Power Grid' s Vul-

nerability to GPS Spoofing Attacks [J]. GPS World, 2012, 23 (8): 34-38.

[134] XIAO L, XIE C X, MIN M H, et al. User-Centric View of Unmanned Aerial Vehicle Transmission Against Smart Attacks [J]. IEEE Transactions on Vehicular Technology, 2018, 67 (4): 3420-3430.

[135] PUSTOGAROV I, RISTENPART T, SHMATIKOV V. Using Program Analysis to Synthesize Sensor Spoofing Attacks [C]. Proceedings of the 2017 ACM on Asia Conference on Computer and Communications Security, New York, USA, 2017: 757-770.

[136] SHEPARD D P, BHATTI J A, HUMPHREYS T E. Drone Hack: Spoofing Attack Demonstration on a Civilian Unmanned Aerial Vehicle [J]. GPS World, 2012, 23 (8): 30.

[137] 张宁. GPS转发欺骗式干扰应用于无人机的实例分析 [J]. 中国航天, 2015 (7): 40-42.

[138] 全寿文. 美国国防部进行干扰全球定位系统 (GPS) 实验 [J]. 世界军事年鉴, 2000: 447.

[139] 毕建权, 赵睿涛. 关于民用无人机等系统对民用GPS电子欺骗的脆弱性 [J]. 国外卫星导航, 2012, 42 (5): 53-58.

[140] 张会锁, 高关根, 寇磊, 等. 利用轨迹诱导的欺骗式GPS干扰技术研究 [J]. 弹箭与制导学报, 2013, 33 (3): 149-152.

[141] 王海洋, 姚志成, 范志良, 等. 对GPS接收机的欺骗式干扰试验研究 [J]. 火力与指挥控制, 2016, 41 (7).

[142] 魏永峰. 针对BOC调制的GPS信号欺骗式干扰技术研究 [J]. 舰船电子工程, 2016 (2): 56-57.

[143] 闫占杰, 吴德伟, 刘海波, 等. GPS转发欺骗式干扰时延分析 [J]. 空军工程大学学报 (自然科学版), 2013, 14 (4): 67-70.

[144] 刘延斌, 苏五星, 闫抒升, 等. 转发式欺骗信号干扰GPS接收机的效能分析 [J]. 空军预警学院学报, 2004, 18 (4): 4-6.

[145] 梁高波, 高义, 陈杨. 欺骗式干扰信号民用接收机的影响分析 [C]. 中国卫星导航学术年会, 武汉, 湖北, 2013: 174-180.

[146] 王伟, 陶业伟, 王国玉, 等. GPS欺骗干扰原理与建模仿真 [J]. 火力与指挥控制, 2009, 34 (6): 115-118.

[147] 倪建军, 任军, 居永忠. 无人机INS/GPS组合导航系统诱骗问题初探 [C]. 第四届中国无人机大会, 北京, 中国, 2012: 1.

[148] WANG G Q, HAN Y, CHEN J, et al. AINS/GNSS Integrated Navigation Algorithm Based on Kalman Filter [J]. IFAC PAPERSONLINE, 2018, 51 (17): 232-237.

[149] SONG J Y. Motion estimation techniques from outdoor to indoor on a multi-rotor robot [D]. Hongkong: Hong Kong University of Science and Technology, 2014.

[150] AILENEI S, KASHYAP S K, KUMAR N S. INS/GPS fusion architectures for unmanned aerial vehicles [J]. International Journal of Intelligent Unmanned Systems, 2014, 2 (3): 154-167.

[151] 秦永元, 张洪斌, 汪叔华. 卡尔曼滤波与组合导航原理 [M]. 西安: 西北工业大学出版社, 2017.

[152] 谢钢. GPS原理与接收机设计 [M]. 北京: 电子工业出版社, 2009.

[153] QUINCHIA A G, FALCO G, FALLETTI E. A Comparison between Different Errors Modeling of MEMS Applied to GPS/INS Integrated Systems [J]. Snesors, 2013, 13 (8): 9549-9588.

[154] MONTAÑO J, WIS M, PULIDO J A, et al. Validation of inertial and optical navigation techniques for space applications with UAVs [C]. Data Systems in Aerospace, Barcelona, Spain, 2015: 1-8.

[155] 王新龙, 李亚峰, 纪新春. SINS/GPS组合导航技术 [M]. 北京: 北京航空航天大学出版社, 2015.

[156] 严恭敏，李四海，秦永元．惯性仪器测试与数据分析［M］．北京：国防工业出版社，2015.

[157] MOHAMMADI G，AKBARI M E，MEHRABI Y，et al. Estimating Completeness of Cancer Registration in Iran with Capture-Recapture Methods［J］. Asian Pacific Journal of Cancer Prevention Apjcp，2016，17（S3）：93.

[158] KUCERA V. From Differential to Algebraic Riccati Equations：The Influence of Kalman Historical Perspectives［J］. IEEE Control Systems，2017，37（2）：153-156.

[159] Eric King-wah Chu，Peter Chang-Yi Weng. Large-scale discrete-time algebraic Riccati equations-Doubling algorithm and error analysis［J］. Journal of Computational & Applied Mathematics，2015，277（C）：115-126.

[160] SONG H S. The principle of Automatic Control（Fifth Edition）［M］. Beijing：Science Press，2001：98-107.

[161] ZHENG D Z. Linear System Theory［M］. Znd ed. Beijing：Tsinghua University Press，2002：88-98.

[162] P BASRI M A M，HUSAIN A R，DANAPALASINGAM K A，et al. Fuzzy supervisory backstepping controller for stabilization of quadrotor unmanned aerial vehicle［C］. 2014 5th International Conference on Intelligent and Advanced Systems（ICIAS），Kuala Lumpur，Malaysia，2014：1-5.

[163] TBASCI A，CAN K，ORMAN K，et al. Trajectory Tracking Control of a Four Rotor Unmanned Aerial Vehicle Based on Continuous Sliding Mode Controller［J］. Elektronika Ir Elektrotechnika，2017，23（3）：12-19.

附　录

为了确定飞机在空间中的相对位置、速度和加速度分量，本书引入以下右手直角坐标系。常用坐标系包括地球坐标系 $O_ex_ey_ez_e$、地面坐标系 $O_gx_gy_gz_g$、机体坐标系 $O_bx_by_bz_b$ 以及气流坐标系 $O_ax_ay_az_a$。

1. 地球坐标系

地球坐标系（$O_ex_ey_ez_e$）是固连在地球上的坐标系，原点 O_e 在地球中心，O_ez_e轴沿地轴指向北极的方向，$O_ex_ey_e$在赤道平面内，O_ex_e轴指向格林尼治经线，O_ey_e轴指向东经 90°方向。

2. 地面坐标系

地面坐标系（$O_gx_gy_gz_g$）平行于地球表面，原点 O_g 位于地面上任意固定点，Ox_g 轴指向水平面正北方，Oy_g 轴指向水平面正东方，Oz_g 垂直于 Ox_gy_g 平面指向下方。

3. 机体坐标系

机体坐标系（$O_bx_by_bz_b$）的原点 O_b 位于无人机质心，Ox_b轴在飞机对称平面内，平行于机身轴线或机翼的平均气动弦线，指向前；Oz_b轴在对称平面内，Ox_b垂直于轴，指向下；Oy_b轴垂直于对称平面，指向右。

附图 1 描述了 $O_ex_ey_ez_e$ 系、$O_gx_gy_gz_g$ 系和 $O_bx_by_bz_b$ 系之间的空间关系。

4. 气流坐标系

气流坐标系（$O_ax_ay_az_a$），即速度坐标系的原点为无人机的质心，Ox_a轴指向无人机的空速方向，Oz_a轴在飞行器的对称平面内，且垂直于 Ox_a轴，Oy_a轴垂直于 Ox_ay_a平面，其指向符合右手螺旋原则。气动力的三个分量（升力 L、阻力 D、侧向力 Y）是在气流坐标系中定义的。

从附图 2 可以看出，$O_bx_by_bz_b$ 系和 $O_ax_ay_az_a$ 系之间存在气流角，其中迎角 α（也称为攻角）为无人机速度矢量 $\boldsymbol{V}$ 在飞机对称面的投影与 Ox_b轴的夹角，侧滑角 β 为飞机速度矢量 $\boldsymbol{V}$ 与飞机对称面的夹角。

坐标系的定义以及坐标系之间的转换是建立运动学、动力学模型的基础。

（1）$O_gx_gy_gz_g$ 系与 $O_bx_by_bz_b$ 系之间的转换关系。飞机的姿态角是由 $O_gx_gy_gz_g$ 系和 $O_bx_by_bz_b$ 系之间的关系确定的，即欧拉角。其包括横滚角、俯仰角和航向角，如附图 3 所示。

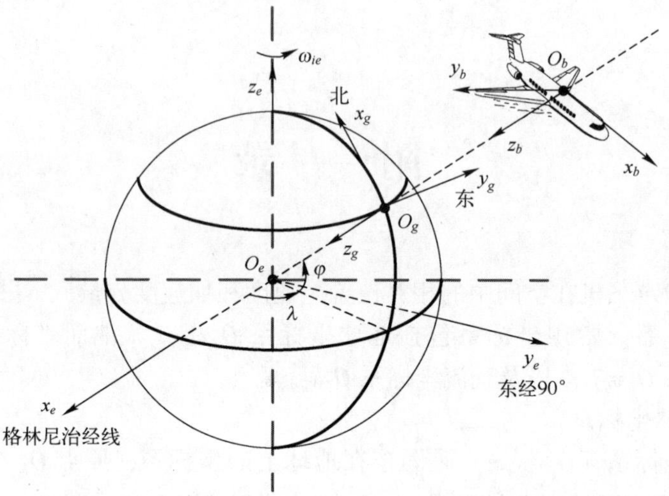

附图 1　$O_e x_e y_e z_e$ 系、$O_g x_g y_g z_g$ 系和 $O_b x_b y_b z_b$ 系之间的空间关系

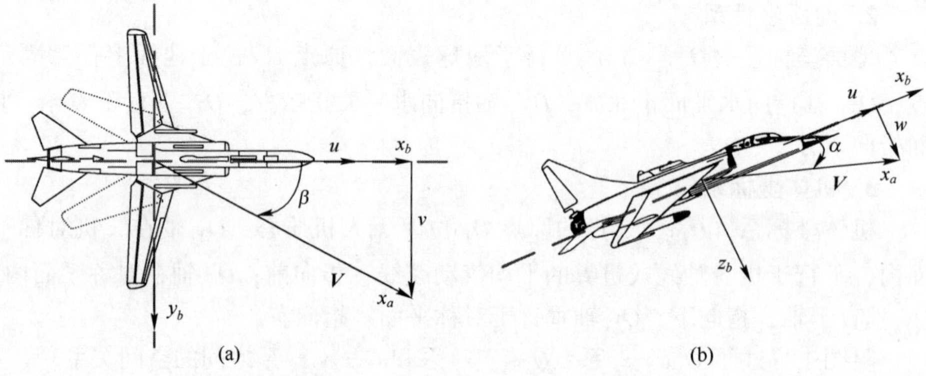

附图 2　$O_b x_b y_b z_b$ 系和 $O_a x_a y_a z_a$ 系之间的示意图

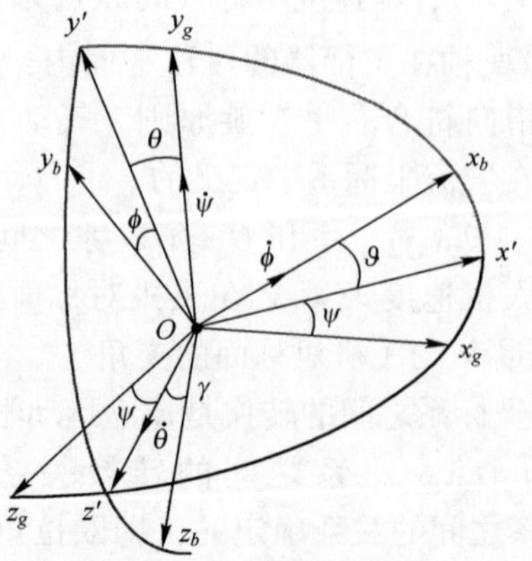

附图 3　$O_g x_g y_g z_g$ 系与 $O_b x_b y_b z_b$ 系之间的关系（3 个欧拉角）

根据附图 3 分析两个坐标系之间的旋转过程，进而可得

$$\begin{bmatrix} x_b \\ y_b \\ z_b \end{bmatrix} = \boldsymbol{L}(\phi,\theta,\psi)\begin{bmatrix} x_g \\ y_g \\ z_g \end{bmatrix} \tag{A.1}$$

其中

$$\begin{aligned}\boldsymbol{L}(\phi,\theta,\psi) &= \begin{bmatrix} 1 & 0 & 0 \\ 0 & \cos\phi & \sin\phi \\ 0 & -\sin\phi & \cos\phi \end{bmatrix}\begin{bmatrix} \cos\theta & 0 & -\sin\theta \\ 0 & 1 & 0 \\ \sin\theta & 0 & \cos\theta \end{bmatrix}\begin{bmatrix} \cos\psi & \sin\psi & 0 \\ -\sin\psi & \cos\psi & 0 \\ 0 & 0 & 1 \end{bmatrix} \\ &= \begin{bmatrix} \cos\theta\cos\psi & \cos\theta\sin\psi & -\sin\theta \\ -\cos\phi\sin\psi+\sin\phi\sin\theta\cos\psi & \cos\phi\cos\psi+\sin\phi\sin\theta\sin\psi & \sin\phi\cos\theta \\ \sin\phi\sin\psi+\cos\phi\sin\theta\cos\psi & -\sin\phi\cos\psi+\cos\phi\sin\theta\sin\psi & \cos\phi\cos\theta \end{bmatrix}\end{aligned}$$

（2）$O_b x_b y_b z_b$ 系与 $O_a x_a y_a z_a$ 系之间的转换关系。附图 2 描述了 $O_a x_a y_a z_a$ 系和 $O_b x_b y_b z_b$ 系之间的关系，即

$$\begin{bmatrix} x_b \\ y_b \\ z_b \end{bmatrix} = \boldsymbol{L}(\alpha,\beta)\begin{bmatrix} x_a \\ y_a \\ z_a \end{bmatrix} \tag{A.2}$$

其中

$$\begin{aligned}\boldsymbol{L}(\alpha,\beta) &= \begin{bmatrix} \cos\alpha & \sin\alpha & 0 \\ -\sin\alpha & \cos\alpha & 0 \\ 0 & 0 & 1 \end{bmatrix}\begin{bmatrix} \cos\beta & 0 & -\sin\beta \\ 0 & 1 & 0 \\ \sin\beta & 0 & \cos\beta \end{bmatrix} \\ &= \begin{bmatrix} \cos\alpha\cos\beta & \sin\alpha & -\cos\alpha\sin\beta \\ -\sin\alpha\cos\beta & \cos\alpha & \sin\alpha\sin\beta \\ \sin\beta & 0 & \cos\beta \end{bmatrix}\end{aligned}$$

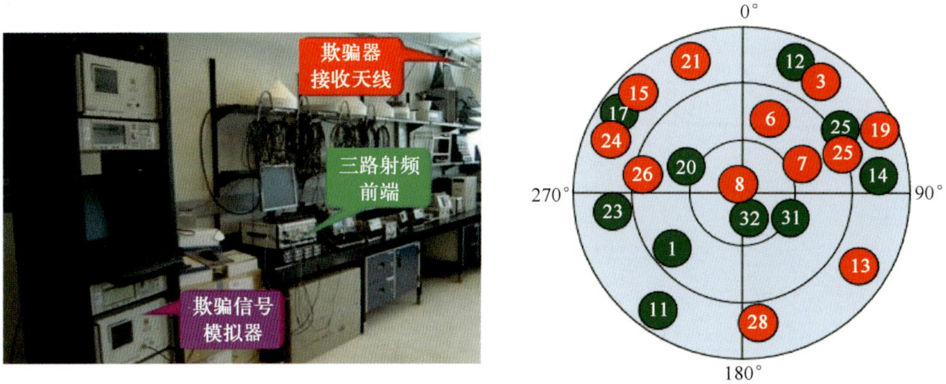

(a) 实验环境　　　　(b) 接收信号情况

图 1.4　卡尔加里大学搭建的欺骗实验环境图

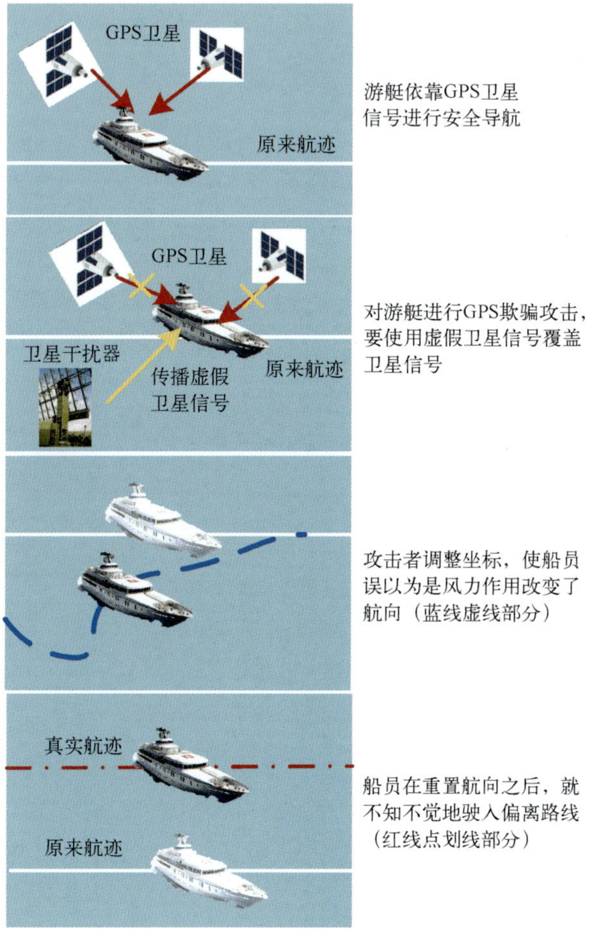

图 1.6　Todd Humpherys 团队欺骗“白玫瑰”号游艇实验过程

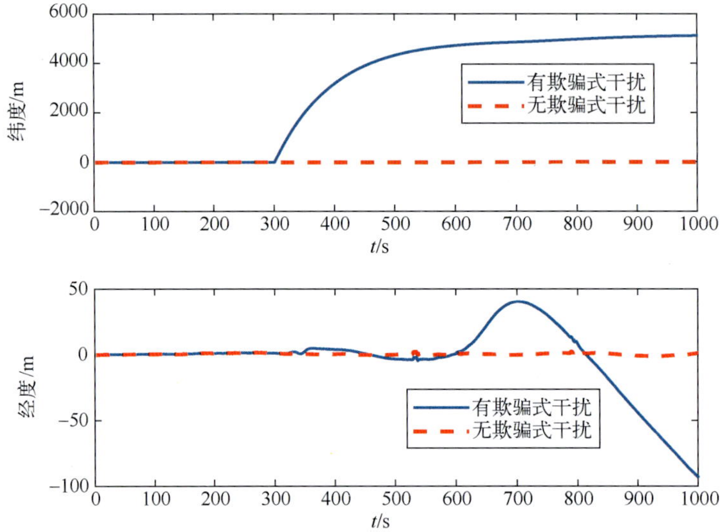

(a) 拉偏5km

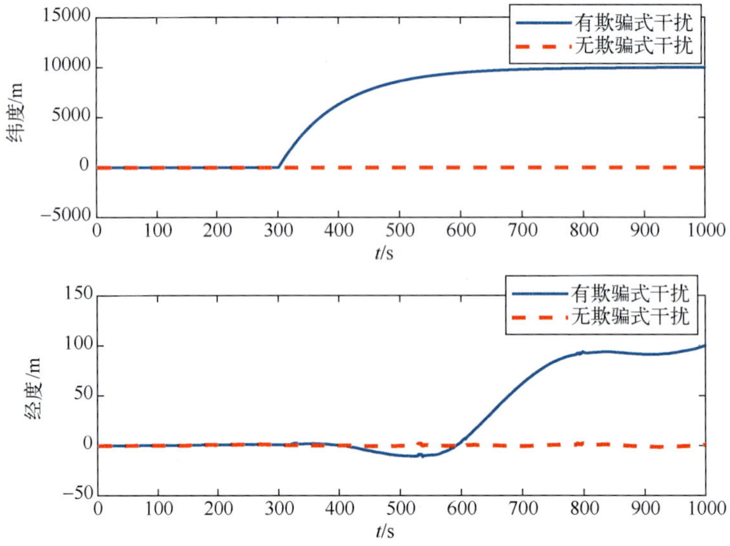

(b) 拉偏10km

图 2.1　有/无欺骗式干扰情况下的位置偏差曲线

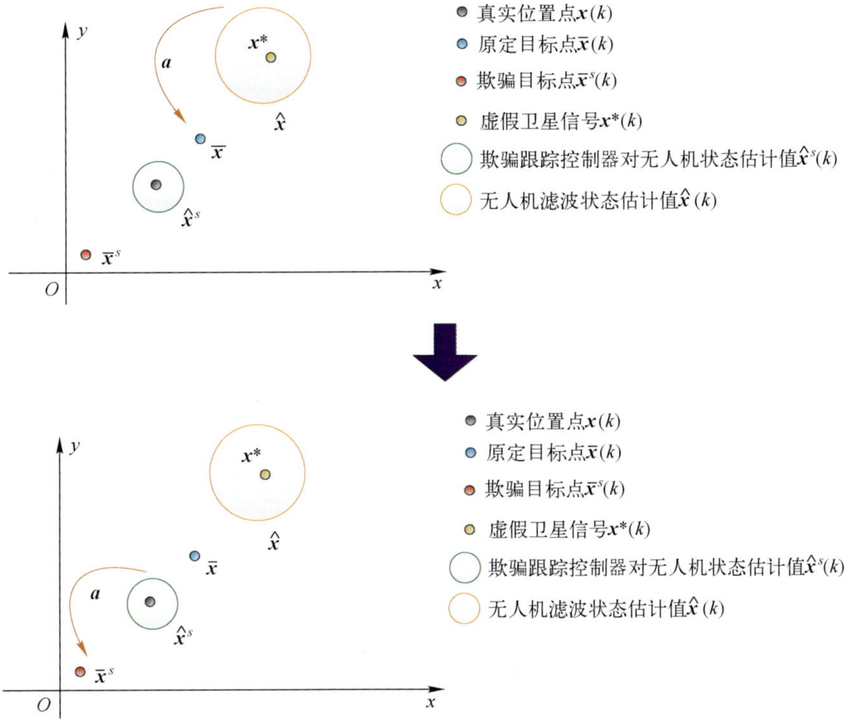

图 3.6　无人机接收到虚假卫星信号后的运动趋势

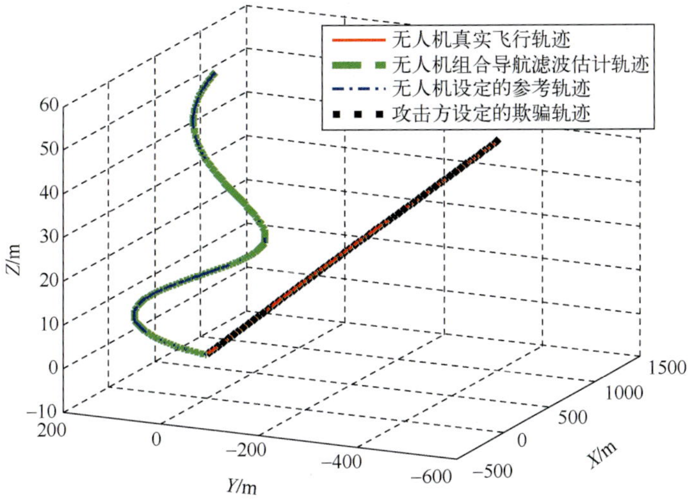

图 3.8　在欺骗跟踪控制器作用下无人机跟踪三维曲线型轨迹的效果图

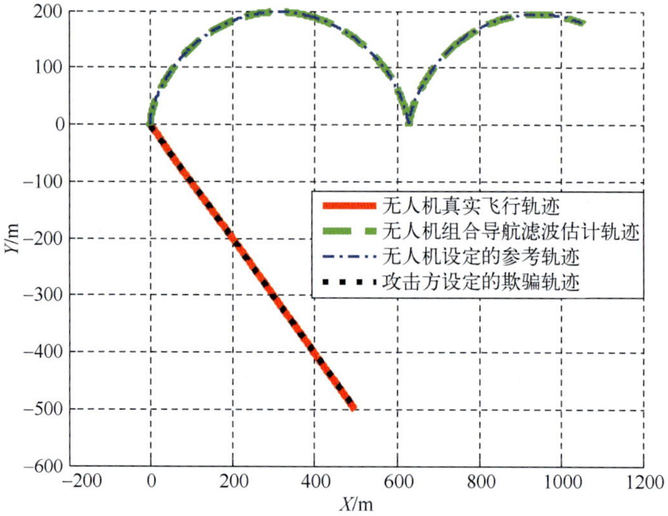

图 3.9　第一组实验环境下 X 轴和 Y 轴方向上的无人机被欺骗效果图

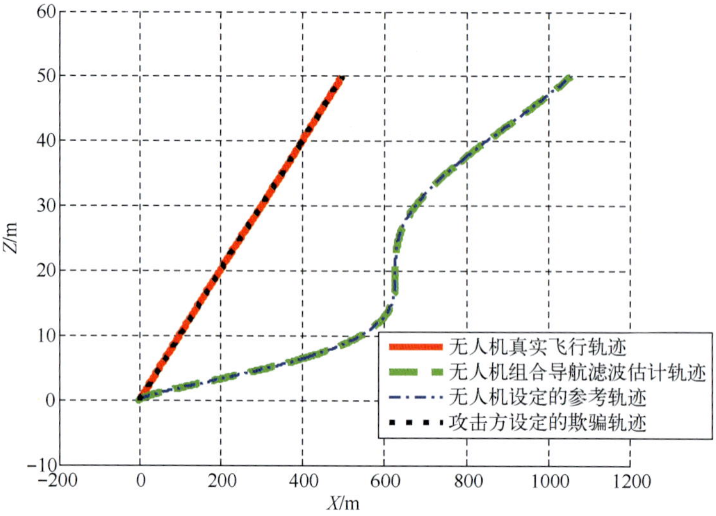

图 3.10　第一组实验环境下 X 轴和 Z 轴方向上的无人机被欺骗效果图

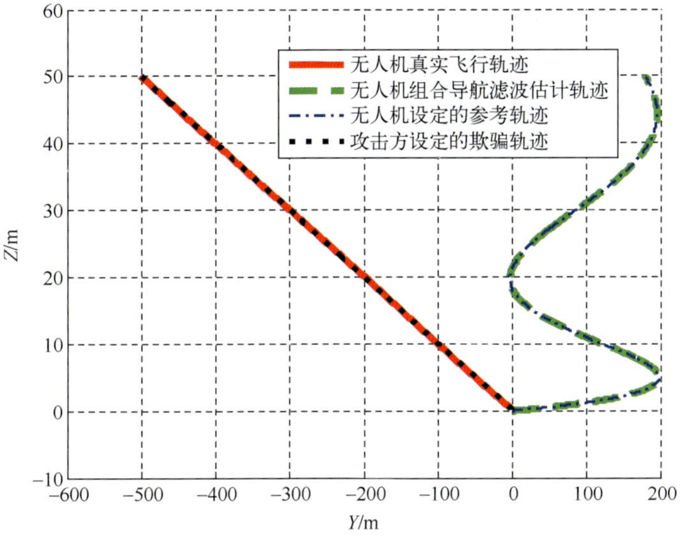

图 3.11　第一组实验环境下 Y 轴和 Z 轴方向上的无人机被欺骗效果图

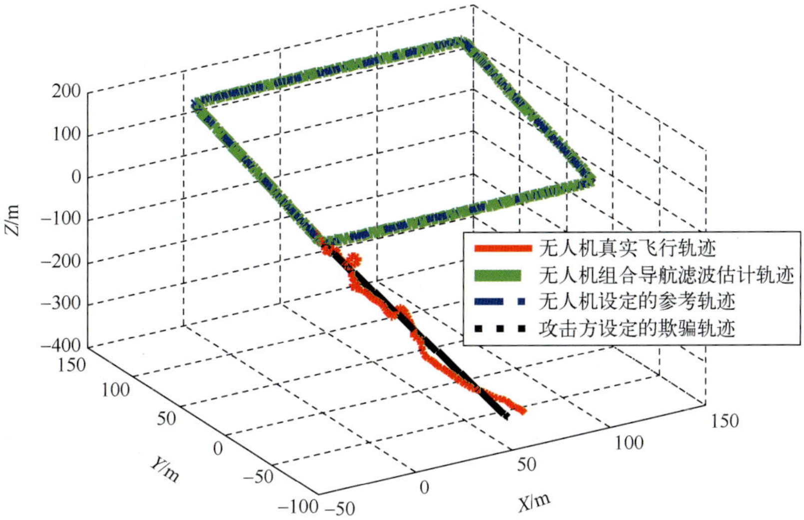

图 3.12　在欺骗跟踪控制器作用下无人机跟踪三维折线型轨迹的效果图

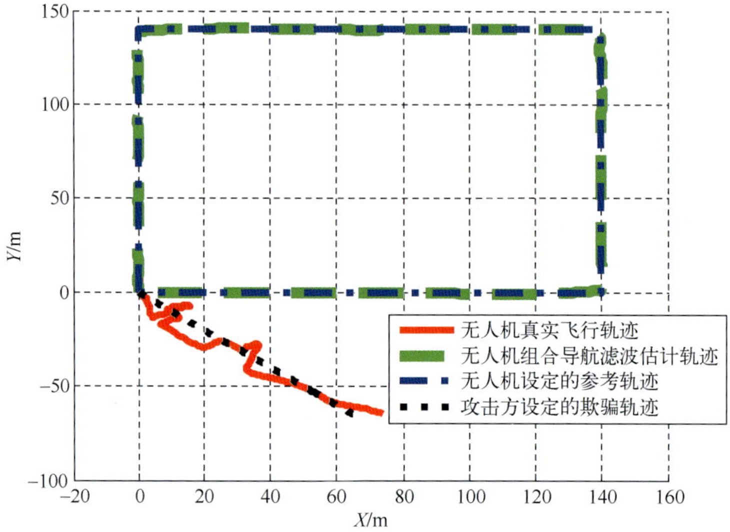

图 3.13　第二组实验环境下 X 轴和 Y 轴方向的无人机被欺骗效果图

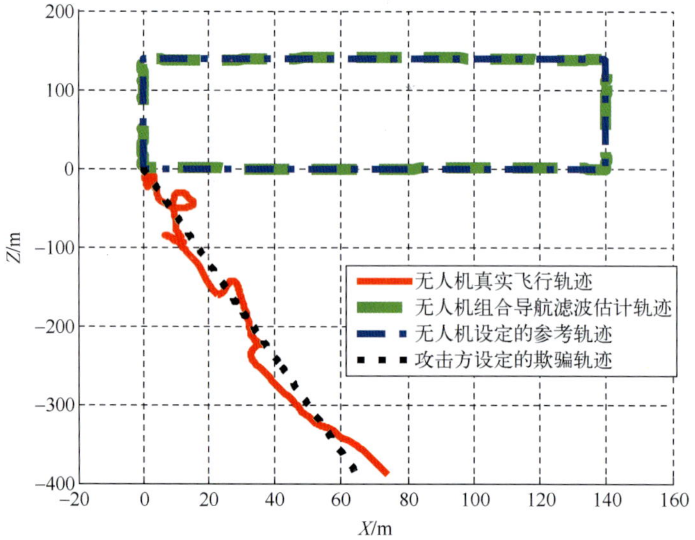

图 3.14　第二组实验环境下 X 轴和 Z 轴方向的无人机被欺骗效果图

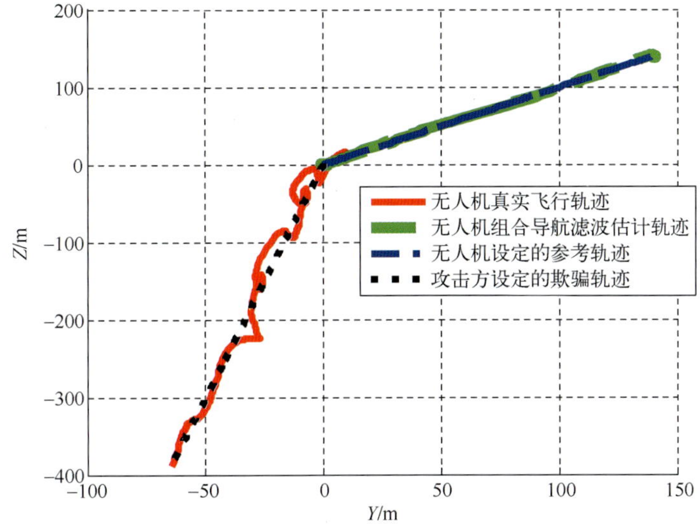

图 3.15 第二组实验环境下 Y 轴和 Z 轴方向的无人机被欺骗效果图

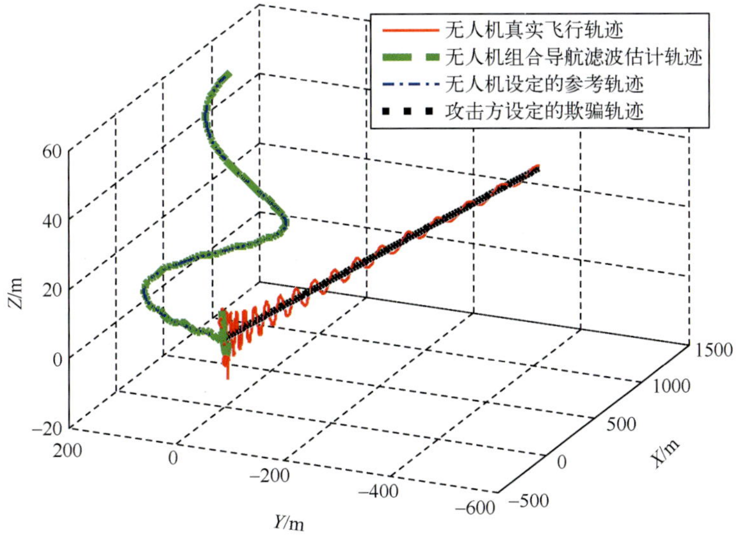

图 3.16 加入欺骗跟踪控制器估计初始误差后无人机被欺骗的效果图